信息科学技术前沿丛书

雷达成像与微动特征提取技术

倪嘉成　李开明　编著

北京邮电大学出版社
www. buptpress. com

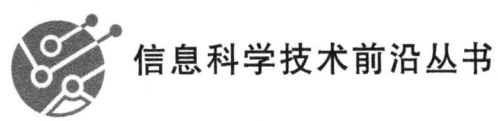

内 容 简 介

雷达成像技术能够获取高分辨率的雷达图像，为后续的目标检测、识别等提供有效特征信息，在军事和民用领域拥有广阔的应用前景。微动特征是雷达目标独有的特征，为目标的分类识别提供了独有的特征信息。近年来雷达成像与微动特征提取技术成为雷达领域的研究热点之一，受到国内外研究人员的广泛关注。本书较为系统地介绍了雷达成像与雷达目标微动特征提取中的基本理论和经典算法，也对雷达稀疏成像、雷达学习成像等雷达信号处理新理论和新方法进行了论述。

本书可作为雷达信号处理专业研究生学习“雷达成像与目标特征提取”相关课程的教材，也可作为该领域相关教学科研人员的参考书。

图书在版编目（CIP）数据

雷达成像与微动特征提取技术 / 倪嘉成，李开明编著. -- 北京 ：北京邮电大学出版社，2025. -- ISBN 978-7-5635-7528-2

Ⅰ. TN957.52

中国国家版本馆 CIP 数据核字第 2025RB1131 号

策划编辑：刘纳新　**责任编辑：**满志文　**责任校对：**张会良　**封面设计：**七星博纳

出版发行：北京邮电大学出版社
社　　址：北京市海淀区西土城路 10 号
邮政编码：100876
发 行 部：电话：010-62282185　传真：010-62283578
E-mail：publish@bupt.edu.cn
经　　销：各地新华书店
印　　刷：保定市中画美凯印刷有限公司
开　　本：787 mm×1 092 mm　1/16
印　　张：10.25
字　　数：256 千字
版　　次：2025 年 6 月第 1 版
印　　次：2025 年 6 月第 1 次印刷

ISBN 978-7-5635-7528-2　　定　价：68.00 元

前　言

本书较为系统地介绍了雷达成像与雷达目标微动特征提取中的基本理论和经典算法，并结合当前雷达信号处理领域的最新发展，对一些较为先进的雷达成像和微动特征提取方法进行了论述，包括作者及所在课题组近年来提出的雷达稀疏成像、雷达学习成像等雷达信号处理方法。

全书共分为 7 章，内容安排如下：

第 1 章为概论，主要介绍了雷达成像的基本概念，对合成孔径雷达、逆合成孔径雷达、微多普勒效应及微动特征提取方法进行了简要介绍。

第 2 章为雷达一维距离成像，主要介绍了雷达一维距离成像的基本原理，包括宽带信号的脉冲压缩处理方法、散射点模型与一维距离像，以及合成阵列与方位高分辨的相关概念。

第 3 章为 SAR 成像基本原理，主要介绍了基于匹配滤波的 SAR 成像方法。首先介绍了距离徙动，其次介绍了几种经典 SAR 成像算法，最后对 SAR 运动补偿的基本原理和几种经典 SAR 运动补偿方法进行了介绍。

第 4 章为 ISAR 成像基本原理，主要介绍了 ISAR 的二维成像原理与典型算法，重点介绍了 ISAR 成像的转台模型、平动补偿原理和方法（包括基于深度学习的包络对齐方法），以及典型雷达信号的 ISAR 成像方法与实现。

第 5 章为雷达稀疏成像，主要介绍了雷达稀疏成像的基础理论和几种雷达稀疏成像方法，重点介绍了大斜视、运动补偿、图像特征增强等几种应用于不同场景和不同模式下的雷达稀疏成像方法。进一步介绍了基于深度学习的雷达学习成像方法，主要包括 SAR 静止目标学习成像方法和 SAR 运动目标学习成像方法。最后简要介绍了基于稀疏贝叶斯的 ISAR 成像原理与实现。

第 6 章为雷达目标微多普勒效应及微动特征提取，概述了窄带雷达和宽带雷达的微多普勒效应，并介绍了相应的微动特征提取方法，包括时频分析方法、图像处理方法和信号分解法等，其中重点介绍了基于动态模态分解的微动特征提取方法。

第 7 章为总结与展望。

本书的第 1、2、3 章及第 5 章前四小节由倪嘉成负责撰写，第 4、6、7 章及 5.5 小节由李开明负责撰写。同时感谢朱丰、顾福飞、陈春晖、张宏伟、袁延鑫、李文哲、代肖楠等课题组成员提供的算法模型和仿真结果。感谢张群教授、罗迎教授在本书出版过程中给予的关心和支持。此外，本书在撰写和勘误过程中多名同学和老师均提出了宝贵意见，在此一并表示感谢。限于作者水平有限，书中不妥之处在所难免，恳请读者给予批评指正。

作　者

目　　录

第1章
概　论

1.1　雷达成像及其发展概况

雷达技术已经走过了70多年的发展历程，先后经历了第二次世界大战、冷战军备竞赛、新军事革命等不同历史因素的促进并经受了考验，雷达技术的体制、理论、方法、技术和应用都已得到较大的发展[1]。当今雷达技术正在高速发展和演变，衍生出了许多新的概念、体制和技术[2]，雷达技术面临的目标、环境、任务，以及支撑雷达系统研制生产的相关技术，都发生了深刻的变化。在众多雷达技术中，雷达成像技术是当前发展最火热，进步最快的雷达技术之一。

雷达成像技术的主要目的是利用宽带雷达的高分辨特性获取目标的高分辨率图像，从而为后续的目标检测、识别等提供有效特征信息[3]。早期雷达系统的分辨率通常远大于目标尺寸，其观测结果多表现为“点目标”的形式，能够利用回波在时间上的延迟测量雷达与目标间的距离，利用天线方向和多普勒频移确定目标的方位与速度，从而实现目标检测与跟踪。如果雷达系统的分辨率能够远小于目标尺寸，则可以得到目标清晰可辨的雷达图像，此时再进行目标识别将更加可靠。在雷达系统中，距离分辨率取决于信号的有效带宽，更宽的有效带宽则意味着更高的距离分辨率，而要产生这种带宽的信号在目前是可以实现的；雷达横向分辨率则由雷达波束宽度决定，而波束宽度与天线孔径长度成反比，若要获得较高的横向分辨率，必须采用长的天线孔径，但这在实际飞行平台上是难以实现的[4]。

为了提高横向分辨率，合成孔径雷达(Synthetic Aperture Radar，SAR)的概念被提出，即将雷达装载在飞机或卫星平台观测地面静止场景，在平台运动过程中发射接收宽带信号，并将得到的回波进行合成阵列处理，即可得到距离、方位等高分辨的雷达图像。对SAR成像的研究始于20世纪50年代，1953年“合成孔径”的概念被正式提出，即通过平台运动将雷达真实天线合成为一个大尺寸的线型虚拟天线阵列，从而提高雷达的方位向分辨率[5]。合成孔径技术可以从实际线阵天线的角度来理解，线阵天线是将天线阵元沿某一方向按照直线排布，按照波束形成的方法可以得到很窄宽度的波束，但是为了避免波束栅瓣，每个天线阵元间隔需在半波长之内。而如果仅用一个单天线，利用时间分集的方式在每个阵元处进行发射接收，那么对于静止目标，得到的总体相位历史信息与采用阵列得到的一致，只要对回波进行后续处理,则这个过程也可以得到高的方位分辨率。合成孔径技术还可以从多普勒效应的角度来理解,当载荷平台飞行时,由于地面不同目标方位位置不同,其雷达视线方向与载荷运动方向也不同,因而具有不同的多普勒分辨率,此时只要多普勒分辨率足够高,将同一波束内的回波据此分为多个多普勒波束,即可获得方位向的高分辨。

由于雷达系统接收到的SAR数据是散焦的,其信息隐藏在回波相位中,因此需要一个对相位敏感的处理器来获取聚焦的SAR图像。早期的SAR成像技术多基于机载平台,聚焦采用傅里叶光学原理,利用激光波束与透镜组实现SAR数据的光学处理,这种聚焦方式需要对透镜组进行实时的精确调整,因此图像质量依赖于操作员的熟练程度。直到SAR数字处理器的产生,使得SAR回波数据能够数字化后记录在移动载体上,其获取高精度地表图像的能力才引起了遥感领域对SAR传感器的兴趣[6-8]。

目标不动而雷达运动的成像雷达称为SAR,相反雷达固定不动,而目标相对于雷达运动则称为逆合成孔径雷达(Inverse Synthetic Aperture Radar,ISAR)。相比于SAR的成熟应用,ISAR存在许多尚需解决的问题。首先,由于是对小目标成像,ISAR的分辨率要求更高;其次,ISAR的合成孔径阵列分布比SAR复杂得多,非合作目标的机动运动造成的航向、速度和姿态的随机变化均会影响合成阵列的分布,这使得问题变得极其复杂。对非合作目标的ISAR成像直到1980年才获得成功,由C. C. Chen和Andrews发表了真实飞机的ISAR成像结果,并提出了比较有效的运动补偿方法,此后ISAR真正走向实用化并得到广泛应用[9-12]。

从阵列信号处理的角度,合成孔径是实孔径线型阵列的一种等效,以时间上的积累代替了空间上的采样,因此以线型阵列进行二维成像理论上仅需单次脉冲即可,这也被称为快拍成像。将阵列成像的概念进行推广,包含多个发射天线和多个接收天线的MIMO雷达同样具有空域采样的高自由度,通过设计其天线阵型与发射信号波形也能实现空天目标的成像[13]。

二维成像结果均是观测场景散射分布在上数据录取平面上的投影,而获得实际空间三维散射分布,实现三维成像则是雷达成像发展上一个新的里程碑。在ISAR与SAR成像的基础上,为了实现目标的三维成像,干涉合成孔径雷达(Interferometric Synthetic Aperture Radar)[14]和干涉逆合成孔径雷达(Interferometric Inverse Synthetic Aperture Radar)[15]作为一般SAR和ISAR功能的延伸而发展起来。雷达干涉仪最早用于天文观测,引入合成孔径的概念后提出了干涉合成孔径雷达的体制,在星载三维地形成像方面的技术已经较为成熟。对于InSAR而言,通常采用垂直于航向的两个独立收发天线分别成像,由于观测场景相同,视角相差也不大,在图像配准后两幅像的差异仅存在于复图像的相位中,而相位历史的差异又是由于两个天线几何位置的差异造成的,这样就可以通过相位的差分计算得到每一点的高程信息。然而,由于高程精度和基线长度有关,而飞行载荷平台很难有空间容纳很长的基线,因而这样得到的测高精度有限。相反,对于InISAR而言,由于可以将天线布置在空旷的地面上,能够实现高精度的测高。

基于干涉技术的三维成像得到的仅仅是二维成像结合了测高结果,就其点扩展函数而言,并没有包含高度方向的散射信息。通过横向高分辨的获取我们可以看出,想要得到某方向的高分辨,就需要在这个方向形成大的天线孔径,推广到三维成像,则需要在空间中形成一个二维的合成孔径,或者说合成阵面,如层析SAR[16]是采用多次平行航过的方式在方位和高度向形成合成孔径阵面、圆迹 SAR[17] 则是采用曲线飞行在航迹曲线所在平面的合成孔径阵面、线阵 SAR[18] 则是采用沿机翼排列的线阵天线形成了航迹和方位向的合成孔径阵面等。这类成像方式需要在二维空域和频域进行三维采样，因此在数据存储与处理方面存在瓶颈，目前较热的研究思路是先压缩采样再稀疏重构，但其适用范围则仅限于稀疏场景。

将雷达系统接收到的回波看作是发射信号与成像区域散射分布的卷积，则雷达成像就是一个从回波中求解散射分布的逆问题，在高分辨的要求下，这个问题一般是欠定的，而匹配滤波的成像结果则是在最佳信噪比意义下的近似解。近年来，基于一些较成熟的成像体制提出的许多超分辨算法都是从求解逆问题的角度来进行研究的，还产生了如稀疏微波成像[19]、雷达认知成像[20]、雷达组网成像[21] 等新的成像体制。

1.2 雷达目标微动特征提取发展概况

随着雷达成像分辨率的不断提高，特别是 ISAR 成像研究的不断深入和细化，由目标除质心平动以外的振动、转动和加速运动等微动（Micro-motion 或 Micro-dynamics，简称 m-1）引起的微多普勒效应（Micro-Doppler Effect）逐渐得到了人们的重视[22-23]。目标微动会对雷达回波的相位进行调制，进而产生相应的频率调制，在由目标主体平动产生的多普勒频移附近引入额外的调制边带，这种由微动引起的调制现象就称为微多普勒效应[23]。微动最早在相干激光雷达系统中得到研究的，2000 年美国海军研究实验室（Naval Research Laboratory，NRL）的 V. C. Chen 将微动及微多普勒的概念正式引入到微波雷达观测领域，并证实了尽管微多普勒效应对雷达系统工作波长敏感，但借助于高分辨的时频分析技术，在微波雷达中仍然可以观测到目标的微多普勒效应，开拓了基于雷达信号的目标微动特性研究这一新领域。此后，微动目标特征提取、成像与识别技术受到了国内外大量科研机构和学者的重视与关注，并取得了丰富的研究成果。

微多普勒效应会对雷达目标成像与特征提取带来影响。一方面，微多普勒现象会对 ISAR 成像产生不利的影响。当目标结构中包含旋转或振动部件时，对目标主体的平动补偿并不能将该旋转或振动部件转化为转台目标，雷达回波中将包含由微动引起的附加的频率调制，从而破坏了各次回波的相干性，ISAR 像由此受到污染，严重时甚至无法成像。特别是当目标结构中包含大旋翼（如直升机的水平旋翼）或高反射系数的旋转和振动部件（如旋转天线）时，微多普勒现象对目标主体像的污染尤为严重。因此，要获得清晰的目标主体像，必须剔除雷达回波中的微多普勒成分。另一方面，微动特征是雷达目标独一无二的表现形式，为雷达非合作目标探测与识别提供了新的途径。利用高分辨雷达和现代信号处理技术对目标微动特征的提取和识别成为一个新的技术热点。在空间、空中目标探测与识别方面，目标的微动特征可望为弹道导弹目标、喷气式飞机、旋翼飞机或螺旋桨飞机等的目标识别提供新的手段。而地（海）面目标探测识别与空中（间）目标相比，难度大为增加，特别是各种目标特征控制技术的应用，地面和海面目标的可观测性越来越差，传统的目标识别方法面临着越来越大的困难。而微多普勒信息则提供了一种新的地（海）面目标检测的手段。

微动特征提取主要是通过分析回波的调制特性，从中获取反映目标结构、运动等信息的特征量，并基于特征量实现对目标结构、尺寸、属性、类别和运动状态等参数的估计，为目标成像、分类与识别提供基础。根据实现途径的差异，雷达目标微动特征提取方法可以分为以下几类。

（1）基于变换域的微动特征提取

基于变换域的微动特征提取方法是通过寻求各种域变换方法来改善微多普勒信号在原始域中的分布结构，去除冗余特征，压缩特征维数，从而更好地提取信号特征。微动本质上是一种非匀速或非刚体运动，微动目标对雷达信号的响应相当于非线性系统的响应，因此微多普勒信号具有时变非平稳的特点。早期利用傅里叶变换通过频谱分析来进行微动特征提取的方法，只能获得信号在频域的全局特性，缺乏频域的定位功能，对非平稳信号不再适用。时频分析通过构造同时关联目标时间和频率的密度函数，将微多普勒信号变换到时频域，能够揭示信号中包含的频率分量及其演化特性，是微多普勒特征分析中最经典的手段。在时频域中，进一步通过 Hough 变换[24]、广义 Radon 变换（Generalized Radon Transform，GRT）[25]、逆 Radon 变换（Inverse Radon Transform，IRT）[26]等方法将边缘检测问题转化为参数空间中的峰值检测问题来提取目标的微动特征。目前，这类方法多用于提取旋转或振动目标的微动特征。除了上述方法之外，另一种新兴方法是正弦调频傅里叶变换（Sinusoidal Frequency Modulation Fourier Transform，SFMFT）[27]。由于能够长时间有效积累信号的微多普勒信息，SFMFT 可以实现小幅微动、多微动频率成分等情况下的微动特征提取，较传统时频方法大幅度提高了参数估计精度和抗噪性能。但是当信号分量达到 3 个以上时，信号在 SFMFT 域的谱线将会产生干扰项，难以根据变换域频谱准确判断信号实际的频率成分。有学者还提出了正弦调频傅里叶贝塞尔变换（Sinusoidal Frequency Modulation Fourier-Bessel Transform，SFMFBT）[28]，避免了 SFMFT 中多分量交叉项的问题。这些新的信号变换方法对于进一步发展与完善微动特征提取方法具有重要的参考价值。

（2）基于图像域的微动特征提取

如前所述，在宽带成像雷达中，可以通过分析回波在一维距离像（High Resolution Range Profile，HRRP）序列中的调制特征来获得目标的微动特征参数。HRRP 是目标散射中心在雷达视线方向上的投影，微动对 HRRP 的调制影响主要表现为同一散射中心的分布、强度在 HRRP 序列间有规律地变化，这种对散射中心的周期性调制是基于 HRRP 序列提取微动特征的基础。通过采用 Hough 变换、Radon 变换等方法提取距离-慢时间域上各微动散射点的径向微动历程，实现对空间微动目标锥旋周期[29,30]、进动角[31]与目标长度[32]等参数的估计。但是由于 HRRP 的方位敏感性、平移敏感性、强度敏感性、初相敏感性，特别是 HRRP 对目标姿态变化非常敏感，方位角每变化 0.2°，就需要用一个新的距离像来表征目标[33]。因此，当距离像序列长度不够时，估计得到的目标参数就极不稳健。此时基于连续长时间观测所获得的 HRRP 处理或者基于多视角同时观测获得的 HRRP 联合处理[34]，都能够获得目标真实可靠的微动特征。

此外，在宽带成像雷达中，当雷达工作于高重频条件下时，还可以通过 ISAR 成像序列来提取目标的微动特征。ISAR 通过距离向和方位向上的脉压处理来获得目标散射中心的二维分布，相比于 HRRP，ISAR 像能够更加准确直观地反映目标的形状与尺寸特性。基于 ISAR 像可以提取到区域面积、目标周长、形状参数以及体态比等目标特征[35]。

(3) 基于稀疏重构的微动特征提取

微动目标回波可视为少数强散射中心回波的叠加,天然具有稀疏特性,因此,可以采用稀疏重构的方法分析微多普勒信号,提取微多普勒特征。压缩感知(Compressed Sensing, CS)理论基于信号的稀疏性或可压缩性,利用少量的数据就可以实现对原始信号的高概率准确重构[36]。基于 CS 的微多普勒特征提取方法是近年来的研究热点之一,出现了基于 Smoothed L0(SL0)、稀疏贝叶斯学习(Sparse Bayesian Learning, SBL)等算法的一系列微动参数估计方法[37-39]。

(4) 三维微动特征提取

在单基雷达条件下,雷达回波的微多普勒特征参数由目标微动部件运动矢量在雷达视线(Line of sight Los)方向上的投影值决定,因此通过回波只能提取到目标微动部件在 LOS 方向上的特征。由于目标姿态变化的复杂性,在不同的雷达视角下,其微多普勒特征将呈现出显著差异,从而影响目标识别的准确度。若要克服目标微多普勒特征的姿态敏感性,必须设法从雷达回波中重构出能够反映目标微动部件真实空间结构和运动特性的三维微动信息。针对上述问题,一种可行方法是采用分布式多输入多输出(Multiple Input Multiple Output, MIMO)雷达和组网雷达。分布式 MIMO 雷达和组网雷达都具有多个收发通道,能够获得目标在各个视角上的信息。由于目标微动在不同视角上有着不同的投影分量,利用各天线接收到的回波信号差异可重构目标微动部件的空间三维运动和结构特征,从而提高雷达的目标识别能力[40-43]。此外,通过多天线干涉处理的方式也可以获得目标散射中心的三维重构,进而实现目标的三维微动特征提取。

1.3 本书的主要内容安排

本书主要对雷达成像与微动特征提取技术进行了介绍。本书的每一章都自成体系,并附有相应的参考文献。下面给出每一章的概要。

第 1 章:概论

本章介绍了雷达成像的基本概念,主要对合成孔径雷达、逆合成孔径雷达、微多普勒效应及微动特征提取方法进行了简要的介绍。

第 2 章:雷达一维距离成像

本章主要介绍雷达一维距离成像基本原理,包括宽带信号的脉冲压缩处理方法,散射点模型与一维距离像,以及合成阵列与方位高分辨的相关概念。

第 3 章:SAR 成像基本原理

本章主要介绍基于匹配滤波的 SAR 基本成像方法,首先介绍了距离徙动,然后介绍了几种典型的 SAR 成像算法,最后对 SAR 运动补偿的基本原理和几种基本方法进行了介绍。

第 4 章:ISAR 成像基本原理

本章主要介绍 ISAR 成像原理与算法,重点介绍 ISAR 成像的转台模型、平动补偿原理和实现方法、典型雷达信号的 ISAR 成像与实现。

第 5 章:雷达稀疏成像

本章首先介绍了雷达稀疏成像基础理论,包括压缩感知基础理论和雷达稀疏成像模型,然后重点讨论了雷达稀疏成像方法，详细介绍了几种应用于不同场景和不同模式的雷达稀疏成像方法。进一步介绍了基于深度学习的雷达学习成像方法，主要包括 SAR 静止目标学习成像方法和 SAR 运动目标学习成像方法，最后简要介绍了基于稀疏贝叶斯的 ISAR 成像原理与实现。

第 6 章：雷达目标微多普勒效应及微动特征提取

本章概述了窄带雷达和宽带雷达的微多普勒效应，并介绍了相应的微动特征提取方法，包括时频分析方法、图像处理方法和信号分解法〔包括经验模态分解（Empirical Mode Decomposition，EMD），变分模态分解（Variational Mode Decomposition，VMD），动态模态分解（Dynamic Mode Decomposition，DMD）〕等，其中重点介绍了基于 DMD 的微动特征提取方法。

第 7 章：总结与展望

本章总结了全书工作，并对雷达成像与微动特征提取中存在的问题及下一步研究方向进行了展望。

本章参考文献

[1] 丁鹭飞，耿富录.雷达原理[M].3 版.西安：电子科技大学出版社，2002.

[2] 保铮，邢孟道，王彤.雷达成像技术[M].北京：电子工业出版社，2005.

[3] 刘永坦.雷达成像技术[M].哈尔滨：哈尔滨工业大学出版社，2001.

[4] Cumming I G，Wong F H. Digital processing of synthetic aperture radar data：algorithms and implementation [M].合成孔径雷达成像-算法与实现[M].洪文，胡东辉，吴一戎，译校.北京：电子工业出版社，2007.

[5] Brown W M. Synthetic aperture radar[J]. IEEE Trans. Aerosp. Electron. Syst. Apr. 1967，3(2).217-229.

[6] 李春升，杨威，王鹏波.星载 SAR 成像处理算法综述[J].雷达学报，2013，2(1)：111-122.

[7] Soumekh M. Synthetic aperture radar signal processing with MATLAB algorithms [M].John Wiley & Sons，Inc.，1999.

[8] Henderson F M，Anthony J L.principles and applications of imaging radar.Manual of remote sensing [M].John Wiley & Sons，Inc.，1998.

[9] 张磊.高分辨 SAR/ISAR 成像及误差补偿技术研究[D].西安：西安电子科技大学博士学位论文，2012.

[10] Ausherman D A，Kozma A，Walker J L，et. al. Developments in radar imaging[J]. IEEE Trans. Aerosp. Electron. Syst. July. 1984. 20(4).363-399.

[11] 田彪，刘洋，呼鹏江，等.宽带逆合成孔径雷达高分辨成像技术综述[J].雷达学报，2020，9(5)：765-802.

[12] 黎湘，高勋章，刘永祥.复杂运动目标 ISAR 成像技术进展与展望[J].数据采集与处理，2014，29(4)：508-515.

[13] 周伟，刘永祥，黎湘，等.MIMO-SAR 技术发展概况及应用浅析[J].雷达学报，2014，3(1)：10-18.

[14] 李芳芳,胡东辉,丁赤飚,等.机载双天线 InSAR 对飞数据处理与分析[J].雷达学报,2015,4(1):38-48.

[15] 周子铂,蒋李兵,王壮.一种基于波程差补偿的 InISAR 图像配准方法[J].雷达学报,2018,7(6):758-769.

[16] 李震,张平,乔海伟,等.层析 SAR 地表参数信息提取研究进展[J].雷达学报,2021,10(1):116-130.

[17] 洪文,林赟,谭维贤,等.地球同步轨道圆迹 SAR 研究[J].雷达学报,2015,4(3):241-253.

[18] 丁赤飚,仇晓兰,徐丰,等.合成孔径雷达三维成像——从层析、阵列到微波视觉[J].雷达学报,2019,8(6):693-709.

[19] 吴一戎,洪文,张冰尘,等.稀疏微波成像研究进展(科普类)[J].雷达学报,2014,3(4):383-395.

[20] Chen Yi-jun,Zhang Qun,Yuan Ning,et al.An adaptive ISAR-imagingconsidered task scheduling algorithm for multi-function phased array radars [J]. IEEE Transactions on Signal Processing,2015,63(19):5096-5110.

[21] Liu Xiao-wen,Zhang Qun,Chen Yi-chang,et al.Task allocation optimization for multi-target ISAR imaging in radar network [J].IEEE Sensors Journal,2018,18(1):122-132.

[22] Chen V C,Qian S.Joint time-frequency analysis for radar range-Doppler imaging [J].IEEE Trans.AES,1998,34(2):486-499.

[23] Chen V C.Micro-Doppler effect of micro-motion dynamics:a review [A].Proc.SPIE on Independent Component Analyses, Wavelets, and Neural Networks [C]. Orlando,UAS,Apr.2003.240-249.

[24] Zhang Q,Yeo T S,Tan H S,et al.Imaging of a moving target with rotating parts based on the Hough transform[J].IEEE Transactions on Geoscience and Remote Sensing,2008,46(1):291-299.

[25] Xing M,Wu R,Bao Z.High resolution ISAR imaging of high speed moving targets[J]. IEEE Proceedings-Radar,Sonar and Navigation,2005,152(2):58-67.

[26] Bai X R,Zhou F,Xing M D,et al.High resolution ISAR imaging of targets with rotating parts[J].IEEE Transactions on Aerospace and Electronic System,2011,47(4):2530-2543.

[27] Peng B,Wei X Z,Deng B,et al.A Sinusoidal frequency modulation Fourier transform for radar-based vehicle vibration estimation[J].IEEE Transactions on Instrumentation and Measurement,2014,63(9):2188-2199.

[28] He Q F,Zhang Q,Luo Y,et al.Sinusoidal frequency modulation Fourier-Bessel series for multicomponent SFM signal estimation and separation[J].Mathematical Problems in Engineering,2017:5852171.

[29] 冯德军,陈志杰,王雪松,等.基于一维距离像的导弹目标运动特征提取方法[J].国防科技大学学报,2005,27(6):43-47.

[30] 马梁,王涛,冯德军,等.旋转目标距离像长度特性及微运动特征提取[J].电子学报,2008,36(12):2273-2279.

[31] 雷腾,刘进忙,余付平,等.基于时间-距离像的弹道目标进动特征提取新方法[J].信号处理,2012,28(1):73-79.

[32] 毕莉,赵锋,高勋章,等.基于一维像序列的进动目标尺寸估计研究[J].电子与信息学报,2010,32(8):1825-1830.

[33] Rihaczek A W,Hershkowitz S J.Theory and Practice of Radar Target Identification[M].Boston,London:Artech House,2000.

[34] Ai X F,Zou X H,Li Y Z,et al.Bistatic scattering centres of cone-shaped targets and target length estimation[J].SCIENCE CHINA Information Sciences,2012,55(12):2888-2898.

[35] 金光虎,高勋章,黎湘,等.基于 ISAR 像序列的弹道目标进动特征提取[J].电子学报,2010,38(6):1233-1238.

[36] Donoho D L.Compressed sensing[J].IEEE Transactions on Information Theory,2006,52(4):1289-1306.

[37] Whitelonis N,Ling H.Radar signature analysis using a joint time-frequency distribution based on compressed sensing[J].IEEE Transactions on Antennas and Propagation,2014,62(2):755-763.

[38] Deprem Z,Çetín A.Cross-term-free time-frequency istribution reconstruction via lifted projections[J].IEEE Transactions on Aerospace and Electronic Systems,2015,51(1):479-491.

[39] Liu H C,Jiu B,Liu H W,et al.A novel ISAR imagingalgorithm for micromotion targets based on multiple sparse bayesian learning[J].IEEE Geoscience and Remote Sensing Letters,2014,11(10):1772-1776.

[40] 张群,罗迎.雷达目标微多普勒效应[M].北京:国防工业出版社,2013:1-17.

[41] Zhang Q,Luo Y,Chen Y A.Micro-Doppler Characteristics of Radar Targets[M].Amsterdam:Elsevier,2017:1-11.

[42] Luo Y,Zhang Q,Qiu C W,et al.Micro-Doppler feature extraction for wideband imaging radar based on complex image orthogonal matching pursuit decomposition[J].IET Radar,Sonar & Navigation,2013,7(8):914-924.

[43] Hu J,Zhang Q,Luo Y,et al.Three-dimensional interferometric imaging and precession feature extraction of space targets in wideband radar[J].Journal of Applied Remote Sensing,2018,12(1):016029,1-15.

第2章

雷达一维距离成像

本章介绍了雷达一维距离成像基本原理，包括宽带信号的脉冲压缩处理方法，散射点模型与一维距离像，以及合成阵列与方位高分辨的相关概念。

2.1 宽带信号的脉冲压缩

由雷达方程可知，雷达辐射信号能量 E 是决定雷达作用距离的重要因素。对于简单的恒定载频矩形脉冲信号，其信号能量为峰值功率与脉冲宽度的乘积，即 $E = P_t\tau$，因此可以通过两条途径来增大发射信号能力以增加雷达作用距离：提高峰值功率 P_t 或增大脉冲宽度 τ。一般情况下，雷达系统的峰值功率 P_t 受到发射管最大允许峰值功率和传输线功率容量等因素的限制，因此主要是考虑在发射机最大允许平均功率范围内增大脉冲宽度 τ。然而，对于简单的恒定载频矩形脉冲信号，其时宽带宽积近似为1，脉冲宽度 τ 的增加意味着信号带宽的降低。按照雷达信号的分辨理论，在保证一定信噪比并实现最佳处理的前提下，测距精度和距离分辨力主要取决于信号的频率结构，这就要求信号具有大的带宽；而测速精度和速度分辨力取决于信号的时间结构，要求信号具有大的时宽。因此，理想的雷达信号应该具有大的时宽带宽积。显然，简单的恒定载频矩形脉冲信号不符合这样的条件。为了解决这一矛盾，必须采用具有大时宽带宽积的复杂信号形式，实际应用中，大时宽宽频带信号可以有许多形式，如线性调频（Linear Frequency Modulation）脉冲信号、线性调频连续波信号（Linear Frequency Modulation Continuous Wave）、线性调频步进信号（Stepped-Frequency Chirp Signal）、脉冲编码等。因此，雷达发射大时宽带宽积的射频信号，接收时则需要采用脉冲压缩技术，来获得窄的脉冲信号[1,2]。

2.1.1 线性调频信号和解线频调处理

在SAR成像和ISAR成像中，LFM信号（也称为Chirp信号）应用非常广泛。由于LFM信号的频率随时间线性变化，因此可以用解线频调（Dechirp）方法进行处理[3,4]。下面先对线性调频信号进行简单的介绍。

线性调频信号的时域表达式为

$$p(t)=\mathrm{rect}\left(\frac{t_{\mathrm{k}}}{T_{\mathrm{p}}}\right)\cdot\exp\left(\mathrm{j}2\pi\left(f_{\mathrm{c}}t+\frac{1}{2}\mu t_{\mathrm{k}}^{2}\right)\right) \tag{2.1}$$

式中，$\mathrm{rect}\left(\frac{t_k}{T_p}\right)=\begin{cases}1, & -T_p/2\leqslant t_k\leqslant T_p/2\\0, & 其他\end{cases}$，$T_p$ 为脉冲宽度，t_k 为快时间，f_c 为载频，μ 为调频率。$t=t_m+t_k$，$t_m=mT_r$，t 为全时间，t_m 为慢时间（也称为脉冲时间），表示第 m 个脉冲的发射时刻，T_r 为脉冲重复时间（Pulse Repetition Time，PRT），则 $t_k=t-t_m$。

由式(2.1)可知，线性调频信号的相位可以表示为

$$\varphi(t_k)=2\pi f_c t+\pi\mu t_k^2 \tag{2.2}$$

单位为 rad（弧度）。相位对快时间求微分后可以得到瞬时频率为

$$f=\frac{1}{2\pi}\cdot\frac{\mathrm{d}\varphi(t_k)}{\mathrm{d}t_k}=f_c+\mu t_k \tag{2.3}$$

单位为 Hz。说明瞬时频率是快时间的线性函数，斜率为 μ，对应的带宽为 μT_p，由于斜率可以很大，因此其时宽带宽积 μT_p^2 可以远大于 1。线性调频信号的时域波形如图 2.1 所示。

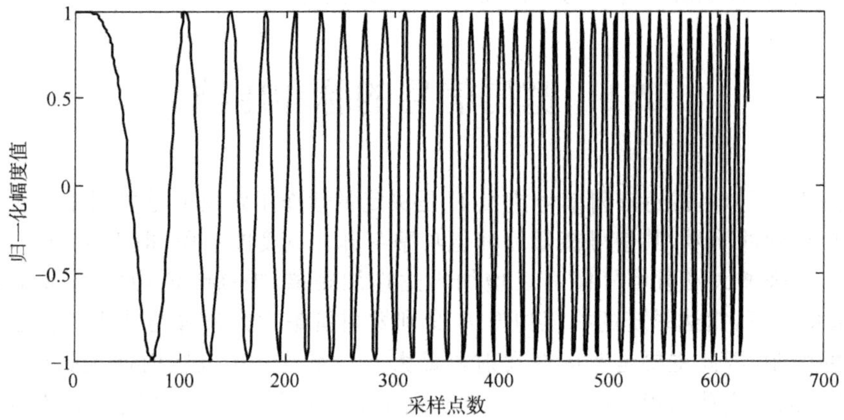

图 2.1 线性调频信号时域波形

设某静止点到雷达的距离为 R，雷达发射 LFM 信号，则接收的回波信号为

$$s(t_k,t_m)=\sigma\mathrm{rect}\left(\frac{t_k-2R(t_m)/c}{T_p}\right)\cdot\exp\left(\mathrm{j}2\pi\left(f_c\left(t-\frac{2R(t_m)}{c}\right)+\frac{1}{2}\mu\left(t_k-\frac{2R(t_m)}{c}\right)^2\right)\right) \tag{2.4}$$

式中，σ 表示点目标的散射系数。

解线频调脉压方式是针对线性调频信号提出的，对不同延时信号进行脉冲压缩，在一些特殊场合，它不仅运算简单，而且可以简化设备，已广泛应用于 SAR 和 ISAR 中作脉冲压缩。接下来介绍解线频调脉冲压缩方法的具体过程。

解线频调在时域进行处理，采用一个与发射信号的载频和调频率相同的 LFM 信号作为参考信号，参考信号的参考距离根据雷达到场景的距离选定，一般可以选取雷达到场景中心的距离作为参考距离，设参考距离为 R_{ref}，则参考信号可写为

$$s_{\mathrm{ref}}(t_k,t_m)=\mathrm{rect}\left(\frac{t_k-2R_{\mathrm{ref}}(t_m)/c}{T_{\mathrm{ref}}}\right)\cdot\exp\left(\mathrm{j}2\pi\left(f_c\left(t-\frac{2R_{\mathrm{ref}}(t_m)}{c}\right)+\frac{1}{2}\mu\left(t_k-\frac{2R_{\mathrm{ref}}(t_m)}{c}\right)^2\right)\right) \tag{2.5}$$

式中，T_{ref} 为参考信号的脉宽，如图 2.2 所示，为了保证所有目标的回波信号都能与参考信号作差频处理，T_{ref} 略大于 T_p。实际应用中往往采用雷达发射信号的延时信号作为参考信号，

或者是目标或场景上某个强散射点的回波信号作为参考信号。图 2.2 给出目标回波 Dechirp 处理过程的示意图。

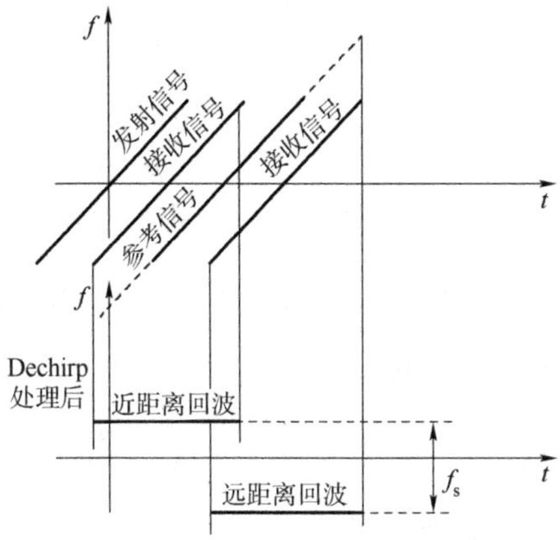

图 2.2　目标回波 Dechirp 处理过程示意图

用参考信号对回波作解线频调处理，即两式共轭相乘，结果为

$$\begin{aligned} s_c(t_k,t_m) &= s(t_k,t_m)s_{ref}^*(t_k,t_m) \\ &= \sigma \mathrm{rect}\left(\frac{t_k-2R(t_m)/c}{T_p}\right) \\ &\quad \cdot \exp\left(\mathrm{j}\left(-\frac{4\pi}{c}\mu\left(t_k-\frac{2R_{ref}(t_m)}{c}\right)R_\Delta(t_m)-\frac{4\pi}{c}f_c R_\Delta(t_m)+\frac{4\pi\mu}{c^2}R_\Delta^2(t_m)\right)\right) \end{aligned} \tag{2.6}$$

式中，$R_\Delta=R-R_{ref}$。以参考点的时间为基准，即令 $t_k'=t_k-2R_{ref}/c$，得到

$$\begin{aligned} s_c(t_k',t_m) &= \sigma \mathrm{rect}\left(\frac{t_k'-2R_\Delta(t_m)/c}{T_p}\right) \\ &\quad \cdot \exp\left(\mathrm{j}\left(-\frac{4\pi}{c}\mu R_\Delta(t_m)t_k'-\frac{4\pi}{c}f_c R_\Delta(t_m)+\frac{4\pi\mu}{c^2}R_\Delta^2(t_m)\right)\right) \end{aligned} \tag{2.7}$$

由于式(2.7)的相位项为快时间的一次函数，表明回波信号与参考信号共轭相乘后的信号是一个单频信号，其角频率为$-4\pi\mu R_\Delta(t_m)/c$，与距离 $R_\Delta(t_m)$成正比。因此，解线频调处理方法可将大带宽的 LFM 信号变为窄带信号，从而降低对系统材料率的要求，这是相比于匹配滤波方法的一个明显优势。但是，解线频调处理也引入了我们不希望产生的相位项，需要采取补偿措施来抑制副瓣。

对式(2.7)作关于快时间 t_k' 的傅里叶变换，得到

$$\begin{aligned} S_c(f_k,t_m) &= \sigma T_p \mathrm{sinc}\left(T_p\left(f_k+\frac{2\mu}{c}R_\Delta(t_m)\right)\right) \\ &\quad \cdot \exp\left(-\mathrm{j}\,\frac{4\pi}{c}f_c R_\Delta(t_m)+\mathrm{j}\,\frac{4\pi\mu}{c^2}R_\Delta^2(t_m)-\mathrm{j}\,\frac{4\pi f_k}{c}R_\Delta(t_m)\right) \end{aligned} \tag{2.8}$$

式中，f_k 表示快时间频率，$\mathrm{sinc}(x)=\sin(\pi x)/(\pi x)$。式(2.8)右边包含了 3 个相位项。第一个相位项为多普勒项，是关于 R_Δ 的一次函数，当目标静止时，该项为常数；当目标运动时，每次脉冲回波对应的 R_Δ 都在变化，此时第一个相位项成为关于 R_Δ 变化的函数。第二个相位项称为“残余视频相位(Residual Video Phase, RVP)”，第三个相位项称为回波包络“斜置”项，这两个相位都会对成像带来负面影响，必须予以消除。考虑到式(2.8)的包络是

sinc 函数，其峰值位于 $f_k=-2\mu R_\Delta(t_m)/c$ 处，因此后两个相位项可写为

$$\frac{4\pi\mu}{c^2}R_\Delta^2(t_m)-\frac{4\pi f_k}{c}R_\Delta(t_m)=\frac{3\pi f_k^2}{\mu} \tag{2.9}$$

式(2.9)运用了 $f_k=-2\mu R_\Delta(t_m)/c$ 的条件。因此，只要将式(2.8)乘以式(2.10)

$$S_{RVP}(f_k)=\exp\left(-j\frac{3\pi f_k^2}{\mu}\right) \tag{2.10}$$

就可以将 RVP 项和包络“斜置”项去除，补偿后信号的表达式为

$$S_c(f_k,t_m)=\sigma T_p \operatorname{sinc}\left(T_p\left(f_k+\frac{2\mu}{c}R_\Delta(t_m)\right)\right)\cdot\exp\left(-j\frac{4\pi}{c}f_c R_\Delta(t_m)\right) \tag{2.11}$$

取式(2.11)的模可得到目标的一维距离像

$$|S_c(f_k,t_m)|=\sigma T_p \operatorname{sinc}\left(T_p\left(f_k+\frac{2\mu}{c}R_\Delta(t_m)\right)\right) \tag{2.12}$$

其峰值位于 $f_k=-2\mu R_\Delta(t_m)/c$ 处，通过乘以因子 $-c/(2\mu)$，f_k 可被转化为 t_m 时刻点目标到参考点的径向距离 $R_\Delta(t_m)$。因此，在解线频调处理中目标的一维距离像表现在快时间频率域。

2.1.2 匹配滤波与逆匹配滤波

上一节讲述的解线频调处理只针对线性调频信号。而对于非线性调频信号等其他具有大时宽带宽积的信号而言，可以用一般的匹配滤波方法完成宽带信号的脉冲压缩[5]。

假设目标为理想散射点，发射信号为 $p(t)\exp(j2\pi f_c t)$，对接收到的回波信号进行下变频处理，即回波信号乘以 $\exp(-j2\pi f_c t)$，得到基带回波信号

$$s_b(t)=\sigma p\left(t-\frac{2R}{c}\right)\exp\left(-j\frac{4\pi f_c}{c}R\right) \tag{2.13}$$

式中，σ 和 R 分别表示散射点回波的幅度和雷达到目标的瞬时距离；$p(\cdot)$ 为归一化的回波包络；f_c 为载频，c 为真空中的光速。

若以单频脉冲发射，脉冲越窄，信号频带越宽。但发射很窄的脉冲，要有很高的峰值功率，实际困难较大，通常都采用大时宽的宽频带信号，接收后通过处理得到窄脉冲。

匹配滤波处理中，可以将去载频的发射信号的共轭作为参考函数，即

$$s_{ref}(t)=p^*(t) \tag{2.14}$$

式中，“*”表示取函数的共轭，则匹配滤波处理可以表示为

$$s_{rM}(t)=s_b(t)\otimes s_{ref}(t) \tag{2.15}$$

式中，“$\otimes$”表示卷积运算。应当指出，通过卷积直接作匹配滤波脉压的运算量相对较大，可以在频率域通过共轭相乘再作 IFFT 求得。需要注意的是两离散信号频率域相乘相当它们在时域作圆卷积，为使圆卷积与线性卷积等价，待处理的信号须加零延伸(补零)，避免圆卷积时发生混叠。则匹配滤波处理可以进一步表示为

$$s_{rM}(t)=F_{(f)}^{-1}[F_{(t)}(s_b(t))\cdot F_{(t)}(s_{ref}(t))] \tag{2.16}$$

式中，$F_{(t)}(\cdot)$ 表示对时间 t 作傅里叶变换，$F_f^{-1}(\cdot)$ 表示对频率作逆傅里叶变换。

由于

$$S_r(f)=F_{(t)}(s_b(t))=\sigma P(f)\exp\left(-j\frac{4\pi(f+f_c)}{c}R\right) \tag{2.17}$$

$$S_{ref}(f)=F_{(t)}(p^*(t))=P^*(f) \tag{2.18}$$

式中,$P^*(f)$为 $P(f)$的复共轭。因此,匹配滤波后的输出结果为

$$\begin{aligned} s_{rM}(t)&=F_{(f)}^{-1}[S_r(f)P^*(f)] \\ &=F_{(f)}^{-1}\left[AP(f)P^*(f)\exp\left(-j\frac{4\pi(f+f_c)}{c}R\right)\right] \\ &=A\mathrm{e}^{-j\frac{4\pi f_c}{c}R}\mathrm{psf}\left(t-\frac{2R}{c}\right) \end{aligned} \tag{2.19}$$

式中:

$$\mathrm{psf}(t)=F_{(f)}^{-1}[|P(f)|^2] \tag{2.20}$$

psf(·)称为点扩展函数(point spread function),它可以确定分辨率。在时域上看,滤波相当于信号与滤波器冲激响应的卷积,对一已知波形的信号作匹配滤波,其冲激响应为该波形的共轭倒置。当波形的时间长度为 T_p,则卷积输出信号为 $2T_p$。实际上,匹配滤波可实现脉冲压缩,输出主瓣的宽度为 $1/\Delta f$(Δf 为信号的频带宽度,为降低副瓣而作加权,主瓣要展宽一些),即距离分辨率为 $c/2\Delta f$,脉压信号的 Δf 通常较大($\Delta f T_p \gg 1$),输出主瓣是很窄的,时宽为 $2T_p$ 的输出中,绝大部分区域为幅度很低的副瓣。

当反射体是静止的离散点时,回波为一系列不同延时和复振幅的已知波形之和,对这样的信号用发射波形作匹配滤波时,由于滤波是线性过程,可分别处理后迭加。如果目标长度相应的回波距离段为 Δr,其相当的时间段为 $\Delta T=(2\Delta r/c)$,考虑到发射信号时宽为 T_p,则目标所对应的回波时间长度为 $\Delta T+T_p$,而匹配滤波后的输出信号长度为 $\Delta T+2T_p$。虽然如此,具有离散点主瓣的时间段仍只有 ΔT,两端的部分只是副瓣区,没有目标位置信息。

实际处理中,为了压低副瓣,通常是将匹配函数加窗,然后加零延伸为 $\Delta T+T_p$ 的时间长度,作傅里叶变换后并作共轭,和接收信号的傅里叶变换相乘后,作傅里叶逆变换,取前 ΔT 时间段的有效数据段。

为了便于采用快速傅里叶变换,可能对匹配函数要补更多的零,对接收信号也要补零。脉压处理过程的如图 2.3 所示,其中虚框部分可事先计算好,以减小运算量。

距离匹配滤波压缩后,不管是否补零,其距离分辨率为 $c/2\Delta f$,距离采样率为 $c/(2F_s)$,其中 F_s 为采样频率,$T_s=1/F_s$ 为采样周期,距离采样周期要求小于等于距离分辨单元长度。

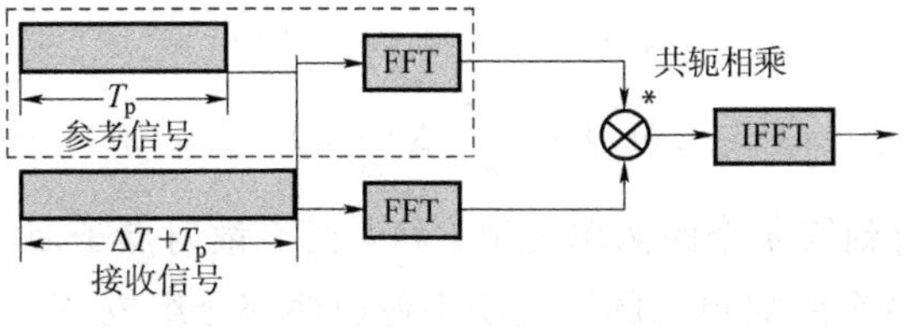

图 2.3　匹配滤波脉压处理过程示意图

2.2 散射点模型与一维距离像

宽频带信号的功能之一是为雷达目标识别提供了较好的基础。现代雷达，特别是军用雷达常希望能对非合作目标进行识别。常规窄带雷达由于距离分辨率很低，一般目标(如飞机)呈现为“点”目标，其波形虽然也包含一定的目标信息，但十分粗糙。频宽为几百兆赫的雷达，目标回波为高距离分辨率信号，分辨率可达亚米级，一般目标的高距离分辨率信号呈现为一维距离像，雷达成像通常将目标以散射点模型表示[6]。

2.2.1 单个距离单元回波特性

一般目标运动可分解为平动和转动两部分，平动时目标相对雷达射线的姿态固定不变，一维距离像形状不会变化，只是包络有平移。为了研究距离像的方向特性，可暂不考虑平动。

在目标转动过程中，雷达不断发射和接收到回波。将各次距离像回波沿纵向按距离分辨单元离散采样，并依次横向排列，横向(方位向)和纵向(距离向)的顺序分别以 m、n 表示。根据目标的散射点模型，在不发生越距离单元徙动的情况下，在任一个距离单元里存在的散射点不会改变。设在第 n 个距离单元里有 L_n 个散射点，由于转动，各散射点会发生径向移动，设第 i 个散射点在第 m 次回波时的径向位移(与第 0 次回波时比较)为 $\Delta r_i(m)$，则第 n 个距离单元的第 m 次回波为

$$x_n(m)=\sum_{i=1}^{L_n}\sigma_i\exp\left(-\mathrm{j}\left[\frac{4\pi}{\lambda}\Delta r_i(m)-\varphi_{i0}\right]\right)=\sum_{i=1}^{L_n}\sigma_i\exp(-\mathrm{j}\varphi_{ni}(m)) \tag{2.21}$$

而

$$\varphi_{ni}(m)=-\frac{4\pi}{\lambda}\Delta r_i(m)+\varphi_{i0} \tag{2.22}$$

式中，λ 为波长，σ_i 和 φ_{i0} 分别为第 i 个子回波的振幅和起始相位。

$x_n(m)$ 可以表示第 m 次回波沿距离(n)分布的复振幅像，而其功率像为

$$|x_n(m)|^2=x_n(m)x_n^*(m)=\sum_{i=1}^{L_n}\sigma_i^2+2\sum_{i=2}^{L_n}\sum_{k=1}^{i}\sigma_i\sigma_k\xi_{nik}(m) \tag{2.23}$$

式中：

$$\xi_{nik}(m)=\cos[\theta_{nik}(m)] \tag{2.24}$$

$$\theta_{nik}(m)=\varphi_{ni}(m)-\varphi_{nk}(m)=-\frac{4\pi}{\lambda}[\Delta r_i(m)-\Delta r_k(m)]+(\varphi_{i0}-\varphi_{k0}) \tag{2.25}$$

式中，$\theta_{nik}(m)$ 表示 m 时刻第 n 个距离单元里 i 和 k 两个散射点子回波的相位差。

由式(2.23)可见，各个距离单元的回波功率像由两部分组成，第一部分是相同子回波自己共轭相乘的自身项，它为各散射点的强度和，与转动无关；第二部分是相异子回波共轭相乘的交叉项，它是 m 的函数。这里需要研究的是交叉项中 $\xi_{nik}(m)$ 的统计性质。两散射点子回波在 m 时刻相位差的变化为它们在 0 时刻相位差与此后相位差变化之和。因此，一维

功率像与散射点模型有密切关系，在实际应用中为了方便，常将复距离像直接取模，得到实数的一维距离像。本书所说的一维距离像均指实数振幅距离像，而实数振幅距离像的平方即为功率距离像。

2.2.2 距离像随转角的变化

由式(2.25)可见，若两散射点的横向距离差为 L，则 $\Delta r_i(m)-\Delta r_k(m)=L\Delta\varphi(m)$，其中 $\Delta\varphi(m)$ 为第 m 次周期时目标的转角。对于众多散射点，式(2.23)中的交叉项的各个分量可近似看成为起伏的余弦变化，即整个交叉项随 m 作零均值的随机变化，因此我们可以得到下列结论：

(1) 在目标相对于雷达的散射点模型基本未变的转角范围里(一般为 10°以内)，考虑到不严重发生越距离单元徙动现象，转角一般限制在 3°～5°，这时式(2.23)的结果可以适用，其自身项不随转角变化，而交叉项随转角作零均值的随机变化，其相关转角为半分之一度的量级。此时，距离像的尖峰位置基本不变，只是许多峰的振幅有或大或小的起伏。

(2) 当转角超过 3°～5°的限制，散射点会发生严重的越距离单元徙动，此时距离像尖峰位置也会发生变化。

(3) 当转角进一步增加，超出 10°范围时，目标散射点各向异性体现出来，散射点模型发生变化。此时，已不再是对目标原散射点模型进行一维距离成像。

2.2.3 平均距离像

如上所述，针对第一种情况，在一定的转角范围里，取较多交叉项相关较小的回波(即间隔较大)作平均，交叉项的分量就会减得很小。由于交叉项的各分量具有余弦变化特性，取作平均的样本应等角度间隔选取。因此，平均功率距离像基本为它的自身项，它在转角范围内是稳定不变的。当由交叉项引起的起伏不是很大时，实数振幅距离像也有类似的性质。我们将等角度间隔选取的相关较小的样本作平均得到的距离像称作平均距离像。

2.3 合成阵列与方位高分辨

要得到场景的二维平面图像，同时需要距离和方位二维高分辨，本节主要讨论方位高分辨。

雷达本质上是一种基于距离测量的探测系统，容易获得高的距离分辨率，方位分辨率是比较差的。方位分辨率决定于雷达天线的波束宽度，一般地基雷达的波束宽度为零点几度到几度，以窄一些的波束为例，设天线波束宽度等于 0.01 rad(即约 0.57°)为例，它在距离为 50 km 处的横向分辨约为 500 m，显然远远不能满足场景成像的要求。需要极大提高方位分辨率，即将波束宽度作大的压缩。

天线波束宽度与其孔径长度成反比，如果要将上述横向分辨单元缩短到 5 m，则天线横向孔径应加长 100 倍，这为天线的实现带来了极大的挑战。实际上对固定的场景可以用合成孔径来实现。

合成孔径雷达主要通过平台形成方位向合成孔径，从而实现对场景的二维成像，而由于实际地面场景存在高程起伏，且雷达载体具有较高的高度，所以合成孔径雷达是在三维空间里实现二维成像，有许多实际问题需要解决。本节为了突出合成阵列获得高的横向分辨率的主题，因此假设场景为理想平面，雷达载机的高度也暂不考虑，与目标在同一平面中。

2.3.1 合成阵列的特点

对一个实孔径的线性阵列而言，假设线阵由 N 个阵元组成，等间隔排列，阵元之间的间隔为 d，可得阵列天线法向指向时的方向图为

$$F_r(\theta)=\frac{\sin\left(\frac{\pi Nd}{\lambda}\sin\theta\right)}{N\sin\left(\frac{\pi d}{\lambda}\sin\theta\right)}\approx\frac{\sin\left(\frac{\pi Nd}{\lambda}\sin\theta\right)}{\frac{\pi Nd}{\lambda}\sin\theta} \tag{2.26}$$

从式(2.26)可得它的 3 dB 波束宽度

$$\theta_{BW}=K\,\frac{\lambda}{L} \tag{2.27}$$

式中，$L=(N-1)d$ 为阵列孔径，K 为比例系数，式(2.26)是将各阵元信号等值相加，即沿阵列均匀加权，此时 $K=0.88$。实际阵列为降低波束副瓣电平而沿阵列作锥削加权，即对两侧阵列元的信号在相加时离中心越远所加的权值也越小，这时 θ_{BW}有所展宽。在工程中，近似取 $K=1$。

有时还要用到波束第一对零点之间的波束宽度 θ_{nn}，其近似值为

$$\theta_{nn}=2\theta_{BW}=\frac{2\lambda}{L} \tag{2.28}$$

上面以天线接收方位向为例，根据互易定理，阵列作发射时的天线方向图与接收方位向相同，则收发双程的方向图为两者的乘积。

合成阵列只有一个阵元，它在不同位置上测量和录取信号，然后通过合成处理形成所需的波束，合成阵列的目标在阵列的坐标里必须是固定的。在合成阵列中，“阵元”实际就是一天线孔径较小的相干雷达。合成阵列对所有阵元采取自发自收方式，设在第一个位置处发射一单频连续波信号 $\exp(\mathrm{j}(2\pi f_c t+\varphi_1))$，距离阵元 1 个位置的 R_{i1}处有一点目标 σ_i，可得点目标回波 $\sigma_i\exp(\mathrm{j}(2\pi f_c(t-2R_{i1}/c)+\varphi_1))$。通过相干检波，即乘以基准信号 $\exp(-\mathrm{j}(2\pi f_c t+\varphi_1))$，得基频回波信号为 $\sigma_i\exp\left(-\mathrm{j}\left(4\pi f_c\frac{R_{i1}}{c}\right)\right)$。假设阵元在第 2，3，…，$N$ 个位置时，分别发射信号频率完全相同的信号，各个位置处得到的点目标 σ_i 的基频回波在形式上与第一位置时相同，只是将距离 R_{i1}改写成对应各个阵元所在位置的距离 R_{i2}，R_{i3}，…，R_{iN}等。可见，通过单个阵元在各个位置自发自收接收到的基带回波信号的相位完全反映目标到各阵元位置的波程关系。

合成阵列在原理上与实际阵列存在相同点，但两者也有不同点，由于合成孔径在各阵元

位置以自发自收工作，相邻两阵元的双程波程差为$\frac{2d}{\lambda}\sin\theta$，即比实际阵列作为单独接收时要大一倍，阵列间隔长度对相位差的影响加倍，相当于使其等效阵列长度大了一倍，即合成阵列长度为 L 时，其收发双程的波束宽度为 θ_{BWS}

$$\theta_{BWS}=\frac{\lambda}{2L} \tag{2.29}$$

对于上面的分析讨论，通常是在目标远离天线阵列的远场条件下进行的。实际合成孔径雷达里该假设通常不成立。另外，远、近场的分界比较模糊，此处的远、近场划分基于比较常用的准则[7,8]。

远场假设是指辐射源很远，各阵元到点辐射源的射线近似为平行线。很明显，各阵元到点辐射源的射线总会汇聚到点辐射源上，而点辐射源到阵列的波前应为球面波，在二维平面里波前为圆弧，只有在距离很远时，直线阵列上的圆弧可以用直线来近似(波前为平面波)。

而在近场条件下，假设阵列长度为 L，点目标 P 位于阵列中点的法向方向，距离为 R。R 称为 P 点到阵列的最近距离，离阵列中心越远的阵元，到 P 点的距离也越大。在近场时，阵列的波前为圆弧线，即当平面波不成立时，阵列上各阵元的基频回波相位不再是同相的，将所有阵元输出直接求和时其合成信号将较平面波时要小。所谓远场近似就是在阵列长度 L 一定条件下，将目标距离 R 加大，波前圆弧的曲率减小，认为在阵列两端与中点处的相位差小于 $\pi/2$ 时作为远、近场的分界。由于合成阵列为收发双程工作，相位角小于 $\pi/2$ 即相当于单程波程差小于 $\lambda/8$，得

$$\sqrt{R^2+(L/2)^2}-R\leqslant\lambda/8$$

即

$$R\geqslant L^2/\lambda \text{ 或 } L\leqslant\sqrt{\lambda R} \tag{2.30}$$

上述介绍的以边缘处信号相位与中心处差 $\pi/2$ 只是准则之一。如果阵列再加长，其增益还会增加。另一种准则似乎更合理些，可以想象到，由于阵列上离中心越远，该处信号的相位差也越大，因而对阵列增益的贡献就越小，将阵列长度达到增益曲线梯度为零时的阵列长度作为远、近场的分界似乎更合理。此处的信号相位应与此前阵列合成信号(而不是阵列中心点处的信号)的相位差 $\pi/2$。由此得到的临界阵列长度为

$$L_c\leqslant1.2\sqrt{\lambda R} \tag{2.31}$$

2.3.2 横向分辨原理及回波多普勒特性

本节主要讨论合成孔径雷达的横向分辨原理，为使问题简化，先作一些假设：

(1) 采用“一步一停”的方式，用快慢时间分析。实际过程中，由于电磁波速度明显快于载机速度，在以快时间计的时间里载机移动很小，由此引起的合成阵列上的相位分布的变化可以忽略。

(2) 为避免宽频带条件下对信号包络的影响，在不影响讨论横向分辨原理的前提下，假设发射信号为单频连续波 $\exp(j2\pi f_c t)$。

(3) 暂不考虑载机高度，在二维平面里讨论飞机平台的合成阵列，并设载机在 X-Y 平

面内沿 X 轴以速度 V 匀速平稳飞行，目标沿与 X 轴平行且垂直距离为 R 的直线上分布的一系列点目标 $\sigma_1,\cdots,\sigma_N$，其 X 方向的坐标为 $X_1,\cdots,X_N$。

由于机载雷达具有一定的波束宽度 θ_{BW}，它在点目标连线上覆盖的长度约为 $L\approx R\theta_{\mathrm{BW}}$。在载机飞行过程中，波束依次扫过各个点目标，得到慢时间宽度为 L/V 的一系列回波。在图 2.4(a)中画出了 t_{m} 时刻从雷达天线相位中心 $x=Vt_{\mathrm{m}}$ 到第 n 个点目标的斜距

$$R_n(t_{\mathrm{m}})=\sqrt{R^2+(X_n-Vt_{\mathrm{m}})^2} \tag{2.32}$$

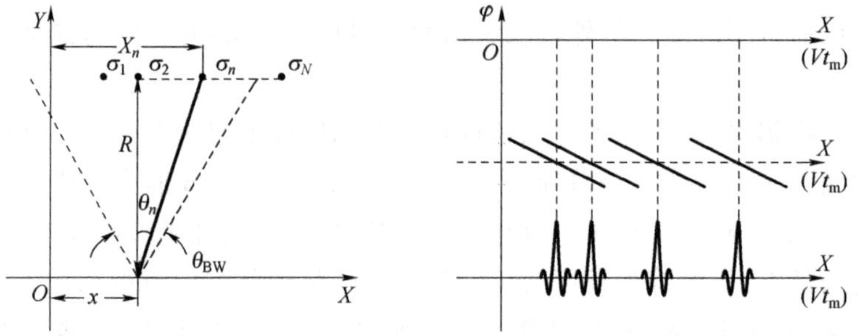

(a) (b)

图 2.4 运动平台合成孔径雷达的目标模型和回波

则在 t_{m} 时刻该点目标回波为 $\exp\left(\mathrm{j}2\pi f_{\mathrm{c}}\left(t-\dfrac{2R_n(t_{\mathrm{m}})}{c}\right)\right)$，通过相干检波，基频回波信号为

$$s_n(t_{\mathrm{m}})=\sigma_n\exp\left(-\mathrm{j}\,\frac{4\pi f_{\mathrm{c}}}{c}R_n(t_{\mathrm{m}})\right) \tag{2.33}$$

这里没有考虑天线波束方向图的调制，以雷达最接近点目标时为基准，其相位历程为

$$\varphi_n(t_{\mathrm{m}})=-\mathrm{j}\,\frac{4\pi f_{\mathrm{c}}}{c}[R_n(t_{\mathrm{m}})-R] \tag{2.34}$$

将式(2.34)对慢时间求导数，则回波的多普勒频率为

$$\begin{aligned} f_{\mathrm{d}}&=\frac{1}{2\pi}\frac{\mathrm{d}}{\mathrm{d}t_{\mathrm{m}}}\varphi_n(t_{\mathrm{m}})=-\frac{2f_{\mathrm{c}}}{c}\frac{\mathrm{d}}{\mathrm{d}t_{\mathrm{m}}}R_n(t_{\mathrm{m}})\\ &=\frac{2f_{\mathrm{c}}V}{c}\frac{X_n-Vt_{\mathrm{m}}}{\sqrt{R^2+(X_n-Vt_{\mathrm{m}})^2}} \end{aligned} \tag{2.35}$$

考虑到 $R\gg(X_n-Vt_{\mathrm{m}})$，式(2.35)可近似写成

$$f_{\mathrm{d}}=\frac{2f_{\mathrm{c}}V}{cR}(X_n-Vt_{\mathrm{m}}) \tag{2.36}$$

从式(2.36)可以看出，在慢时间域里，回波也是线性调频的，且从中可以得到回波的多普勒调频率 K_{a} 为

$$K_{\mathrm{a}}=-\frac{2f_{\mathrm{c}}V^2}{cR}=-\frac{2V^2}{\lambda R} \tag{2.37}$$

因此，回波的多普勒带宽 $\Delta f_{\mathrm{d}}=\left|\gamma_m\dfrac{L}{V}\right|=\dfrac{2VL}{\lambda R}$，其中 $L/R\approx\theta_{\mathrm{BW}}=\lambda/D$，$\theta_{\mathrm{BW}}$ 和 D 分别为阵元的波束宽度和天线横向孔径长度，可得

$$\Delta f_{\mathrm{d}}=\frac{2V}{D} \tag{2.38}$$

根据回波多普勒的谱宽，可以计算得到脉压后的时宽

$$\Delta T_{dm}=\frac{1}{\Delta f_{\mathrm{d}}}=\frac{D}{2V} \tag{2.39}$$

将该时宽乘以载机速度，即得点目标的横向分辨长度

$$\rho_{\mathrm{a}}=V\Delta T_{dm}=\frac{D}{2} \tag{2.40}$$

式(2.40)表明，合成阵列若充分利用其阵列长度(受阵元波束宽度限制)，所能得到的横向距离分辨单元长度为 $D/2$，而与目标距离远近无关。

还可以从观测视角变化的角度表示合成阵列的横向分辨率，可表示为

$$\rho_{\mathrm{a}}=\frac{V}{\Delta f_{\mathrm{d}}}=\frac{\lambda}{2\theta_{\mathrm{BW}}}=\frac{D}{2} \tag{2.41}$$

从式(2.41)我们可以看出，必须有足够大的视角变化范围，才能得到所需的横向距离分辨率。

为提高横向距离分辨率，可以采用小的横向孔径长度 D。式(2.38)是在天线波束较窄时的近似；当天线波束加宽，达到 $\theta_{\mathrm{BW}}=\pi$ 时，有 $\Delta f_{\mathrm{d}}=4V/\lambda$。此时合成孔径横向分辨率为

$$\rho_a=\frac{V}{\Delta f_{\mathrm{d}}}=\frac{\lambda}{4} \tag{2.42}$$

将式(2.33)的慢时间域信号变换到频域，得

$$\begin{aligned}S_n(f_{\mathrm{d}})&=\int_{T_n}s_n(t_{\mathrm{m}})\exp(-\mathrm{j}2\pi f_{\mathrm{d}}t_{\mathrm{m}})\mathrm{d}t_{\mathrm{m}}\\&=\int_{T_n}\sigma_n\exp\left[-\mathrm{j}\,\frac{4\pi f_{\mathrm{c}}}{c}R_n(t_{\mathrm{m}})\right]s_n(t_{\mathrm{m}})\exp(-\mathrm{j}2\pi f_{\mathrm{d}}t_{\mathrm{m}})\mathrm{d}t_{\mathrm{m}}\end{aligned} \tag{2.43}$$

式中，积分项 T_n 表示雷达照射点目标 σ_n 的全过程。由于载机与点目标最接近的时刻为 $t_{mn}=X_n/V$，而雷达天线波束在目标处的覆盖长度近似为 $R\theta_{\mathrm{BW}}$，故 $T_n\in\left[\dfrac{X_n-R\theta_{\mathrm{BW}}/2}{V},\dfrac{X_n+R\theta_{\mathrm{BW}}/2}{V}\right]$。

用驻相点法求解式(2.43)，得

$$S_n(f_{\mathrm{d}})=\frac{\sigma_n\exp(-\mathrm{j}\pi/4)}{2\pi\sqrt{f_{\mathrm{dM}}^2-f_{\mathrm{d}}}}\exp\left[-\mathrm{j}2\pi\sqrt{f_{\mathrm{dM}}^2-f_{\mathrm{d}}^2}\,\frac{R}{V}-\mathrm{j}2\pi f_{\mathrm{d}}\,\frac{X_n}{V}\right] \tag{2.44}$$

式中，$f_{\mathrm{dM}}=\dfrac{2V}{\lambda}$为最高多普勒频率。式(2.44)是对第 n 个目标求得的回波多普勒谱，可以看出，除了一线性相位的指数 $\exp\left(-\mathrm{j}2\pi f_{\mathrm{d}}\,\dfrac{X_n}{V}\right)$外，它与第 n 个目标的位置无关，因而该多普勒谱也适用于其他目标。而线性相位指数项正能反映出目标的横向位置。由于幅度对下面的分析作用不大，故加以省略，由此得载机整个飞行过程中所有回波的多普勒谱

$$S(f_{\mathrm{d}})=\sum_n S_n(f_{\mathrm{d}})=\sum_n\sigma_n\exp\left[-\mathrm{j}2\pi\sqrt{f_{\mathrm{dM}}^2-f_{\mathrm{d}}^2}\,\frac{R}{V}-\mathrm{j}2\pi f_{\mathrm{d}}\,\frac{X_n}{V}\right] \tag{2.45}$$

式中，Σ表示对波束内扫过的所有目标求和。

式(2.45)中的多普勒相位谱为球面相位调制，如果雷达波束较窄，则 $f_{\mathrm{d}}\ll f_{\mathrm{dM}}$，可采用近似式$\sqrt{f_{\mathrm{dM}}^2-f_{\mathrm{d}}^2}\approx f_{\mathrm{dM}}-f_{\mathrm{d}}^2/(2f_{\mathrm{dM}})$，则式(2.45)可以近似写成

$$S(f_{\mathrm{d}})=\sum_{n}\sigma_{n}\exp\left[-\mathrm{j}2\pi f_{\mathrm{dM}}\frac{R}{V}-\mathrm{j}\pi\frac{\lambda R}{V^{2}}f_{\mathrm{d}}^{2}-\mathrm{j}2\pi f_{\mathrm{d}}\frac{X_{n}}{V}\right] \tag{2.46}$$

式(2.46)的3个指数项中，第三项与式(2.42)相同，表示目标横向位置；第一项是与垂直距离有关的常数项；第二项表示相位与 f_{d}^{2} 成正比，是抛物线形的二次相位。

载机飞行过程中，雷达的波束一次扫过各个目标，以瞬时多普勒作为自变量，由于雷达到目标斜视角不断变化，瞬时多普勒也随之改变，于是可得到每一个回波序列的多普勒谱。如果各目标位于同航线平行的线上，则各个回波多普勒谱的非线性相位项也相同，至于目标的横向位置则表现在它的线性相位项上。由此，只要雷达波束有一定的张角，雷达至目标斜视角变化而产生的多普勒谱足够宽，则可获得高的分辨率，而且它的线性相位还可确定各个目标的横向位置。

在式(2.45)中的多普勒谱表示式中的两个相位指数项，第二个指数项为点目标的平移项，它表示各点目标的横向位置。第一个指数项是共同项，为球面相位调制。应在匹配滤波中作匹配处理，匹配滤波特性应与该指数项成共轭关系，即

$$H_{0}(f_{\mathrm{d}})=\exp\left[-\mathrm{j}2\pi\sqrt{f_{\mathrm{dM}}^{2}-f_{\mathrm{d}}^{2}}\frac{R}{V}\right] \tag{2.47}$$

式(2.45)的总回波通过匹配滤波之后，其输出多普勒谱为

$$\begin{gathered}S_{0}(f_{\mathrm{d}})=\Big(\sum_{n}S_{n}(f_{\mathrm{d}})\Big)H_{0}(f_{\mathrm{d}})=\sum_{n}\sigma_{n}\exp(-\mathrm{j}2\pi f_{\mathrm{d}}t_{mn})\\ f_{\mathrm{d}}\in\left(-\frac{2V}{\lambda}\sin\frac{\theta_{\mathrm{BW}}}{2},\frac{2V}{\lambda}\sin\frac{\theta_{\mathrm{BW}}}{2}\right)\end{gathered} \tag{2.48}$$

式中，$t_{mn}=X_{n}/V$ 为雷达与第 n 个目标最接近时的慢时间值。

式(2.48)中忽略了它的幅度变化部分，也没有考虑波束方向图对回波幅度调制的影响，假设其波束方向图形状为矩形，在波束宽度内增益为1，波束宽度外增益为0，从而得到式(2.48)的矩形多普勒谱。通过将式(2.48)的输出信号作逆傅里叶变换回到时间域，得到横向压缩后的信号为

$$s(t_{\mathrm{m}})=\sum_{n}\sigma_{n}\sin c[\Delta f_{\mathrm{d}}(t_{\mathrm{m}}-t_{mn})] \tag{2.49}$$

式(2.49)中，$\Delta f_{\mathrm{d}}=\frac{4V}{\lambda}\sin\frac{\theta_{\mathrm{BW}}}{2}$为信号的多普勒频宽。

这里需要指出的是由于回波的多普勒具有一定宽度，为了避免出现多普勒模糊，脉冲重复频率应大于回波的多普勒谱宽 Δf_{d}。上面假设 Δf_{d} 是以波束宽度为准的矩形波束宽度，实际波束方向图是缓变的，在波束宽度外不可能立即下降到零，所以实际的重复频率应为 Δf_{d} 的1.5～2倍。

本章参考文献

[1] 张群，罗迎.雷达目标微多普勒效应[M].北京：国防工业出版社，2013.

[2] 保铮，刑孟道，王彤.雷达成像技术[M].北京：电子工业出版社，2005.

[3] Caputi W J.Stretch: A Time-Transformation Technique[J].IEEE Trans.On AES, 1971,7(2):269-278.

[4] Wehner D R.High Resolution Radar[M].Norwood,MA:Artech House,1987.

[5] Cook C E,Bernfeld M.Radar Signals[M].New York:Academic press,1967.

[6] Xing M,Bao Z,Pei B.Properties of High-resolution Range Profiles[J].Optical Engineering, 2002,30(3):510-525.

[7] Van Trees H L.Optimum Array Processing[M].New York:John Wiley & Sons, Inc.2002.

[8] Johnson D H,Dudgon D E.Array Signal Processing:Concepts and Technique[M]. Upper Saddle River:PTR Prentice Hall,1993.

[9] Chen V C.Analysis of radar micro-Doppler signature with time-frequency transform [C].Proc.Statistical Signal and Array Processing.Pocono Manor, PA, USA, 2000: 463-466.

[10] Chen V C.Time-frequency signatures of micro-Doppler phenomenon for feature extraction [C].Proceedings of SPIE in Wavelet Applications VII, Orlando, FL, USA: SPIE Press,2000(4056):220-226.

[11] 庄钊文,刘永祥,黎湘.目标为动特性研究进展[J].电子学报,2007,35(3):520-525.

[12] 梁必帅,张群,娄昊,等.基于微动特征关联的空间非对称自旋目标雷达三维成像方法[J].电子与信息学报,2014,36(6):1381-1388.

第3章
SAR成像基本原理

3.1 概述

进入20世纪70年代后，随着数字信号处理技术的发展，SAR成像方法进入数字化处理阶段，即先根据Nyquist（奈奎斯特）采样定律对模拟回波信号进行采样，然后在数字域实现二维匹配滤波，从而得到场景图像。现有的SAR成像方法也主要基于匹配滤波理论，可以分为基于频域的成像方法和基于时域的成像方法。

基于频域的SAR成像方法主要是在频域完成对信号的匹配，1978年喷气推进实验室（Jet Propulsion Laboratory，JPL）提出了距离多普勒（Range Doppler，RD）算法。RD算法是第一个成熟的SAR成像算法，并沿用至今。RD算法采用分维处理的思想，通过对距离徙动（Range Cell Migration，RCM）的近似实现了距离向和方位向的分维处理，然后采取独立的一维操作分别对距离向和方位向进行脉压处理。当分辨率较高时，RD算法无法处理二次距离压缩的空变性，因此适用于分辨率较低的SAR数据。为了进一步校正RCM，学者们还提出了多种改进的RD算法。为了进一步提高成像精度，Cumming提出了线调频变标（Chirp Scaling）算法，该算法通过对Chirp信号进行频率调制，校正了信号在不同距离门上的RCM差量，然后在二维频域通过相位相乘一次性完成对RCM的校正，相比RD算法拥有更高的成像精度。学者们还提出了扩展Chirp Scaling（ECS）算法、非线性Chirp Scaling（NCS）算法等多种改进算法，进一步提高Chirp Scaling算法的成像精度。另一种经典的频域SAR成像方法是ωK算法，ωK算法通过Stolt插值来校正距离向-方位向的耦合，若不考虑插值的误差能够完全匹配二维SAR信号，因此具有很高的聚焦精度。3.3节介绍了包括距离多普勒算法以及Chirp Scaling算法这两种经典SAR成像算法。

基于时域的SAR成像方法主要有后向投影（Back Projection，BP）算法，BP算法直接计算不同方位时刻雷达平台的位置与成像场景目标点的延时，然后找出对应的回波信号进行相干累加从而得到所有目标点的目标函数。该成像过程用延时代替了相位，因此与频率无关，不存在对RCM的任何近似，是采用匹配滤波理论最精确的成像方法。但BP算法的缺点是运算量太大，缺乏实用性。近年来随着计算机速度的提升以及GPU加速技术的出现，BP及其改进算法又重新成为SAR成像的研究热点。但出于篇幅的考虑，这部分内容在本书中不做过多讨论。

在实际情况下，SAR 载荷平台的飞行与理想的匀速直线存在一定误差，这就需要进行相应的运动补偿处理，3.4 节概述了 SAR 运动补偿的相关理论，包括子孔径相关算法（Map Drift，MD）、相位梯度自聚焦算法（Phase Gradient Autofocus，PGA）以及最小熵算法（Minimum-Entropy Autofocus，MEA）。

本章主要介绍基于匹配滤波的 SAR 基本成像方法，首先介绍了距离徙动，然后介绍了几种典型的 SAR 成像算法，最后对 SAR 运动补偿的基本原理和几种基本方法进行了介绍。

3.2 距离徙动（RCM）

RCM 是 SAR 成像中一个非常重要的问题，所有 SAR 成像方法基本围绕如何更好地补偿距离徙动来展开。RCM 的具体情况因波束的不同指向而略有不同，这里首先讨论正侧视的情况。所谓 RCM 是雷达直线飞行对地面某一点目标（如图 3.1 中的 Q 点）观测时的距离变化。天线的波束宽度为 θ_{BW}，当载机飞到 A 点时波束前沿到达 Q 点，而当载机飞到 B 点时波束后沿离开 Q 点，有效合成孔径长度 L 即为 A 到 B 的长度；雷达相干积累角即 Q 点对 A、B 的转角，大小等于波束宽度 θ_{BW}。R_B 为 Q 点到航线的垂直最近距离。在这种情况下，RCM 可以表示为合成孔径边缘的斜距 R 与最近距离 R_B 之差

$$R_q = R - R_B = R_B \sec\frac{\theta_{BW}}{2} - R_B \tag{3.1}$$

在一般雷达几何构型中波束宽度 θ_{BW} 一般较小，因此有 $\sec\frac{\theta_{BW}}{2} \approx 1 + \frac{1}{2}(\theta_{BW})^2$，而相干积累角 θ_{BW} 与横向距离分辨率 ρ_a 有以下关系：$\rho_a = \frac{\lambda}{2\theta_{BW}}$。因此式(3.1)可近似写成

$$R_q \approx \frac{1}{8} R_B (\theta_{BW})^2 = \frac{\lambda^2 R_B}{32\rho_a^2} \tag{3.2}$$

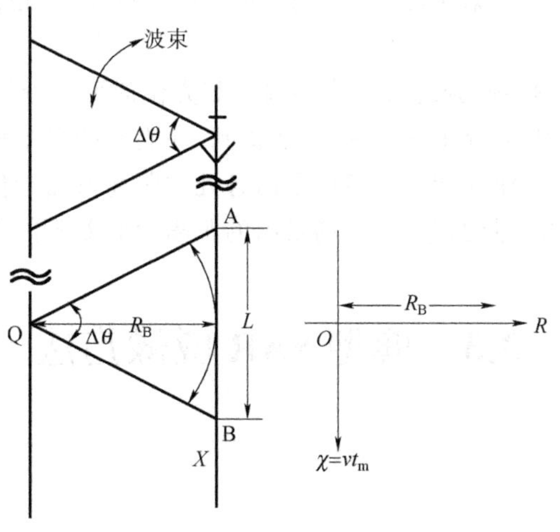

图 3.1 正侧视时 RCM 示意图

令场景近、远边缘与航线的最近距离分别为 $R_B-W/2$ 和 $R_B+W/2$，则条带场景的幅宽表示为 W，那么成像场景两端的 RCM 差可以表示为

$$\Delta R_q=\frac{\lambda^2 W}{32\rho_a^2} \tag{3.3}$$

RCM 和 RCM 差的影响表现在它们与距离分辨率 ρ_r 的相对值，如果距离徙动比 ρ_r 小得多，就无须作包络移动补偿。因此，定义了相对 RCM R_q/ρ_r 和相对 RCM 差 $\Delta R_q/\rho_r$。

从式(3.1)可以看出，对 RCM 直接有影响的是相干积累角 θ_{BW}，θ_{BW} 越大则 RCM 也越大。需要大相干积累角的因素主要有两点，一点是要求高的横向分辨率，另一点是雷达波长较长。在这些场合要特别关注 RCM 问题。此外，场景与航线的最小距离 R_B 越大，RCM 也越大。此时要特别关注场景条带 W 较宽时的相对 RCM 差，他决定对场景是否要作分段的 RCM 补偿。

RCM 通常可以分为线性分量和二次分量。若以原点作为慢时间的起点，则在某一慢时间时刻 t_m 雷达到点目标 Q 的斜距可以表示为

$$R(t_m)=\sqrt{R^2+(Vt_m)^2} \tag{3.4}$$

式(3.4)中的双曲线斜距等式可以展开成幂级数形式，这样就出现了 RCM 的线性分量和二次分量。将式(3.4)在零多普勒时刻 t_c 处展开并忽略高阶项，则 $R(t_m)$ 可以写为

$$\begin{aligned}R(t_m)&=R(t_c)+\frac{V^2 t_c}{R(t_c)}(t_m-t_c)+\frac{1}{2}\frac{V^2\cos^2\theta_0}{R(t_c)}(t_m-t_c)^2\\&=R(t_c)-V\sin\theta_0(t_m-t_c)+\frac{1}{2}\frac{V^2\cos^2\theta_0}{R(t_c)}(t_m-t_c)^2\end{aligned} \tag{3.5}$$

式中，θ_0 为波束射线指向的斜视角。通常把式(3.5)中的一次项称为距离走动，二次项称为距离弯曲。可以看出，在小斜视角条件下，总的 RCM 主要由距离弯曲组成，而在大斜视角条件下，总的 RCM 主要由距离走动组成。

RCM 的影响须在相干处理中加以补偿。对信号相位的影响决定于它对波长 λ 的相对值，由于 λ 很短，聚焦式合成孔径雷达必须进行相位补偿，而对包络位移的影响决定于它对距离分辨率 ρ_r 的相对值。根据实际雷达参数和分辨率要求，对距离徙动的考虑可分 4 种情况：

(1) 不考虑 RCM 的影响，处理过程中距离向和方位向可以分维处理；

(2) 考虑距离走动，距离弯曲不考虑，前面提到，在观测的场景里距离走动率是相同的；

(3) 距离走动和距离弯曲都考虑，但场景内各处的距离弯曲近似相同；

(4) 距离走动和距离弯曲都考虑，且场景内的距离弯曲差不能忽略。

3.3 典型 SAR 成像方法

3.3.1 RD 算法

距离多普勒(RD)算法通过距离和方位上的频域操作，达到了高效的模块化处理要求，

同时又具有一维操作的简便性。该算法根据距离和方位上的大尺度时间差异，在两个一维操作之间使用距离徙动校正（Range Cell Migration Correction，RCMC），对距离和方位进行了近似的分离处理。

由于 RCMC 是在距离时域-方位频域中实现的，所以也可以进行高效的模块化处理。因为方位频率等同于多普勒频率，所以该处理域又称为“距离多普勒”域。RCMC 的“距离多普勒”域实现是 RD 与其他算法的主要区别点，因而称其为距离多普勒算法。

距离相同而方位不同的点目标能量变换到方位频域后，其位置重合，因此频域中的单一目标轨迹校正等效于同一最近斜距处的一组目标轨迹的校正。这是算法的关键，使 RCMC 能在距离多普勒域高效地实现。

为了提高处理效率，所有的匹配滤波器卷积都通过频域相乘实现，匹配滤波及 RCMC 都与距离可变参数有关。RD 算法区别于其他频域算法的另一主要特点是较易适应距离向参数的变化。所有运算都针对一维数据进行，从而达到了处理的简便和高效。

1984 年，JPL 对其进行了二次距离压缩（Second Range Compression，SRC）改进，以处理中等斜视下的数据[1]。距离压缩中的 SRC 可以补偿距离-方位目标相位历程的耦合，从而有助于消除斜视或大孔径下的相位耦合畸变，详细内容在本书中不展开介绍。

算法概述：

RD 算法的步骤会因为 RCM 的不同形式而出现变化，例如是否考虑距离走动和距离弯曲，是否考虑距离走动的距离-方位耦合等，下面以小斜视角为例（此时不考虑 SRC），对 RD 算法的算法步骤进行概述和详细介绍。

(1) 当数据处在方位时域时，可通过快速卷积进行距离压缩。也就是说，距离 FFT 后随即进行距离向匹配滤波，再利用距离 IFFT 完成距离压缩。

(2) 通过方位 FFT 将数据变换至距离多普勒域，多普勒中心频率估计以及大部分后续操作都将在该域进行。

(3) 在距离-多普勒域进行随距离时间及方位频率变化的 RCMC，该域中同一距离上的一组目标轨迹相互重合。RCMC 将距离徙动曲线拉直到与方位频率轴平行的方向。

(4) 通过每一距离门上的频域匹配滤波实现方位压缩。

(5) 最后通过方位 IFFT 将数据变换回时域，得到压缩后的复图像。如果需要，还可以进行幅度检测、多视叠加等后续操作。

以下将依次讨论上述的所有步骤：

(1) 雷达原始数据

“信号数据”或“原始数据”指的是雷达系统接收到的数据。数据首先被解调至基带，以便将距离频率中心置零。解调后的点目标信号模型为

$$\begin{aligned} s_0(t_k,t_m)=&A_0 w_r(t_k-2R(t_m)/c)w_a(t_m-t_{mc})\times \\ &\exp\{-j4\pi f_0 R(t_m)/c\}\exp\{j\pi K_r(t_k-2R(t_m)/c)^2\} \end{aligned} \tag{3.6}$$

式中，A_0 为任意复常量，t_k 为快时间，t_m 为方位时间，t_{mc} 为波束中心偏离时间，$w_r(\tau)$ 为距离包络（矩形窗函数），$w_a(t_m)$ 为方位包络（sinc 平方型函数），f_0 为雷达中心频率，K_r 为距离 chirp 调频率，$R(t_m)$ 为瞬时斜距。

假定雷达发射的是调频率为 K_r 的线性调频脉冲。在信号分析中，通常忽略距离及方位上的信号幅度，瞬时斜距为

$$R(t_m)=\sqrt{R_0^2+V^2t_m^2} \tag{3.7}$$

式中，R_0 为最近斜距。

(2) 距离压缩

令 $S_0(f_{t_k},t_m)$ 为式(3.6)中 $s_0(t_k,t_m)$ 的距离傅里叶变换，匹配滤波器为

$$H(f_{t_k})=\mathrm{rect}\left\{\frac{f_{t_k}}{K_rT_r}\right\}\exp\left\{\mathrm{j}\pi\frac{f_{t_k}^2}{K_r}\right\} \tag{3.8}$$

那么距离压缩后的时域输出为

$$\begin{aligned}s_{rc}(t_k,t_m)&=\mathrm{IFFT}_\tau\{S_0(f_{t_k},t_m)H(f_{t_k})\}\\&=A_0p_r(t_k-2R(t_m)/c)w_a(t_m-t_{mc})\exp\{-\mathrm{j}4\pi f_0R(t_m)/c\}\end{aligned} \tag{3.9}$$

式中，压缩脉冲包络 $p_r(t_k)$ 是窗函数 $W_r(f_{t_k})$ 的傅里叶逆变换。式(3.9)中各项因子的物理含义如下：A_0 为包括散射系数在内的总增益，在后续讨论中将其假定为 1。$p_r(t_k-2R(t_m)/c)$ 为 sinc 型距离包络，其中包含了随方位变化的目标 RCM $2R(t_m)/c$。后两项给出的是与距离压缩无关的方位向上的增益和相位。

(3) 方位向傅里叶变换

在低斜视角下，波束指向接近零多普勒方向。如果孔径不是很大，可将距离等式近似为抛线

$$R(t_m)=\sqrt{R_0^2+V^2t_m^2}\approx R_0+\frac{V^2t_m^2}{2R_0} \tag{3.10}$$

式(3.10)的近似条件为 $R_0\gg V_{t_m}$，但在使用时应十分谨慎。当高阶项远小于距离分辨率时，可从 RCMC 中忽略。而对于方位滤波来说，由于 $2R(t_m)/\lambda$ 是其中的重要相位，只有当高阶项与波长处于同一量级时才能被忽略。

由式(3.9)和式(3.10)，距离压缩信号可以写为

$$\begin{aligned}s_{rc}(t_k,t_m)\approx{}&A_0p_r\left[t_k-2\frac{R(t_m)}{c}\right]w_a(t_m-t_{mc})\times\\&\exp\left\{-\mathrm{j}4\pi\frac{f_0R_0}{c}\right\}\exp\left\{-\mathrm{j}\pi\frac{2V^2t_m^2}{\lambda R_0}\right\}\end{aligned} \tag{3.11}$$

式(3.11)中第二个指数项包含了方位向相位调制，由于相位是 t_m^2 的函数，故信号具有线性调频特性，调频率为 $K_a\approx\dfrac{2V^2}{\lambda R_0}$。

随后，将每一距离上的数据通过方位 FFT 变换到距离多普勒域。对于给定目标，式(3.11)中的第一个指数项为常量，故在距离多普勒域的信号推导中仅需考虑第二个指数项。利用驻定相位原理，得到方位向上的时频关系为

$$f_{tm}=-K_at_m \tag{3.12}$$

将其代入式(3.11)可得，方位 FFT 后的信号为

$$\begin{aligned}S_1(\tau,f_{tm})\approx{}&A_0p_r\left[\tau-2\frac{R(t_m)}{c}\right]W_a(f_{tm}-f_{tmc})\\&\exp\left\{-\mathrm{j}4\pi\frac{f_0R_0}{c}\right\}\exp\left\{-\mathrm{j}\pi\frac{f_{t_m}^2}{K_a}\right\}\end{aligned} \tag{3.13}$$

式中，$W_a(f_{tm}-f_{tmc})$ 为方位天线方向图 $w_a(t_m-t_{mc})$ 的频域形式，两者在形状上一致。

式(3.13)中含有两个指数项,第一项为目标固有相位信息,对于干涉、极化等应用具有在重要的价值,与最终成型结果的强度无关。第二项为具有线性调频特性的频域方位调制。

由式(3.7)和式(3.12)可以得到距离多普勒域中的 RCM,即距离包络中的 $R_{\mathrm{rd}}(f_{t_{\mathrm{m}}})$:

$$R_{\mathrm{rd}}(f_{t_{\mathrm{m}}}) \approx R_0 + \frac{V_{\mathrm{r}}^2}{2R_0}\left(\frac{f_{t_{\mathrm{m}}}}{K_{\mathrm{a}}}\right)^2 = R_0 + \frac{\lambda^2 R_0 f_{t_{\mathrm{m}}}^2}{8V_r^2} \tag{3.14}$$

要特别注意的是,在距离多普勒域中,同一最近斜距处的目标拥有相同的轨迹,对一条轨迹的距离徙动校正等效于对同一最近斜距处所有目标的轨迹校正。

(4) 距离徙动校正

距离徙动校正(RCMC)的实现方法有两种,第一种方法是在距离多普勒域中进行距离插值运算,这可以通过基于 sinc 函数的插值处理很方便地实现。

由式(3.14)可知,需要校正的 RCM 为式中的第二项

$$\Delta R(f_{t_{\mathrm{m}}}) = \frac{\lambda^2 R_0 f_{t_{\mathrm{m}}}^2}{8V^2} \tag{3.15}$$

由式(3.15)可知,目标偏移是方位频率 $f_{t\mathrm{m}}$ 的函数。$\Delta R(f_\eta)$ 同样是 R_0 的函数,其取值是随距离变化的。由于其中一维数据是距离时间上的,所以 RD 算法可以准确地校正距离多普勒域中随距离变化的 RCM。

第二种 RCMC 方法则假设 RCM 至少在有限区域内不随距离发生变化。此时可以通过 FFT、线性相位相乘及 IFFT 实现 RCMC。给定 $f_{t\mathrm{m}}$ 下的相位乘法器为

$$G_{\mathrm{rcmc}}(f_{t_{\mathrm{k}}}) = \exp\left(\mathrm{j}\,\frac{4\pi f_{t_{\mathrm{k}}} \Delta R(f_{t_{\mathrm{m}}})}{c}\right) \tag{3.16}$$

该 RCMC 方法需要进行数据分块,其中每块的校正量应设为定值。这种 RCMC 的缺点是数据块必须在距离上重叠,从而导致计算复杂度增加和处理效率下降。

假设 RCMC 插值是精确的,信号变为

$$\begin{gathered} S_2(t_{\mathrm{k}}, f_{t\mathrm{m}}) = A_0 p_{\mathrm{r}}\left(t_{\mathrm{k}} - \frac{2R_0}{c}\right) W_{\mathrm{a}}(f_{t_{\mathrm{m}}} - f_{t_{\mathrm{mc}}}) \\ \exp\left\{-\mathrm{j}4\pi\,\frac{f_0 R_0}{c}\right\} \exp\left\{-\mathrm{j}\pi\,\frac{f_{t_{\mathrm{m}}}^2}{K_{\mathrm{a}}}\right\} \end{gathered} \tag{3.17}$$

此时式中的距离包络 p_{r} 与方位频率无关,表明 RCM 已得到精确校正,并且能量也集中在最近斜距 $2R_0/c$ 处。

(5)方位压缩

RCMC 后,即可通过匹配滤波器进行回波数据的方位压缩。由于 RCMC 后的数据[式(3.17)]处于距离多普勒域,因而可以直接在该域中进行方位匹配滤波。作为斜距和方位频率的函数,匹配滤波器为式(3.17)中第二个指数项的复共轭,即

$$H_{\mathrm{az}}(f_{t_{\mathrm{m}}}) = \exp\left(-\mathrm{j}\pi\,\frac{f_{t_{\mathrm{m}}}^2}{K_{\mathrm{a}}}\right) \tag{3.18}$$

式中,K_{a} 为 R_0 的函数。将式(3.17)乘以频域匹配滤波器式(3.18),有

$$S_3(t_k,f_{tm})=S_2(t_k,f_{tm})H_{az}(f_{tm})$$
$$=A_0p_r\left(t_k-\frac{2R_0}{c}\right)W_a(f_{tm}-f_{tmc})\exp\left\{-j4\pi\frac{f_0R_0}{c}\right\} \tag{3.19}$$

再经 IFFT 即完成方位压缩

$$s_{ac}(t_k,t_m)=\text{IFFT}_{tm}[S_3(t_k,f_{tm})]$$
$$=A_0p_r\left(t_k-\frac{2R_0}{c}\right)p_a(t_m)\exp\left\{-j4\pi\frac{f_0R_0}{c}\right\}\exp\{j2\pi f_{tm}t_m\} \tag{3.20}$$

式中，p_a 为 sinc 函数形式的方位冲激响应幅度。式(3.20)中的包络表明，聚焦后的目标位于 $t_k=2R_0/c$，$t_m=0$ 处。对于特定目标，t_m 以最近零多普勒时刻为参考，可见目标已被校正至零多普勒位置。式(3.20)中包括两个指数项，第一项为目标距离位置引入的相位，第二项为非零多普勒中心频率引入的线性相位。

上述 RD 算法的步骤是在小斜视条件下采用 sinc 函数插值处理的方式进行 RCMC 的。除了上述方法外，RD 算法可以根据 3.2 节中 RCM 的不同形式进行成像步骤的增加或变换。图 3.2 给出了 3 种不同形式的 RD 算法，除此之外还有多种不同形式的 RD 算法，本书不再进行展开介绍。

RD 算法的优点主要是算法成熟、简单、高效，是目前应用最为广泛的 SAR 成像算法。RD 算法的主要缺点是：首先，RD 算法采用 sinc 函数插值的方法实现 RCMC，当用较长的核函数提高 RCMC 精度时，其运算量较大；其次，二次距离压缩(SRC)对回波方位频率的依赖性问题较难解决，从而限制了 RD 算法在大斜视角和长孔径 SAR 成像中的处理精度。

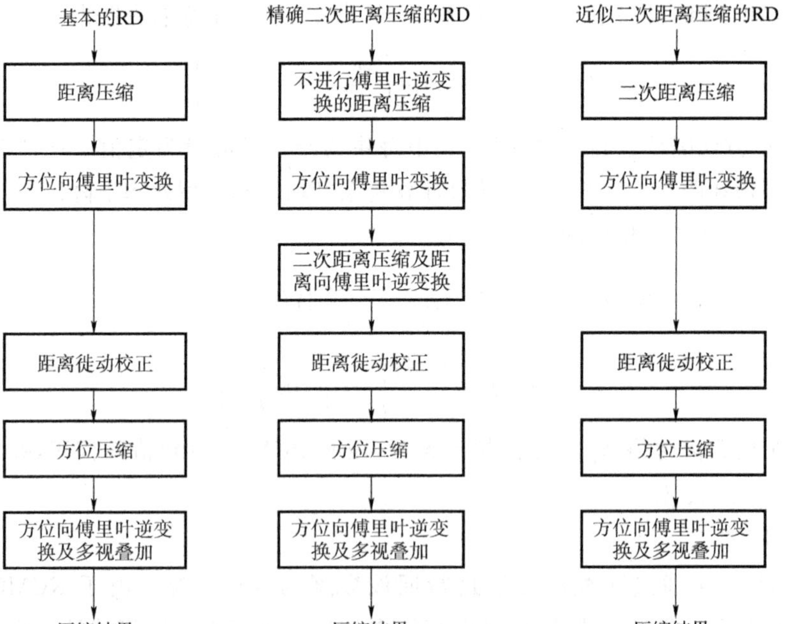

图 3.2　RD 算法的不同类型实现框图

下面对 RD 算法进行仿真实验。如图 3.3～图 3.5 所示分别为基于 RD 的不进行 RCMC、以相位相乘法进行 RCMC 以及用插值法进行 RCMC 点目标仿真实验结果，以供读者验证学习。点目标仿真参数为：载频 1.5 GHz，测绘带区域方位向 400 m，距离向 300 m，最短斜距为 3 000 m，雷达发射 LFM 信号，脉宽为 1.33 μs，带宽为 150 MHz，距离采样点数为 1 024，平台速度为 100 m/s，合成孔径长度为 300 m，方位向采样点数为 512，共有 3 个点目标，其坐标为(3 000,0)、(3 050,50)、(3 050,−50)。

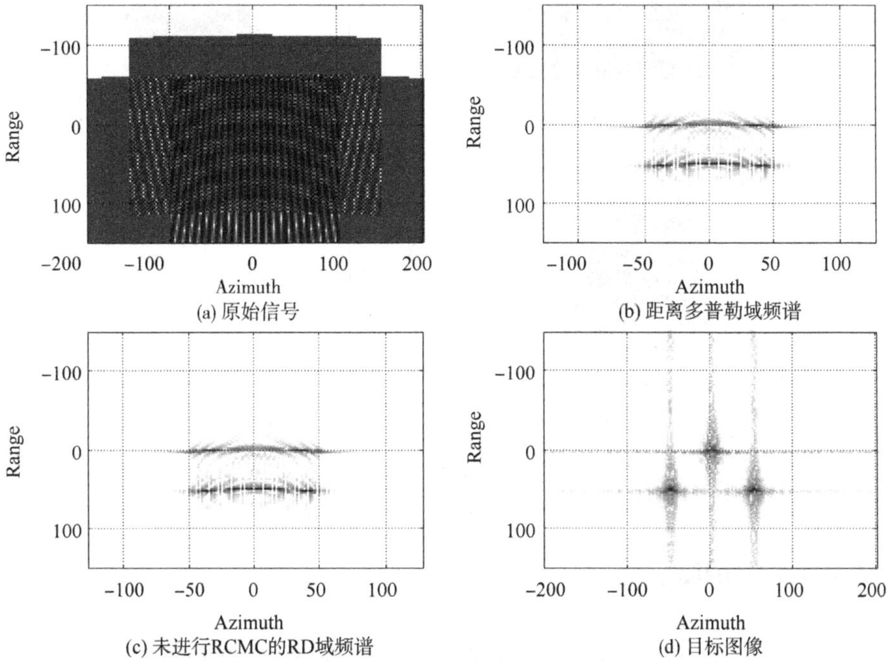

图 3.3 不进行 RCMC 的 RD 算法点目标仿真结果

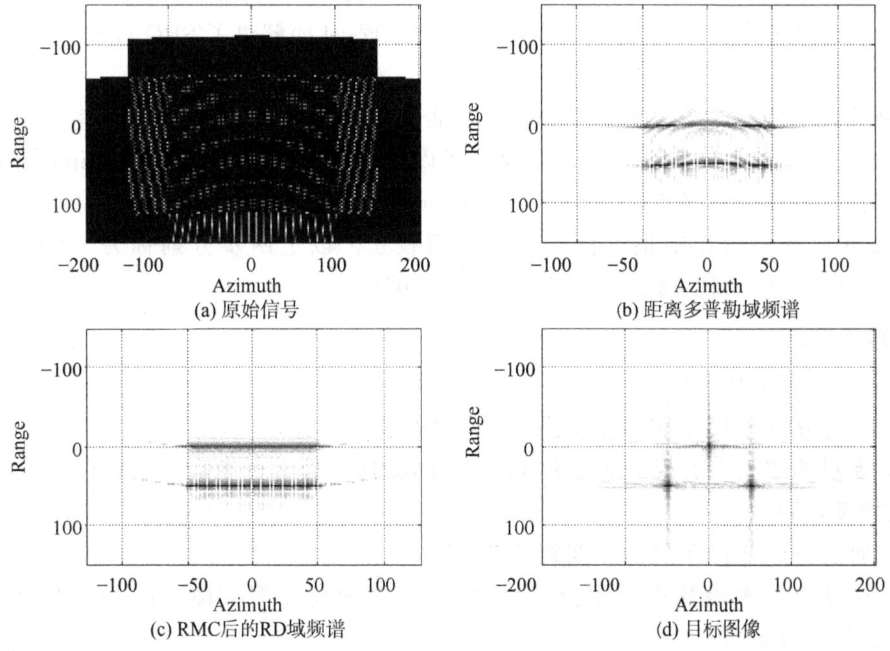

图 3.4 相位相乘法进行 RCMC 的 RD 算法点目标仿真结果

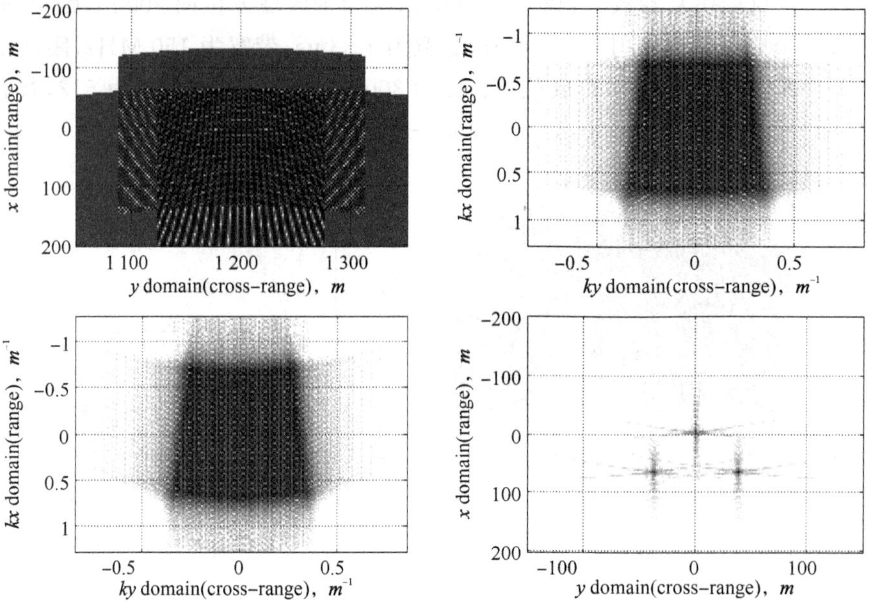

图 3.5 插值法进行 RCMC 的 RD 算法点目标仿真结果

3.3.2 Chirp Scaling 算法

Chirp Scaling 算法(简称 CS 算法)避免了 RCMC 中的插值操作[2]。该算法基于 Papoulis 提出的 Scaling 原理[3],通过对 Chirp 信号进行频率调制,实现了对 Chirp 信号的尺度变换(变标)或平移。因此,可以通过相位相乘来替代时域插值,从而实现随距离变化的 RCMC。此外,CS 算法能够在二维频域进行数据处理,从而解决了 SRC 对方位频率的依赖问题。

由频率调制实现的变标或平移不能过大,否则将引起不利的信号中心频率和带宽改变。这种限制可以通过对 RCMC 进行两步操作予以避免。首先通过 Chirp Scaling 操作,校正不同距离门上的信号距离徙动(RCM)差量(difference);使所有信号具有一致的 RCM,然后在二维频域通过相位相乘很方便地对其进行校正。以上两步分别称为“补余 RCMC”(differential RCMC)和“一致 RCMC”(Bulk RCMC)。

1. 算法概述

CS 算法的基本步骤如下:

(1) 通过方位向 FFT 将数据变换到距离多普勒域;

(2) 通过相位相乘实现 Chirp Scaling 操作,使所有目标的距离徙动轨迹一致(即消除 RCM 的空变性);

(3) 通过距离向 FFT 将数据变到二维频域;

(4) 通过与参考函数进行相位相乘,同时完成距离压缩、SRC 和一致 RCMC(即对 RCM 进行统一补偿);

(5) 通过距离向 IFFT 将数据变回到距离多普勒域;

(6) 通过与随距离变化的匹配滤波器进行相位相乘,实现方位压缩。此外,由于步骤 2 中的 Chirp Scaling 操作,相位相乘中还需要附加一项相位校正;

(7) 通过方位向 IFFT 将数据变回到二维时域,即 SAR 图像域,得到成像结果。

通过上述步骤可以看出,CS 算法的基本流程主要步骤包括 4 次 FFT 和 3 次相位相乘。需要注意的是,由于需要在数据中保留距离向 Chirp 信息,以实现步骤 2 中的 Scaling 操作,所以 CS 算法不能像 RD 算法那样先进行距离压缩。如果数据已经过距离压缩,则需要通过距离延拓重建数据的距离向 Chirp 信息。CS 算法的实现框图如图 3.6 所示。

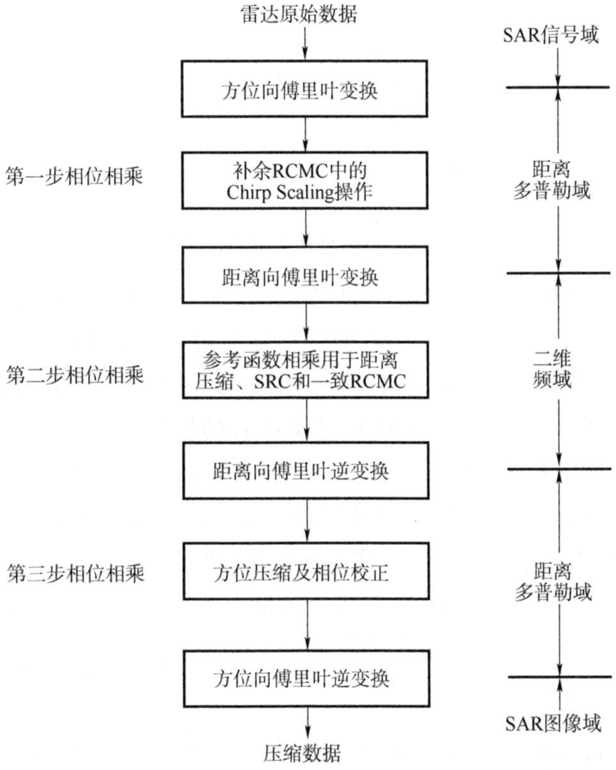

图 3.6 CS 算法的实现框图

2. Chirp Scaling 原理

Chirp Scaling 的主要目的是补偿 RCM 的空变性,所谓空变性是指 RCM 随距离向发生线性或者非线性的变化,因此,Chirp Scaling 也存在线性与非线性调频变标两种情况,本书中仅介绍线性调频变标方程的情况。

在正侧视条件下,RCM 中的距离走动可以忽略,而距离弯曲会随着距离发生线性的变化。如果把斜距写成多普勒 f_a 的函数,则斜距 $R(f_a, R_B)$ 可以表示为

$$R(f_a, R_B) \approx R_B + \frac{1}{8}\left(\frac{\lambda}{V}\right)^2 R_B f_a^2 \tag{3.21}$$

式中,R_B 表示点目标到航线的最近距离。由式(3.21)可以看出,当 $f_a=0$ 时,$R(f_a, R_B)=R_B$,此时没有 RCM;当 $f_a=f_{a1}$ 时,距离弯曲会随着 R_B 的增大而增大,这即是距离弯曲的空变性。

此时为了补偿 RCM，CS 算法首先通过频率变标，以场景中心线为基准，将不同时的距离弯曲校正为一致(即图 3.7 中点 B 处的虚线)，然后再对整个场景中的距离弯曲作一致补偿，即一致 RCMC。

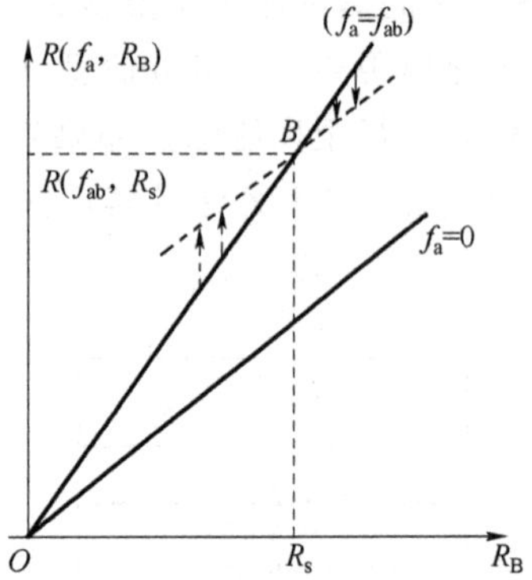

图 3.7　距离弯曲空变性示意图

CS 算法消除距离弯曲空变性所采用的方法是增加一个正比于距离的频率调制，从而改变图 3.4 中斜线的斜率，即 B 点左边的部分上移，而右边的部分下移。增加的频率调制同样使用一个 LFM 信号，其调频率为 αK_r，此时所有 LFM 信号的调频率均变为 $(1+\alpha)K_r$，同时中心频率产生 $\alpha K_r t_{k1}$ 的频移，t_{k1} 为 LFM 信号至中心的快时间差，右侧为正，左侧为负。然后对变标处理后的 LFM 信号，用调频率 $(1+\alpha)K_r$ 进行脉压处理，处理后的脉冲波形以场景中心为基准，两侧向中心时移，其时移量为 $\alpha t_{k1}/(1+\alpha)$，这样就完成了点 B 处 $(f_a=f_{a1})$ 沿快时间的频率变标处理，对所有 f_a 均作同样操作(调频率 αK_r 各不相同)，便完成了将场景中不同斜距 R_B 处的距离弯曲均被补偿成与场景中心 $R_B=R_s$ 处相同。

基于上述分析，用于改变线调频率的尺度的 Chirp Scaling 相位函数是一个 LFM 信号形式的二次相位函数，表示为

$$H_1(t_k,f_a;R_s)=\exp\left\{j\pi K_r(f_a;R_B)C_s(f_a)\left(t_k-\frac{2R(f_a;R_B)}{c}\right)^2\right\} \tag{3.22}$$

式中，$C_s(f_a)=\dfrac{1}{\cos\theta}-1=\dfrac{1}{\sqrt{1-(f_a/f_{am})}}-1$ 定义为 CS 因子，$f_{am}=2V/\lambda$。回波信号的调频率 $K_r(f_a;R_B)$ 随斜距变化。

3. 具体处理流程

方位向 FFT：方位向 FFT 将数据变换到距离多普勒域 $s_2(t_k,f_a;R_B)$。

$$\begin{aligned}s_2(t_k,f_a;R_B)=&A_0 w_r(t_k-2R(t_m;R_B)/c)w_a(t_m)\times\\&\exp\left(-j\frac{2\pi}{V}R_B\sqrt{f_{am}^2-f_a^2}\right)\exp\left(-j\frac{2\pi}{V}f_a X_n\right)\\&\exp(j\pi K_r(f_a;R_B)(t_k-2R(f_a;R_B)/c)^2)\end{aligned} \tag{3.23}$$

式中，X_n 为点目标的垂直距离横坐标。

相位相乘实现 Chirp Scaling 操作：将参考相位函数 $H_1(t_k,f_a;R_s)$ 与回波信号相乘，得到

$$s_3(t_k,f_a;R_B)=A_0w_r()w_a()\times \exp\left(-j\frac{2\pi}{V}R_B\sqrt{f_{am}^2-f_a^2}\right)\exp\left(-j\frac{2\pi}{V}f_aX_n\right) \exp\left(j\pi K_r(f_a;R_B)(1+C_s(f_a))\left(t_k-\frac{2R_B+2R_sC_s(f_a)}{c}\right)^2\right) \exp(-j\Theta(f_a;R_B)) \tag{3.24}$$

式中，$\Theta(f_a;R_B)=\frac{4\pi}{c^2}K_r(f_a;R_B)C_s(f_a)[1+C_s(f_a)](R_B-R_s)^2$ 为 Chirp Scaling 操作引起的剩余相位。

通过式(3.23)和式(3.24)可以看出，LFM 信号的相位中心时刻由原先与斜距 R_B 有关的 $2R(f_a;R_B)/c$ 变为了最近斜距有关的相同弯曲量。

距离向 FFT：距离向 FFT 将数据变换到二维频域 $s(f_r,f_a;R_B)$，可以表示为

$$s_3(f_r,f_a;R_B)=A_0w_r()w_a()\times \exp\left(-j\frac{2\pi}{V}R_B\sqrt{f_{am}^2-f_a^2}\right)\exp\left(-j\frac{2\pi}{V}f_aX_n\right) \exp\left(-j\pi\frac{f_r^2}{K_r(f_a;R_B)(1+C_s(f_a))}\right)\exp\left(-j\frac{4\pi}{c}[R_B+R_sC_s(f_a)]f_r\right) \exp(-j\Theta(f_a;R_B)) \tag{3.25}$$

式中的第三个指数项为距离频率域调制相位函数，第四个指数项中的 $R_sC_s(f_a)$ 为 CS 操作后所有点所具的相同的距离徙动量。

距离压缩、一致 RCMC：用于距离压缩和一致 RCMC 的相位补偿函数可以写为

$$H_2(f_r,f_a;R_s)=\exp\left(j\pi\frac{f_r^2}{K_r(f_a;R_B)(1+C_s(f_a))}\right)\exp\left(j\frac{4\pi R_sC_s(f_a)}{c}f_r\right) \tag{3.26}$$

距离向 IFFT：将数据变回到距离多普勒域 $s_4(t_k,f_a;R_B)$，具体表达式写为

$$s_4(t_k,f_a;R_B)=A_0\sin c(t_k-2R_B/c)w_a\left(\frac{R_B\lambda f_a}{2V^2\sqrt{1-(f_a/f_{am})^2}}\right)\times \exp\left(-j\frac{2\pi}{V}R_B\sqrt{f_{am}^2-f_a^2}\right)\exp\left(-j\frac{2\pi}{V}f_aX_n\right) \exp(-j\Theta(f_a;R_B)) \tag{3.27}$$

方位向压缩，并补偿 Chirp Scaling 的剩余相位函数。对应的相位补偿函数可以写为

$$H_3(t_k,f_a;R_B)=\exp\left(j\frac{2\pi}{V}R_B\sqrt{f_{am}^2-f_a^2}\right)\exp(j\Theta(f_a;R_B)) \tag{3.28}$$

方位向 IFFT：将数据最终变换回二维时域，得到成像结果。

图 3.8 给出了 CS 算法的点目标成像仿真结果。

3.3.3　ωK 算法

不同于 RD 算法和 CS 算法，ωK 算法是在二维频率域实现重建场景的。ωK 算法用更精确的相位相乘来取代 RD 算法中的插值操作，它补偿了二次距离压缩与方位频率的依赖关系，但与距离向的依赖关系并没有考虑在内。需要说明的是，ωK 算法的公式推导过程中

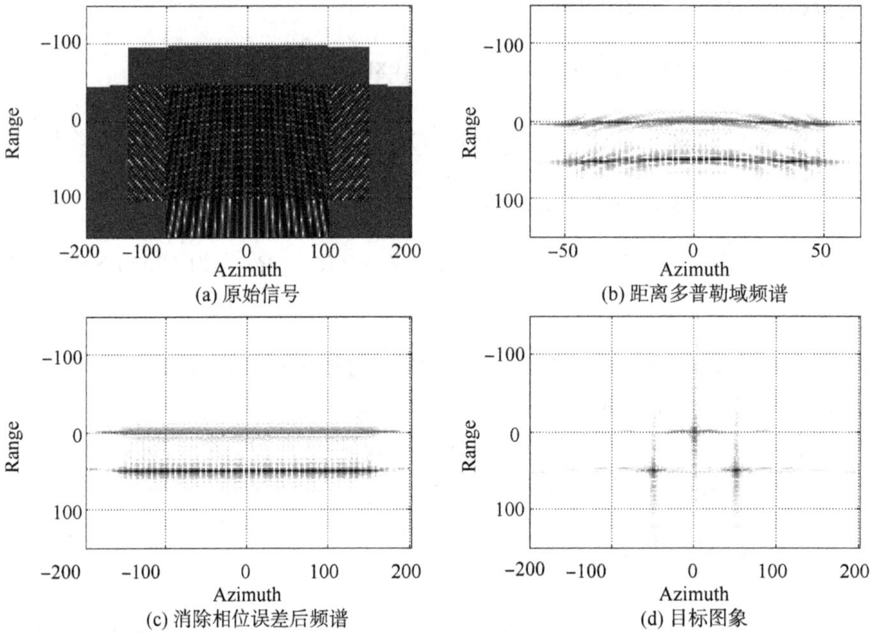

图 3.8 CS 算法点目标仿真结果

没有引入近似，因此从理论上讲它的精度高于 RD 以及 CS 算法。ωK 算法具有精确实现和近似实现两种方式(如图 3.9 所示)，其中精确实现需要在距离频域进行插值操作来进行相位补余，而近似实现则采用相位相乘来替代插值操作。下面主要介绍精确实现方式。

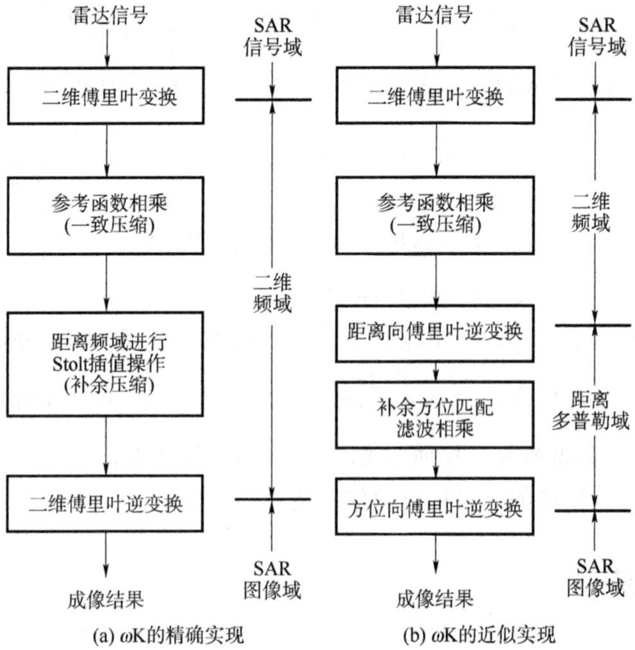

图 3.9 ωK 算法主要步骤流程图

1. 算法步骤

(1) 二维 FFT:将回波信号进行方位向和距离向的二维傅里叶变换,将时域信号映射到二维频域,运用驻定相位法可以得到二维频域表达式

$$S_{2d}(f_r,f_a)=W_r(f_r)\cdot W_a(f_a-f_{ac})\cdot\exp\left(-j\cdot\frac{4\pi R_B}{c}\sqrt{(f_c+f_r)^2-\frac{c^2f_a^2}{4V^2}}\right)\exp\left(-j\frac{\pi f_r^2}{K_r}\right)\tag{3.29}$$

(2) 参考函数相乘:该步是 ωK 算法的核心步骤之一,根据选定测绘带中心距离或参考距离 R_{ref}来建立参考函数方程,目的是对参考点(测绘带中心)处的各种相位进行补偿(也称为一致聚焦)。参考函数的表达式可以写为

$$H_{2d}(f_r,f_a)=\exp\left(j\cdot\frac{4\pi R_{ref}}{c}\sqrt{(f_c+f_r)^2-\frac{c^2f_a^2}{4V^2}}+j\frac{\pi f_r^2}{K_r}\right)\tag{3.30}$$

经过参考函数相乘,测绘带中心点得到了完全聚焦,但非测绘带中心点只进行了部分聚焦。参考函数相乘后可以得到不同距离处的残余相位

$$H_{RFM}(f_r,f_a)=\exp\left(j\cdot\frac{4\pi(R_B-R_{ref})}{c}\sqrt{(f_c+f_r)^2-\frac{c^2f_a^2}{4V^2}}+j\frac{\pi f_r^2}{K_r}\right)\tag{3.31}$$

参考函数相乘除了对目标点的聚焦以外,还把二维频域信号中的高频距离调制项下变频到了基带。

(3) Stolt 插值:Stolt 插值是 ωK 算法的第二个核心步骤,在上步中完成了参考点的聚焦,通过插值则可完成其他目标点的完全聚焦,即完成"补余聚焦":利用 Stolt 插值完成残余 SRC 和残余 RCMC。

Stolt 插值主要包括变量代换和插值两步。由式(3.31)可以看出,残余相位项与 f_r 之间不是线性关系,因此不能直接对式(3.31)的运算结果进行 IFFT,解决该问题的方法是改变距离向频率轴,通过变量代换和插值实现,变量代换的表达式为

$$f_c+f_r'=\sqrt{(f_c+f_r)^2-\frac{c^2f_a^2}{4V^2}}\tag{3.32}$$

该变换完成了从距离向频率轴 f_r 变换到新的距离向频率轴 f_r'。Stolt 插值同时实现了方位相位和距离相位的调整,通过映射消除了参考函数相乘后的残余相位项。

2. 提取二维频域信号的矩形支撑域信号

二维 IFFT:将上步提取的支撑域内的信号进行二维 IFFT,回到图像域,得到最终的聚焦图像。

上述精确实现的 ωK 算法进行了插值操作,而插值的效率一般是比较低的。近似实现的 ωK 算法用相位相乘代替了插值操作,其具体实现步骤中(1)、(2)、(5)步的处理与精确实现相同,但在参考函数相乘之后将信号进行距离向 IFFT,然后用一个沿距离向变化的方位匹配滤波器与参考函数相乘后的信号进行相关操作来消除残余相位项。

3.3.4 BP 算法

BP(Back Projection)算法,又称为后向投影算法,与之前介绍的在距离-多普勒域或二

维频域进行成像的算法不同,BP算法是一种时域处理算法。其成像的过程就是计算各方位时刻雷达平台的位置与目标点的双程延时,再找出不同方位时刻对应的回波信号进行相干累加,最后得出该目标的目标函数的过程。由于该算法在成像的过程中避免了不必要的近似,因此能够适应任意模式下的合成孔径雷达成像。

算法步骤:

BP算法的基本步骤如图3.10所示,其具体算法步骤如下。

(1) 距离压缩:对回波数据做距离向脉冲压缩运算,该运算在时域完成,回波信号可以写成式(3.33)

$$s_2(t_k,t_m;R_B)=A_0 w_r(t_k-2R(t_m;R_B)/c)w_a(t_m)\times \exp(\mathrm{j}\pi K_r(t_k-2R(t_m;R_B)/c)^2)\exp\left(-\mathrm{j}\frac{4\pi}{\lambda}R(t_m;R_B)\right) \tag{3.33}$$

脉冲压缩过程如下

$$\begin{aligned}s_r(t_k,t_m;R_B)&=s_r(t_k,t_m;R_B)\otimes s^*(-t_k)\\&=s_r(t_k,t_m;R_B)\otimes[w_r(t_k)\exp(-\mathrm{j}\pi K_r t_k^2)]\end{aligned} \tag{3.34}$$

式中,⊗表示快时间卷积。

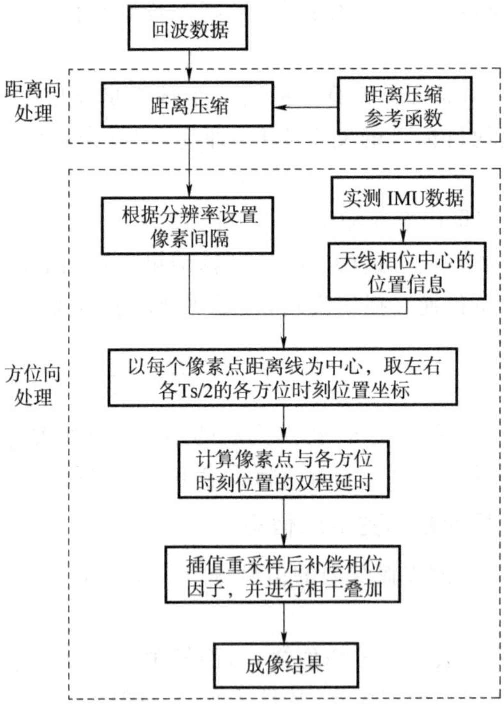

图3.10 BP算法主要步骤流程图

(2) 成像区域划分网格:将目标成像区域划分为 $M\times N$ 大小的网格,M 为成像区域方位向大小,N 为成像区域距离向大小,从而获得所有像素点的坐标。

(3) 计算双程延时:计算当前方位向上,雷达天线相位中心与每个网格点的斜距和延时,并根据计算的延时得到每个网格点对应的回波数据,这部分运算是通过插值操作来完成的。令(x_m, y_n)为成像网格中的第(m, n)个网格点，雷达平台位于$(0, X)$位置，则双程延时可以表示为

$$t_{mn}(X) = 2\sqrt{x_m^2 + (y_n - X)^2}/c \tag{3.35}$$

(4) 相位补偿：对每个网格点上的回波数据进行相位补偿。

(5) 遍历所有网格点：遍历所有网格点和方位向，各网格点数据沿方位时刻相干叠加，累加完毕后得到最终的图像数据。具体如式(3.36)

$$f(x_m, y_n) = \int_X s_r(t_{mn}(X); X)\exp(\mathrm{j}2\pi f_c t_{mn}(X))\mathrm{d}X \tag{3.36}$$

3.4 SAR运动补偿原理与方法

对于SAR成像系统，理想聚焦成像是以SAR平台的理想运动为基础的，即假定平台以恒定速度相对于测绘区域作直线平移运动。这就对平台的运动状态有严格要求，不仅要求平台作匀速直线运动，还要求载机姿态稳定，即天线波束指向稳定。实际上平台运动状况不可能完全符合理想条件。SAR按其运载平台的不同可分为机载SAR、星载SAR、弹载SAR等多种。对于星载SAR系统，卫星作为运载平台在围绕地球的椭圆轨道上飞行，由于卫星的轨道远离大气层，因此所受外界扰动极小，在合成孔径期间可认为卫星作理想运动[4]。而且即使卫星的运动存在某种误差，这种误差通常也是低阶的，可以通过比较简单的参数估计或基于低阶运动误差模型的自聚焦方法将其影响消除。而机载SAR是以飞机作为载体的。由于载机在大气中飞行所受到的外界扰动影响较大(特别是小型无人机载SAR系统)，在合成孔径时间内会偏离理想的匀速直线运动状态产生较大的运动误差。这种运动误差直接影响回波多普勒信号的相位和幅度，从而导致SAR图像失真、几何分辨率下降、方位向模糊等，影响成像质量，严重情况下甚至不能成像。因此对机载SAR系统必须考虑运动误差的补偿问题。

一般来讲平台的运动误差可以分为两类：第一类运动误差是载机偏离匀速直线的平移运动误差，它将造成雷达天线相位中心的运动误差，主要影响雷达信号的相位，造成相位误差；第二类运动误差是指载机存在绕3个轴的偏航、俯仰、横滚的角运动，它将造成天线平台姿态变化，产生天线指向误差。天线指向误差主要影响雷达信号的幅度，它会影响SAR图像的信杂比、对比度、图像强度的均匀性等。现有的雷达天线伺服系统已经能够比较准确地控制天线的波束指向，因此通常可忽略转动误差的影响。与转动误差相比，航向速度误差和平动误差对SAR图像聚焦质量的影响更大。其中航向速度误差不但导致回波的方位非等间距采样，还会降低回波信号的RCMC精度和方位滤波精度。平动误差是指载机在飞行过程中偏离了理想直线轨迹。平动误差将引起回波包络误差和相位误差，是影响图像聚焦质量的重要因素之一。因为SAR信号处理主要是对雷达信号的相位进行处理，所以第一类运动误差对SAR成像造成的影响要比第二类运动误差的影响要严重得多。

对机载SAR系统中载机运动误差进行补偿，以消除其对回波信号的影响，从而得到高质量图像，这个过程称为运动补偿(Motion Compensation，MOCO)。1975年J.C. Kirk对由运动误差引起的图像失真情况进行了详尽分析，强调了运动补偿的必要性[5]，接着Haslam和Reid在1983年[6]，Buckreuss在1992年[7]都对此问题进行了详细讨论。对运动误差的

研究和分析是实现运动补偿的前提。目前,SAR 的运动补偿主要可以分为两条途径:第一种是基于运动测量数据的运动补偿技术[8-13]。运动测量数据是指由装配在 SAR 搭载平台上的传感器系统所记录的飞行状态参数。常用传感器系统包括全球定位系统(Global Position System,GPS)、惯性导航系统(Inertial Navigation System,INS)、差分 GPS 和光纤陀螺等。在实施基于运动测量数据的运动补偿时,要求传感器系统能够测出 SAR 搭载平台运行中各个时刻的位置、速度或加速度等参数信息,且所测得的参数精度能够满足实际运动补偿要求。目前,在国外研制的高分辨率 SAR 系统中,多采用这种运动补偿方法,如瑞典 CARABAS 系列 UWB SAR 采用的是高精度相位差分 GPS 系统;美国 Lynx SAR 系统采用的是 INS 和 carrier-phase GPS 系统,同时结合 Kalman 滤波处理来精确估计 SAR 搭载平台的位置和速度信息;德国的 PAMIR SAR 系统和法国的 RAMSES SAR 系统则采用了高精度 GPS 系统或差分 GPS 等惯性单元系统。第二种是利用信号处理技术基于回波数据的运动补偿方法[14-20]。高精度传感器的价格十分昂贵,且不易获得。因此,为降低 SAR 系统的研制成本,仍然有很多 SAR 系统装配较低精度的传感器设备,有些甚至未装配专用的传感器测量设备,导致没有能够满足实际运动补偿精度要求的参数信息可利用。此时,就需要采用基于回波数据的运动补偿方法。这种方法的原理为:利用有效的参数估计方法从 SAR 回波信号中提取 SAR 搭载平台的运动参数信息或由运动误差导致的相位误差信息,并补偿。这种方法的缺点为:算法实现复杂,处理效率较低;优点是补偿精度高,且几乎是"零成本"。因此,基于回波数据的运动补偿至今仍广泛应用于各种实际 SAR 系统中。需要说明的是,这两种补偿方式并不是分离的,通常情况下它们要联合使用。

本节中,首先分析存在运动误差条件下的机载 SAR 平台成像几何关系,主要从理论上分析雷达平台运动误差对雷达回波相位处理造成的影响,然后介绍几种经典的 SAR 运动补偿方法。

3.4.1 机载 SAR 平台运动误差分析

图 3.11 给出了非理想情况下的正侧视条带 SAR 的成像几何。其中理想航迹为与 x 轴平行的虚直线,载机实际飞行航迹为一条实曲线。雷达的理想 APC 位置与实际 APC 位置分别位于$[X=Vt_m, 0, H]$处与$[X+\Delta x(t_m), \Delta y(t_m), H+\Delta z(t_m)]$处,其中 t_m 表示方位慢时间,$\Delta x(t_m)$、$\Delta y(t_m)$、$\Delta z(t_m)$分别为非理想情况下 t_m 时刻载机沿 x、y、z 三个方向的运动误差分量。v 为载机理想飞行速度。O 表示场景中心位置,雷达与场景中心的距离为 r。对于场景中某个点目标 $P(x_p, y_p, z_p)$而言,可求得雷达 APC 到点 P 的瞬时斜距为

$$R(X)=\sqrt{(X-x_p)^2+(\Delta y(t)-y_p)^2+(H+\Delta z(t)-z_p)^2} \tag{3.37}$$

$$R_0(X)=\sqrt{(X-x_p)^2+y_p^2+(H-z_p)^2}=\sqrt{(X-x_p)^2+r^2} \tag{3.38}$$

$$\Delta R(X)\approx R(X)-R_0(X) \tag{3.39}$$

式中,$R_0(X)$表示雷达到目标的理想斜距,$R(X)$表示实际斜距。$\Delta R(X)$表示处于远场假设条件下载机的运动误差分量。

假设雷达发射 LFM 信号,那么 P 点的雷达回波可以写为

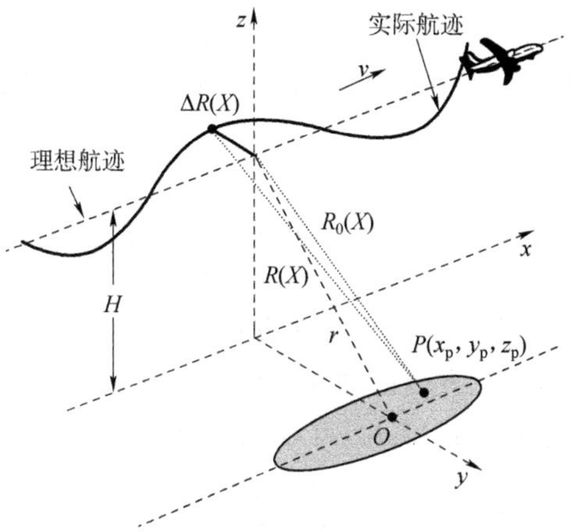

图 3.11　非理想情况下的正侧视条带 SAR 的成像几何关系图

$$s(t_k,X)=\sigma_p\omega\left(\frac{t_k-2R(X)/c}{T_p}\right)\omega\left(\frac{X-x_p}{L}\right)\exp\left[j\pi K_r\left(t_k-\frac{2R(X)}{c}\right)^2-\frac{j4\pi f_c R(X)}{c}\right] \tag{3.40}$$

式中，t_k 表示快时间，σ_p 表示 P 点的散射系数，$\omega(.)$ 表示包络函数，T_p 为脉冲宽度，c 为光速，f_c 为载频，K_r 表示调频斜率。合成孔径长度为 L。通过距离傅里叶变换将雷达回波变换到距离波数域，那么回波可以写为

$$s(K_d,X)=\sigma_p\omega\left(\frac{\Delta K_d}{4\pi K_r T_p}\right)\omega\left(\frac{X-x_p}{L}\right)\exp\left[j\frac{(K_d-K_{rc})^2c^2}{16\pi K_d}\right]\exp[-jK_dR(X)] \tag{3.41}$$

式中，$K_d=K_{dc}+\Delta K_d$ 表示距离波数，$K_{dc}=4\pi f_c/c$ 为距离波数中心。ΔK_d 的范围一般为 $\Delta K_d\in[-2\pi K_r T_p/c,2\pi K_r T_p/c]$。对式(3.41)乘以 $-\exp\left[j\frac{(K_d-K_{dc})^2c^2}{16\pi K_r}\right]$ 进行距离脉压，可以获得距离脉压后的回波形式

$$s(t_k,X)=\sigma_p\operatorname{sinc}\left[T_pK_r\left(t_k-\frac{2(R_0(X)+\Delta R(X))}{c}\right)\right]\omega\left(\frac{X-x_p}{L}\right)\exp[-jK_dR_0(X)]\exp[-jK_d\Delta R(X)] \tag{3.42}$$

在式(3.42)中，相位项中的第二个指数项为载机运动误差带来的相位误差项，包含雷达 APC 位置偏移引起的相位误差以及剩余 RCM 引起的相位误差等。利用 INS/GPS 等传感器获取载机的运动测量数据后，就可以计算得到大致的 $\Delta R(X)$，从而将运动误差尽可能地减小。

下面分析载机沿航向方向的位置误差对成像带来的影响。考虑 SAR 工作在二维斜距平面，SAR 系统工作在正侧视模式，方位向速度和径向速度分别为 $v_x(t_m)=(\partial X(t_m)/\partial t_m)$ 和 $v_y(t_m)=(\partial Y(t_m)/\partial t_m)$。由瞬时距离 $R(X)$ 可以计算出目标点 P 对应的基带信号瞬时多普勒频率

$$f_d(t_m)=\frac{1}{2\pi}\frac{d}{dt_m}(-4\pi f_cR(t_m)/c)$$

$$\approx -\frac{2[X(t_m)-X]v_x(t_m)}{\lambda R_0(X)}+\frac{2}{\lambda}v_y(t_m) \tag{3.43}$$

将式(3.43)关于 t_m 进一步求导可以得到第 m 个距离单元对应的瞬时多普勒调频率

$$\begin{aligned} K_a(t_m) &= -\frac{2}{\lambda}\frac{d^2}{dt_m^2}R(t_m) \\ &= -\frac{2v_x^2(t_m)}{\lambda R_0(X)}-\frac{2[X(t_m)-X]a_x(t_m)}{\lambda R_0(X)}+\frac{2}{\lambda}a_y(t_m) \end{aligned} \tag{3.44}$$

式中,$a_x(t_m)$和 $a_y(t_m)$分别表示 SAR 平台在方位向和径向的加速度。由于平台存在机械惯性,方位向速度变换缓慢,因此方位向加速度值通常较小,在合成孔径不长的情况下,其对多普勒调频率的影响可以忽略。式(3.44)可以进一步化简为

$$K_a(t_m)=-\frac{2v_x^2(t_m)}{\lambda R_0(X)}+\frac{2}{\lambda}a_y(t_m) \tag{3.45}$$

此处考虑运动误差关于距离单元恒定的情况,即不同距离单元对应的平台加速度近似相等。当 SAR 成像幅宽不大时,这种近似总是有效的。当刈宽较大时,可以采用距离向划分的方式,分别处理每一个距离带数据。由式(3.45)可知,第 m 个距离单元内的所有散射点对应相同的多普勒调频率。此外,调频率是关于方位向速度和径向加速度的二次函数。可以看出,多普勒调频率与目标与雷达的垂直斜距、沿航线的速度和垂直于航线的加速度有关,与目标沿航线方向的位置无关,多普勒调频率估计的准确与否,将直接影响雷达的成像质量。多普勒调频率越准确,则目标方位向回波的主瓣宽度越窄,成像聚焦效果也越好。若多普勒调频率不准确,则目标方位向回波的主瓣宽度展宽,图像散焦。

3.4.2 几种典型 SAR 运动补偿方法

在高分辨 SAR 成像中,获取高精度的平台运动和位置信息成本很高。实际处理中,通常利用中等精度惯导数据对运动误差进行粗补偿,而精补偿则通常采用基于回波数据的运动误差补偿方法完成。特别是对于低空无人机和直升机 SAR 等小型化 SAR 平台。小型平台 SAR 要求系统小型化、低重量和低成本,这使得 SAR 系统只能配备小体积轻便的低精度惯导系统,同时小型平台对大气扰动更为敏感,较大的平台颠簸不仅引入大的相位误差,还会导致包络偏移。目前基于回波数据的运动误差补偿方法主要有基于多普勒调频率估计的方法以及基于自聚焦的方法。下面介绍 3 种典型的基于回波数据的运动误差补偿方法。

1. 子孔径相关算法(Map Drift, MD)[21]

从 3.4.1 节的分析可知,多普勒调频率估计的准确与否将直接影响雷达的成像质量。将全孔径划分成几个子孔径,二次相位误差可以造成子孔径图像之间的偏移。MD 算法通过采用互相关处理,估计子孔径图像之间的偏移,进而得到二次相位误差。

SAR 方位向回波可以近似为 LFM 信号。假设 SAR 正侧视工作,多普勒中心 $f_{ac}=0$,f_a 为目标回波的瞬时多普勒频率。载机的速度为 V,载机在 t_m 时刻的位置为 $X=Vt_m$,X_0 为雷达在 t_0 时刻经过目标时所对应的位置,则可以得出

$$X-X_0=V(t_m-t_0)=V\frac{f_a-f_{ac}}{K_a} \tag{3.46}$$

假设雷达在 t_0 时刻经过目标，则有

$$X=Vt_m=V\frac{f_a}{K_a} \tag{3.47}$$

式(3.47)为 X 和 K_a 的关系表达式。下面介绍二次相位误差对 K_a 的影响。划分成两个子孔径进行分析。由于子孔径包含整个场景的信息，只是合成孔径积累时间短，因而依然可以对整个场景进行成像。子孔径多普勒带宽比全孔径小，所以分辨率也相对比较低。若不存在二次相位误差时，子孔径图像完全重合。若存在二次相位误差时，子孔径图像就会存在一定的位置偏差。B_a 表示方位向信号带宽，K_a 表示理想情况下的方位向调频率，K'_a 表示回波信号存在误差的方位向调频率。若不存在误差时，第一幅子孔径图像的多普勒带宽为 $[0,B_a/2]$，中心位于 $t_1=-T_a/4$ 处，第二幅子孔径图像的多普勒带宽为 $[-B_a/2,0]$，中心位于 $t_2=T_a/4$ 处。若存在二次相位误差时，第一幅子孔径图像的中心偏移到 t'_1 处，第二幅子孔径图像中心偏移到 t'_2 处，则可以得到

$$\Delta t_m=t_2-t'_2=t_1-t'_1=\frac{\frac{T_a}{4}K_a}{K'_a}=\frac{T_a}{4}\frac{K_a-K'_a}{K'_a} \tag{3.48}$$

令 Δx 为两子视图对应的位置误差，$\Delta K_a=K_a-K'_a$ 为两子视图对应的多普勒调频率误差，则

$$\Delta x=2\Delta t_m V=\frac{VT_a}{2}\frac{\Delta K_a}{K'_a} \tag{3.49}$$

假设 $I_1(t_m)$ 和 $I_2(t_m)$ 分别表示第一幅子孔径图像和第二幅子孔径图像，则它们的相关函数为

$$P(\tau)=E\left[I_1(t_m)I_2(t_m+\tau)\right] \tag{3.50}$$

当两幅子图像完全重合时，$P(\tau)$ 达到最大值，τ 便是两幅子图像的时间偏移量。而通常得到的并不是两幅子图像的时间偏移量，而是方位向偏移的单元个数 ΔW，则两幅子图像的位置偏移量 Δx 可表示为

$$\Delta x=\Delta W\rho_a \tag{3.51}$$

式中，ρ_a 为方位向的分辨率。则多普勒调频率误差 ΔK_a 可表示为

$$\Delta K_a=\frac{2K'_a\Delta W\rho_a}{VT_a}=\frac{2K'_a\Delta W}{N} \tag{3.52}$$

式中，N 为子孔径图像方位向点数。则可得

$$K'_a(i+1)=K'_a(i)+\Delta K'_a(i) \tag{3.53}$$

为了保证估计的多普勒调频的准确性，可以给 ΔK_a 设置个门限值，通过迭代对多普勒调频率进行估计。

2. 相位梯度自聚焦算法(Phase Gradient Autofocus, PGA)[22]

PGA 是当前 SAR 成像处理中最通用的自聚焦算法之一，它是针对聚束式 SAR 成像提出的，通过改进已广泛地应用于各种成像场景的高精度运动误差补偿中，具有很强的鲁棒性和精确性。所谓自聚焦，就是利用图像固有的集聚特性，从某些高质量数据样本中自适应提取误差相位的技术。PGA 假设相位误差不随距离变化，其核心思想是利用了相位误差在不同距离单元间的冗余性，在相位梯度估计中利用多个单元相干合成有效提高估计精度并抑制噪声扰动影响。其基本原理为：假定 SAR 图像中的每个距离单元内有一个或若干个孤立

强散射点复信号被相位误差调制，并且对各个距离单元内的孤立散射点而言，该相位误差调制相同，即相位误差间存在冗余性。基于上述条件，就可以通过提取若干个孤立强散射点的相位误差函数来获得整个回波数据对应的相位误差函数。

首先对回波信号[式(3.40)]进行方位去斜(Deramping)操作以消除 $R_0(X)$ 的二次调频分量，距离坐标 $R_0(X)+\Delta R(X)$ 处的 Deramping 函数为

$$d(t)=\exp\left[\mathrm{j}2\pi\frac{(Vt_\mathrm{m})}{\lambda R(X)}\right] \tag{3.54}$$

式中，λ 为波长，通过 Deramping 操作后，利用 PGA 对相位误差进行估计。

算法步骤

(1) 样本选择：这一步的主要目的是筛选高信杂比(Signal-to-Clutter Ratio，SCR)的距离单元样本。保证足够多的高 SCR 样本对相位误差估计精度和效率至关重要。

(2) 循环移位：从每个距离单元中选取最强散射点(对于大场景，只选取一部分距离单元，可以降低运算量)，并将其圆周移位到图像中心，同时也去除了散射点的多普勒频率。所谓圆周移位就是，将距离单元的最强散射点移到中心位置，其余采样点跟着一起循环移动。

采用圆周移位可以将最强散射点的脉冲响应重新排列，使每个距离单元内的最强散射点对齐。对于严重散焦的 SAR 图像，或者是包含有树、草、石头和公路等，没有明显的强散射体的图像。圆周移位同样也可以对其进行重新排列，提高信噪比。圆周移位不仅仅是对最强散射点进行排列，同时也去除了多普勒频率，只保留下了相位误差信息。另外也提高了信噪比，有利于下一步确定窗宽。

(3) 加窗滤波：循环移位后，对特显点进行加窗滤波，过滤大部分杂波能量，以提高样本的信杂比。如何确定加窗的宽度，将相位误差造成最强散射点模糊区域和背景杂波区分开。窗宽过大会引入噪声，过小不能包含足够的相位误差信息。可以采用如下方法对窗宽进行估计。这里，窗长可通过自适应选择，在实际处理中，通过预先设定逐步减小窗长的策略也是非常有效的。

(4) 相位梯度估计：相位梯度估计是 PGA 算法的核心部分，圆周移位和加窗是为了更准确对相位梯度进行估计。相位梯度是在距离压缩相位历史域进行估计的，所以需要对回波 $s(\tau)$ 作 IFFT 变换，结果表示为如下：

$$s_\mathrm{r}(\tau)=|s_\mathrm{r}(\tau)|\exp[\mathrm{j}\phi(\tau)+\phi_\varepsilon(\tau)] \tag{3.55}$$

式中，$|s_\mathrm{r}(\tau)|$ 和 $\phi(\tau)$ 分别为距离压缩相位历史域的幅度信息和相位信息。$\phi_\varepsilon(\tau)$ 为未补偿的相位误差信息，在距离向具有冗余性。

利用线性无偏最小方差(LUMV)准则，得相位误差梯度，为

$$\Delta\hat{\phi}_\varepsilon(\tau)=\frac{\sum\limits_m \mathrm{Im}\{s_\mathrm{r}*(\tau)d(\tau)\}}{\sum\limits_m |s_\mathrm{r}(\tau)|^2} \tag{3.56}$$

式中，$d(\tau)$ 为 $s_\mathrm{r}(\tau)$ 的一阶差分，表示为 $d(\tau)=s_\mathrm{r}(\tau+1)-s_\mathrm{r}(\tau)$。对 $\Delta\hat{\phi}_\varepsilon(\tau)$ 累加后，便可得相位误差 $\hat{\phi}(\tau)$ 为

$$\hat{\phi}(\tau)=\sum_{i=0}^{\tau-1}\Delta\hat{\phi}_\varepsilon(i) \tag{3.57}$$

(5) 迭代相位校正：由上述可知，通过对相位误差梯度积分后，便可得相位误差，进而对

SAR 原始距离压缩相位历史域数据进行补偿。将补偿过的数据转换到图像域，用作下一次迭代。通过迭代的方式，也能使相位误差估计得更准确。反复迭代几次，图像会越来越聚焦，特显点会越来越明显。由于 PGA 算法具有很好的收敛性，所以在几次迭代后，窗宽能明显变小，图像也能较好地聚焦。

PGA 算法具有一定稳健性，不要求场景中有强散射点，能够对低对比度的 SAR 图像进行聚焦。PGA 算法的运算量不随着场景区域的变大而增大。对于大场景，一般选取部分能量比较高的距离单元和方位单元，来估计相位误差。

3. 最小熵算法（Minimum-Entropy Autofocus，MEA）[23]

MEA 算法利用最小化熵的方法进行 SAR 图像运动补偿，避免了运动参数的全域搜索。类似于 PGA，迭代最小熵算法需要用到全孔径数据，由图像熵的定义及图像的物理意义可知，图像聚焦越好，图像对比度越高，即各像素取值的确定性越高，图像熵越小。当图像完全聚焦时，熵取得最小值。基于最小熵准则的自聚焦算法，从复图像域出发，通过对不同的多普勒调频率进行搜索，不断减小回波信号方位向的相位误差，达到减小图像熵的目的。最小图像熵所对应的多普勒调频率就是正确的估计结果，用来构建方位向匹配参考函数实现精确聚焦。

算法步骤

（1）距离压缩、徙动校正：首先对雷达回波信号进行距离压缩并完成徙动校正，并引入预置的多普勒调频率初值 $K_a(0)$；

（2）方位向 Dechirp：经过方位 Dechirp 处理后，再对回波信号进行方位向 FFT 变换，得到粗分辨的 SAR 图像。

（3）计算图像熵：计算所得 SAR 图像的图像熵，并调整多普勒调频率 ΔK_a，反复比较图像的熵值，寻找最小熵对应的多普勒调频率。

（4）图像聚焦：完成多普勒调频率搜索寻优的过程。基于最小熵准则的多普勒调频率估计的处理步骤如图 3.12 所示。

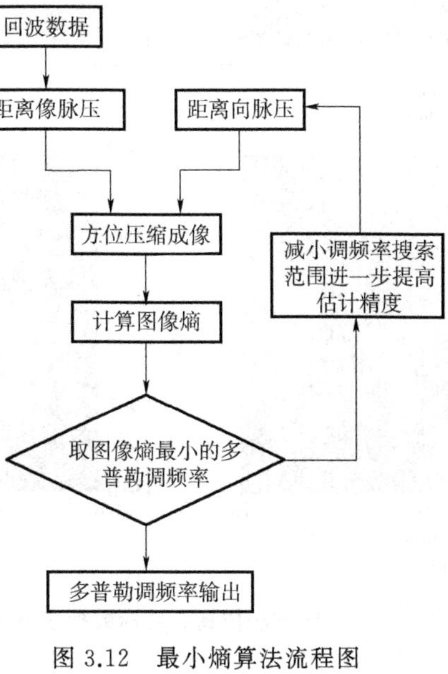

图 3.12　最小熵算法流程图

为了缩短搜索时间，提高处理效率，可以利用雷达平台的运动参数粗略估计多普勒调频率，以此作为参数估计的初值。并且，根据图像熵的特性，也可以选择场景中心附近部分距离单元的数据作为参数估计的样本，通过计算子图像熵的方法提高搜索速度，同时还保证一定的精度。

基于最小熵准则的多普勒调频率估计，从复图像域出发，不依赖于任何的回波模型，对成像区域内地物散射特性的适应性好。算法鲁棒性强，较为稳健，参数估计精度较高，现在一般采用迭代最小熵的方法估计多普勒调频率。

3.4.3 实验验证

1. 点目标仿真实验

下面通过仿真数据实验分析 MD 算法、PGA 算法以及 MEA 算法的自聚焦性能。仿真雷达参数如下：发射信号中心频率为 10 GHz，脉冲重复频率为 1 kHz，实际天线孔径长度 $D=1$ m，发射信号的带宽为 150 MHz，即距离向理论分辨率为 1 m。场景中心距离为 5 km。设定点目标位置为[4 900 m，0 m]。仿真数据生成时，共发射并接收了 5 834 个脉冲信号，即方位向采样数为 5 834。多普勒频率也被划分为 $K=5\,834$ 个离散采样点。图 3.13 给出了 3 种算法的成像结果。

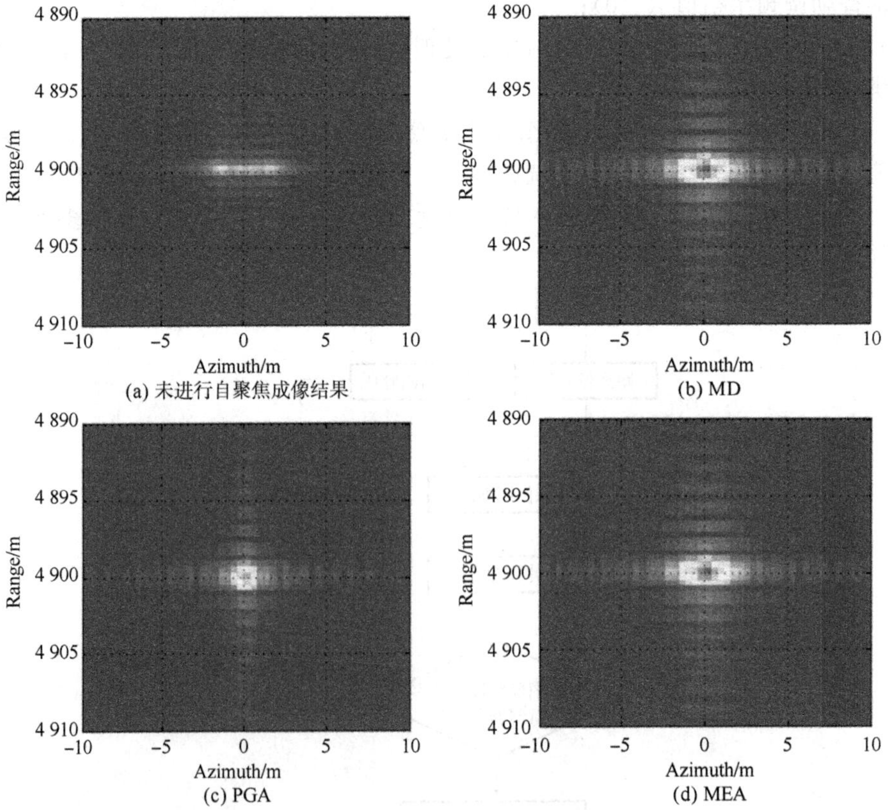

(a) 未进行自聚焦成像结果
(b) MD
(c) PGA
(d) MEA

图 3.13　不同方法仿真点目标数据成像结果

通过图 3.13 可以看出，3 种方法都实现了点目标的聚焦，其中 PGA 方法获得的点目标聚焦效果最佳，这是因为仿真场景为强散射点，这样的观测场景是 PGA 最适合处理的场景。

2. 实测数据实验

本节利用机载 SAR 实测数据验证所提方法的有效性。主要的系统参数如下：载波波长 0.031 m，雷达与观测场景最近距离为 $R_{\min}=37.2$ km，脉冲重复频率为 1 kHz，实际天线孔径长度为 $D=0.44$ m，发射信号的带宽为 200 MHz，对应距离向理论分辨率 0.75 m，脉冲时宽 15 μs，机载测量元件提供的方位向速度测量值为 138 m/s。用于实验的实测数据共包含 8 192 个脉冲，每个脉冲回波信号在距离向采样点数为 4 096。为了忽略距离徙动的影响，将全孔径数据划分为 5 个子孔径，每个子孔径包含 1 600 个脉冲序列。多普勒频率被划分为 $K=8\,192$ 个采样点。在参数化稀疏表征方法中，将惯导系统测量值(138 m/s)作为各子孔径方位向等效速度初值，初始径向等效加速度设为 0 m/s^2。

同样利用已有的 MD、PGA 和迭代 MEA 方法对数据进行处理。3 种方法获得的最终场景成像结果如图 3.14 所示。为了展示成像细节，将图 3.14 中的 A 区域放大显示，显示结果如图 3.15 所示。从成像结果图可以直观看出，MEA 方法的聚焦性能优于 MD 和 PGA 方法，MD 方法性能最差的原因是子孔径数据量少影响了多普勒参数估计精度，且 MD 自聚焦算法的估计精度与成像区域内每个分辨单元的目标散射特性密切相关，成像场景中无明显地物特征或无孤立强散射点，此时 MD 算法无法精确估计互相关函数峰值的移动，导致聚焦效果较差。PGA 方法获得的成像结果同样聚焦效果欠佳，主要原因是场景中没有孤立的强散射点，这样的观测场景不是 PGA 方法最适合处理的场景。

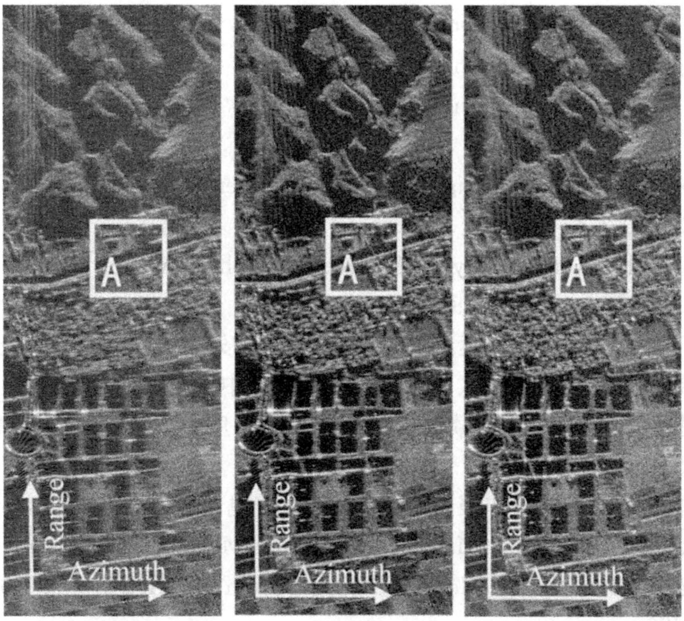

(a) MD　　(b) PGA　　(c) MEA

图 3.14　不同方法实测数据成像结果

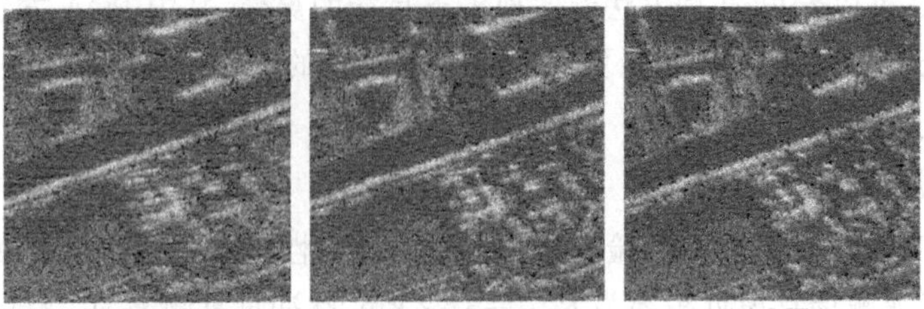

图 3.15　成像结果局部放大图

本章参考文献

[1] Jin M J, Wu C.A SAR Correlation Algorithm Which Accommodates Large Range Migration[J].IEEE Trans.Geoscience and Remote Sensing, 1984, 22(6): 592-597.

[2] Raney R K, Runge H, Bamler R, et al.Precision SAR Processing Using Chirp Scaling[J]. IEEE trans.Geoscience and Remote Sensing, 1968, 32(4): 786-799.

[3] Papoulis A.Systems and Transforms with Applications in Optics[M].McGraw-Hill, New York, 1968.

[4] 郭微光.机载超宽带合成孔径雷达运动补偿研究[D].长沙:国防科技大学,2003.

[5] Kirk J C.Motion Compensation for Synthetic Aperture Radar [J].IEEE Trans.on AES, 1975, 11(3): 338-348.

[6] Haslam G, Reid B.Motion sensing requirements for Synthetie Aperture Radar [C]. Proceeding of IEEE Conferenee, 1983: 1-15.

[7] Buckreuss.Motion Errors in an Airborne Synthetie Aperture Radar System [J].Er1TJ., 1991.24(1): 12-18.

[8] Farrel J L, et al.Effection of Navigation Errors in Maneuvering SAR [J].IEEE Trans.on AES. 1973, 9(5): 750-776.

[9] John N, Damoulakis, et al.Analysis of Three Hierarehieal Motion Compensation [C], IEEE Proc.of NAECON, 1982: 1248-1294.

[10] 曹福祥.机载合成孔径雷达运动补偿研究[D].西安:西北工业大学博士论文,1997.

[11] 郭华东.载机雷达遥感应用试验研究[M].北京:中国科学技术出版社,1992.

[12] 丁赤飙.基于惯导系统的机载 SAR 运动补偿精度分析[J].电子信息学报,2002,24(1):12-18.

[13] 曹福祥.曹福祥博士后工作报告[D].西安:西安电子科技大学,2000.

[14] JOAO R.Moreira, A New Method of Aireraft Motion Error Extraction from Radar Raw Data for Real Time Motion Compensation[J], IEEE Trans.on GRS.1990, 28(4): 620-626.

[15] Wahl D E, Eichel P H, Ghiglia D C, et al.Phase gradient autofocus-a robust tool for high resolution SAR Phase Error correction[J].IEEE Trans.On AES.1994, 30(3): 827-834.

[16] Wahl D E, Jakowatz C V, Jr P A, et al. Autofocus-New Approach to Strip-map SAR Autofocus [J], IEEE Digital Signal processing, 1994: 53-56.

[17] 雷万明, 胡学成. 基于回波的高分辨力机载 SAR 运动补偿[J]. 电子与信息学报, 2006, 26(12): 1908-1914.

[18] 邢孟道, 保铮. 基于运动参数估计的 SAR 成像[J]. 电子学报, 2001, 29(12A): 1824-1828.

[19] 黄源宝. 机载合成孔径雷达成像算法及运动补偿的研究[D]. 西安: 西安电子科技大学博士论文, 2005.

[20] 周峰, 王琦, 邢孟道, 等. 机载大斜视合成孔径雷达运动补偿研究[J]. 电子学报, 2007, 35(3): 90-95.

[21] Samczynski P, Kulpa K. Concept of the coherent autofocus map-drift technique [C]. International Radar Symposium (IRS), 2006: 1-4.

[22] Van Rossum W L, Otten M P G, Van Bree R J P. Extended PGA for range migration algorithm [J]. IEEE Transactions on Aerospace and Electronic Systems, 2006, 42(2): 479-488.

[23] Kragh T J. Monotonic iterative algorithm for minimum-entropy autofocus [C]. *In Proc. ASAP*, Steamboat Springs, CO, 2006: 1-15.

第 4 章

ISAR 成像基本原理

逆合成孔径雷达(ISAR)通常用来对空天目标进行成像,一般是雷达不动(某些情况雷达也是可以运动的),而目标是运动的。同合成孔径雷达(SAR)一样,逆合成孔径雷达也是依靠发射大带宽信号获得距离向的高分辨,通过雷达与目标之间的相对运动形成合成阵列来提高方位向分辨率,而方位高分辨的本质是目标各散射点的多普勒差异。

可以想到,逆合成孔径雷达的合成阵列分布要比合成孔径雷达复杂得多。合成孔径雷达阵列形成的主动权在自己,控制雷达平台作匀速直线飞行,便可在空间形成均匀的线阵;而逆合成孔径雷达形成阵列的主动权在对方,目标的航向、速度甚至姿态变化都会影响合成阵列的分布。机动飞行的目标可以在空间形成十分复杂的虚拟阵列,而且阵列的分布难以准确测量。实际中如果要得到亚米级的横向分辨率,雷达对目标视线的变化(即目标相对雷达射线的转角)只要很小几度(通常为 3°～5°),在这期间对于飞行速度相对较慢的目标,其姿态变化不可能十分复杂。即使如此,其合成阵列的问题仍远比合成孔径雷达复杂。

逆合成孔径雷达在另一些方面要比合成孔径雷达简单,主要是目标的尺寸比合成孔径雷达所要观测的场景小得多,一般目标不超过几十米,大的也只有百余米,当目标位于几十千米以外时,电波的平面波假设总是成立的,因而为成像分析带来方便。

逆合成孔径雷达成像常用转台模型来等效,当目标作平稳飞行时,通过平动补偿运动目标可转换为平面转台目标,如果成像要求的转角(相干积累角)很小,其间散射点的移动量远小于距离分辨单元长度,则分析处理可以大大简化。而实际的逆合成孔径雷达成像在许多场合是满足上述条件的。

本章的内容安排如下:4.1 节介绍 ISAR 成像的转台模型与平动补偿原理;4.2 节介绍基于深度循环神经网络的包络对齐方法;4.3 节介绍典型雷达信号(包括线性调频信号和线性调频步进信号)的 ISAR 成像方法;4.4 节为本章小结。

4.1 转台模型与平动补偿

4.1.1 ISAR 转台模型

在 ISAR 成像中,目标相对于雷达的运动可被分解为目标参考点相对于雷达的平动以及目标绕自身参考点的转动，而不同散射点转动产生的多普勒差异使方位向的高分辨成为可能。如图4.1所示，假设雷达和目标位于同一平面内，且目标由 A 到 B 作匀速直线运动，目标运动速度为 v。此时，可以将该运动过程分解为三部分：一是目标沿垂直于雷达视线方向的切向从A运动到C，二是目标从C平动至D，机头方向保持不变，三是目标绕参考点（通常选为目标中心或质心）从D旋转至B。

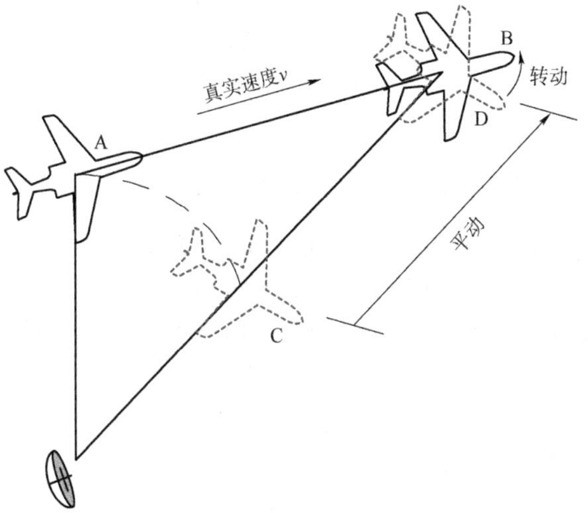

图4.1 目标运动分解示意图

具体分析，首先目标从A处运动到C处，其相对雷达视线的姿态保持不变，到雷达的距离也相同，这一阶段目标上各散射点接收到的雷达回波完全一致，且目标运动速度始终垂直于雷达视线，各点的多普勒始终为0，对成像没有贡献；其次，目标从C平动至D这一过程，由于沿雷达视线方向运动，所有散射点的平动速度相同，所有散射点的多普勒是一致的，此时各散射点的多普勒变化完全一致，即无多普勒差异，难以实现方位高分辨；再次，目标由D绕参考点转动到B，此时各散射点的转动速度（即切向速度）在雷达视线方向的投影存在差异，导致各散射点的多普勒差异，从而实现了方位向的高分辨。

通过以上分析可以看出，ISAR成像过程中目标的运动分解成平动和转动两个分量。目标平动是指目标参考点沿运动轨迹移动，而目标相对于雷达视线的姿态保持不变；转动分量是指目标绕参考点转动。当目标以散射点模型表示时，若目标处于雷达远场（即目标尺寸远小于目标与雷达之间的距离），此时雷达电磁波可用平面波近似表示，在只有平动分量的情况下，目标上各散射点回波的多普勒完全相同，对成像没有贡献，则将平动分量补偿掉以后，目标等效为转台模型，如图4.2(a)所示，此时目标的运动近似为以参考点为转轴的旋转[1]。

根据转台成像原理，在平面波照射下，匹配滤波处理后，目标的距离分辨率可表示为

$$\rho_r = c/2B \tag{4.1}$$

式中，c 为光速，B 为雷达发射信号的带宽。

进一步，当目标以顺时针方向转动时，如图4.2(a)所示，目标上各散射点的多普勒值呈现出明显差异。其中，位于轴线（轴心至雷达的连线）上的散射点，其瞬时线速度（即切向速度）垂直于雷达视线，回波的多普勒为零，而位于轴线右侧或左侧的散射点，其瞬时线速度始

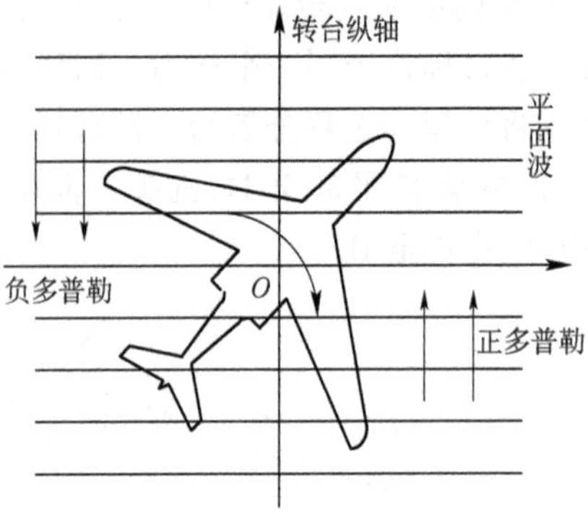

图 4.2 ISAR 成像的转台模型

终与雷达视线存在夹角，且不同散射点的夹角不同，导致其在雷达视线方向 LOS 的径向速度投影分量不同，因此多普勒存在明显差异，其中根据散射点靠近或远离雷达，其多普勒分别为正或负。此时，通过对回波进行频域分析处理，将各散射点的回波变换到多普勒域，只要多普勒分辨率足够高，就能将目标各散射点的横向分布表示出来，据此可以实现目标的横向分辨。

此时，经计算可得横距分辨率 ρ_a 为

$$\rho_a=\frac{\lambda}{2\Delta\theta} \tag{4.2}$$

式中，$\Delta\theta$ 为目标散射点相对于雷达视线的转角，λ 为信号波长。

可见，横向高分辨率越高，目标所需的转角也越大，所需的相干积累时间也就越长。目标的平动分量对成像没有贡献，且随着平动速度的变大，还会引起图像散焦，降低成像质量，因此需要对平动分量进行补偿。同时，在转动过程中，散射点还会发生纵向移动，其偏离轴线越远，则移动也越大。当纵向移动的距离超过距离分辨单元长度时，目标散射点产生了越距离单元徙动(Migration Through Resolution Cell, MTRC)，因此必须对平动分量进行补偿，对于电大尺寸目标，还需要进一步进行越距离单元徙动校正[1]。

4.1.2 平动补偿

平动补偿是 ISAR 成像的关键技术之一，由于包络与相位对补偿精度要求不同，因而为降低平动补偿难度，通常将平动补偿分为两步。第一步是包络对齐，即将各次回波进行距离对准，消除平移引起的相邻回波的错位。这使得在相对转动较小的情况下，目标上同一散射点的回波位于同一距离单元内；第二步是初相校正，即将目标上的某一参考点等效地置于转台轴心。

传统的包络对齐方法可以分为两类，即相关法和全局优化法。作为典型的相关方法之一。最大相关包络对齐法(Maximum Correlation-based Range Alignment, MCRA)以相邻距离像(实包络)峰值相对应的延时作补偿[1,2]，若相邻两次回波的实包络分别为 $u_1(\hat{t})$ 和 $u_2(\hat{t})$，则互相关函数可表示为

$$R_{12}(\tau)=\int u_1(\hat{t})u_2(\hat{t}-\tau)\,\mathrm{d}\tau \tag{4.3}$$

对 τ 进行搜索,计算其峰值所对应的延时值,即为两次回波的时间差。

在离散采样条件下,包络对齐精度要求达到 1/8 个距离分辨单元[1],其对齐过程如图 4.3 所示,将录取到的目标回波实包络序列,用相邻相关法逐个对齐,并作横向排列。图中横坐标为径向距离,纵坐标为回波序列的序号,即慢时间的离散值。

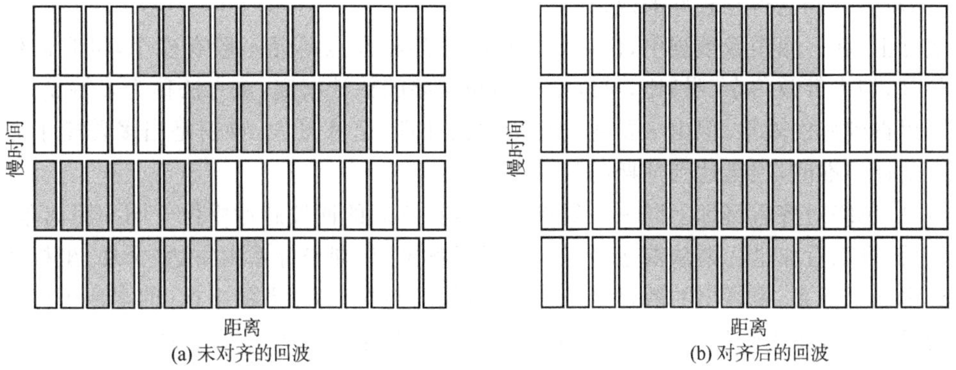

图 4.3 离散域包络对齐过程示意图

当目标第一次回波或前几次回波并不理想时,仍然采用某次(如第一次)的回波作为基准,通常会出现包络漂移和包络凸跳的现象,影响后续的方位向成像。此时可以选取对齐后的多次平均距离像作为基准,再进行包络对齐的自相关处理,可以在一定程度上消除包络漂移现象。另外,还可以采用从前向后对齐一遍,再从后向前对齐一遍,然后两次取平均的方法,提升包络对齐的效果。另一种基于累积相邻相关的包络对齐方法。使用所有对齐的回波包络的总和来进行互相关,以搜索偏移量并实现包络对齐。这种方法可以抑制累积误差,克服目标闪烁,但抑制噪声的能力有限[3]。

基于全局优化法的包络对齐方法通过建立代价函数进行优化,如基于熵的包络对齐方法和基于对比度的优化方法[4-7]。这类方法通过在距离压缩域中建立代价函数进行优化,当包络对齐时,代价函数达到最小值或最大值。然而,这类方法的性能受信噪比的影响较大[1]。

包络对齐处理后,目标各次回波的距离单元已基本对齐,各距离单元回波包络序列的幅度和相位的横向变化基本正常。此时,目标各次回波中还包含平动分量表现出来的初相。考虑到 ISAR 的信号有相干与非相干之分,对于相干的情况,初相随目标平动而有规律的变化,但通常是未知的;而对于非相干的情况,初相完全是随机的[1]。

考虑到目标参考点的特殊性,即运动目标通过平动补偿成为转台目标之后的转台轴心,该轴心点不存在转动,当完成平动补偿后,轴心点是静止的,与该点对应的回波序列的相位应当为常数。因此,平动补偿前该点对应的回波序列的相位历程,即目标平动分量的相位历程,通常称为运动目标回波的初相,由于它对所有散射点子回波都一样,用它对各距离单元的回波序列作初相校正,就实现了从运动目标到转台目标的转换[1]。

常用的初相校正方法包括单特显点法和多特显点法[1]。转台轴心通常称为目标参考点,参考点可以是某一实际散射点,也可以是由多个散射点集成的某一点。实际中,理想的孤立散射点单元几乎是不存在的,但在某些距离单元内,只有一个特强的散射点,称之为特显点,其余还有众多的小散射点,称之为杂波,此外还有噪声。实际中杂波和噪声的强度通常远小于特显点的强度，因此可以将各次回波序列里所有距离单元的相位减去该强散射点(特显点)距离单元同一次回波的实测相位，即各次初相均为0，该方法称为单特显点法。

初相不正确会使图像散焦，基于数据消除初相误差称为自聚焦，将图像中的某一孤立点作自聚焦处理，从而实现整个图像的自聚焦。这样做虽然不可能将初相完全校正好，但在信杂/噪比较高时仍能得到较好的效果。

实际上，在一幅图像数据中，信杂(噪)比较强的特显点单元一般有多个，将它们作综合加权处理，加大等效信杂(噪)比，可以提高初相误差的估计精度，该方法称为多特显点法，理论上可以得到好的效果，但由于要通过复杂的预处理，运算量大，特别是当多普勒中心和起始相位估计不准时，很难达到预期的效果。

可见，包络对齐后目标上同一散射点的信号在不同的回波脉冲中位于同一距离单元，初相校正后，可以看作坐标系从雷达平移到了目标参考点，即坐标系由雷达(全局)坐标系转换为目标本地坐标系，换算出的散射点坐标皆为目标相对于参考点的坐标(即本地坐标)，因此得到的目标二维像也是目标在本地坐标系下的二维散射点分布。包络对齐和初相校正后，进一步通过方位向的匹配滤波处理，可得到目标的二维ISAR像。

实际中，当回波信噪比较低时，噪声将有用信号淹没，脉冲间相关性变弱，相关法和全局优化的方法难以取得满意的效果。同时，考虑到雷达对多目标跟踪时，分配给每个目标的时间总是有限的，加之敌方干扰的存在，导致目标回波通常是不连续的、缺损的，这进一步增加了包络对齐的难度。因此，低信噪比、回波缺损条件下的包络对齐方法值得深入研究。基于深度学习构建的深层非线性网络，通过学习训练的方法可以获取数据中蕴含的复杂非线性映射关系，能够在噪声中学习信号之间的相互关系，从而实现包络对齐。

4.2 基于深度学习的包络对齐

4.2.1 基于RNN的包络对齐方法[10]

考虑到包络对齐的关键是获得不同回波中的散射点距离分布，可以构建一个端到端网络，通过监督学习来学习移位或距离分布，即通过循环神经网络(Recurrent Neural Network, RNN)学习从未对齐回波到对齐回波的映射，从输入和隐藏信息中获得输出，从而实现包络对齐。

假设未对齐的回波矢量为$\boldsymbol{X}=[x_1,x_2,\cdots,x_{t_k},\cdots,x_M]$，对齐后的回波矢量为$\boldsymbol{Y}=[y_1,y_2,\cdots,y_{t_k},\cdots,y_M]$，可以得到

$$y_{t_k}=x_{t_k}\cdot\boldsymbol{E}_{t_km,l} \tag{4.4}$$

式中，t_k代表慢时间，M为慢时间脉冲数，x_{t_k}表示慢时间t_k对应的一维距离像，即$N\times1$的一维矢量，N为快时间采样数，$\boldsymbol{E}_{t_km,l}$为单位初等行变换矩阵，m为单位矩阵的秩，l为位移量。

结合通过自相关求位移量的方法，由于相邻慢时间回波序列之间存在一定的相关性，这样的数据处理方式与RNN网络非常契合，则对RNN多输入多输出的结构进行改进，可用

于回波脉冲序列的对齐。同时,回波脉冲序列之间的联系是基于信号模型来描述的,对于非合作目标,模型中的许多参数是未知的,但这些参数关系仍然反映在回波脉冲序列中,因此可用 RNN 分析回波脉冲序列,并自主挖掘这些参数关系,根据任务需要设置合适的标签数据(可选为对齐的距离像序列),网络就能够输出对齐的结果。一般的 RNN 结构在网络深度过大时,回波序列之间的关系信息可能会丢失,在反向梯度求解时网络可能难以收敛,设计 RNN 时需要考虑这个问题。

基于以上考虑,可以构建包络对齐的循环神经网络架构,如图 4.4 所示。图中左上方为输入的标签数据,即对齐后的距离像序列;左下方为输入的未对齐的距离像序列,则 RNN 经过有监督的训练,可实现从未对齐的距离像序列到标签数据的映射,即将包络对齐的过程转化为网络训练的学习过程,网络训练好之后,可实时地完成包络对齐。

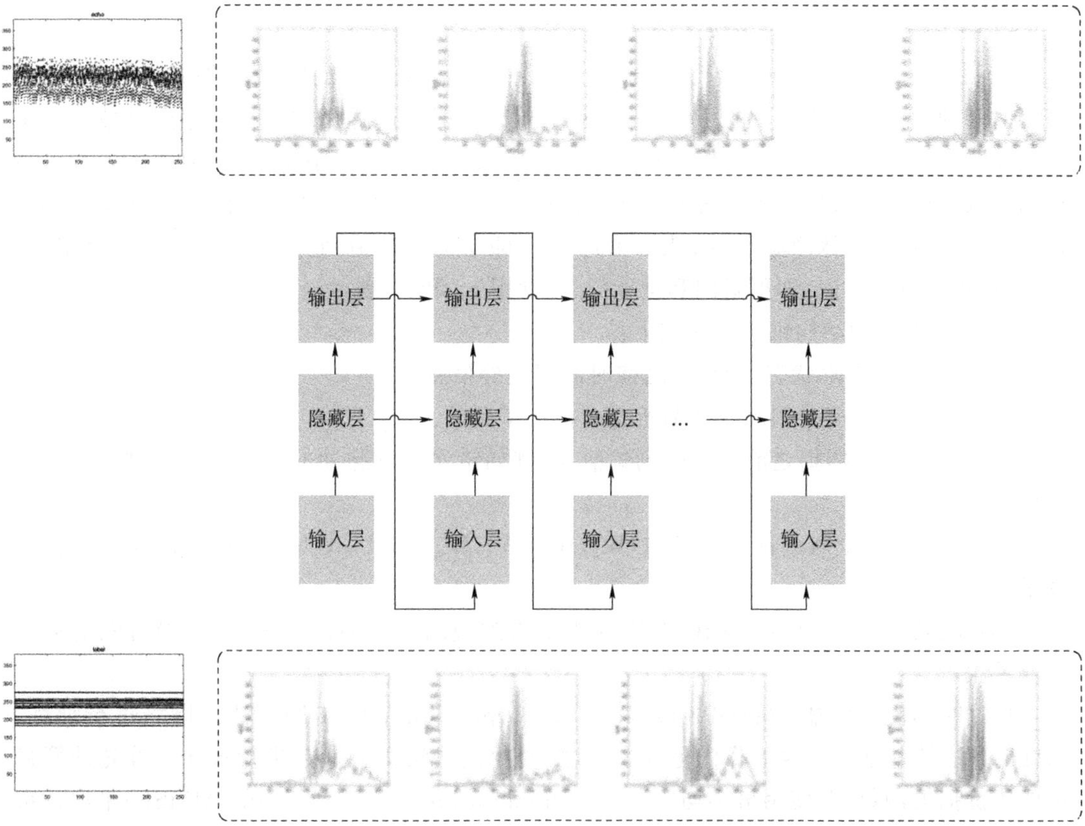

图 4.4 包络对齐的 RNN 结构示意图

由于实际场景中,雷达采集的回波可能并不理想,例如某个慢时间回波受到较大干扰,脉冲回波误差过大甚至出错,这样对于后续脉冲回波的对齐是不利的。而且随着脉冲数目的增多,系统误差是逐渐累积的,这对于比较靠后的脉冲回波对齐也是不利的。为了解决累积误差和目标闪烁问题,我们需要控制状态信息的更新和传输,首先要解决信息长距离传播过程中的丢失问题,而且要剔除从错误脉冲中提取到的信息。考虑到计算的复杂性,每个 RNN 循环单元结构均使用门控循环单元(Gated Recurrent Unit,GRU)模块[9],如图 4.5 所示。

网络的每一时刻包含一个输入层 $\boldsymbol{X}=[x_1,x_2,\cdots,x_{tk},\cdots,x_M]$、一个输出层 $\boldsymbol{Y}=[y_1,$

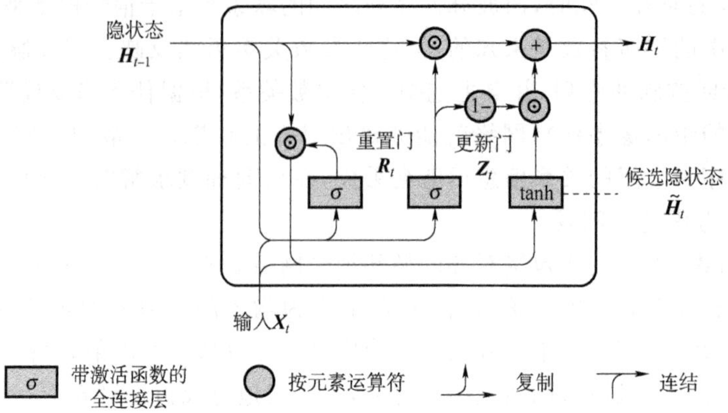

图 4.5 GRU 模块示意图

$y_2,\cdots,y_{t_k},\cdots,y_M$]和一个隐藏层 $\boldsymbol{H}=[h_1,h_2,\cdots,h_{t_k},\cdots,h_M]$。$M$ 代表慢时间的序号，每个慢时间的输入层是 $N\times 1$ 的一维矢量，N 为单个慢时间脉冲回波的采样序列点数。每个输入矢量表示相应慢时间的一维距离像。输出层与输入层的大小相同，即网络是多输入多输出且输入输出等长的。回波矩阵的维数为 $N\times M$，因此网络总共执行 M 次循环计算。x_{t_k} 表示慢时间 t_k 的脉冲输入，h_{t_k} 表示第 t_k 步隐藏层的特征值，它是网络的记忆存储单元。GRU 模块中有两个门：即更新门和重置门，分别用 z_{t_k} 和 r_{t_k} 表示。

RNN-RA 中的结构细节说明如下：

(1) 把 h_{t_k} 当作隐状态，捕捉了之前时间序列的信息。

(2) y_{t_k} 是由当前时刻以及之前所有的记忆得到的。

(3) h_{t_k} 并不是捕捉之前所有时刻的信息，例如错误时刻脉冲的信息需要通过遗忘门剔除掉。

(4) 网络中每个时刻都共享参数($W_{\mathrm{r}},W_{\mathrm{h'}},W_{\mathrm{z}},W_{\mathrm{o}},U_{\mathrm{r}},U_{\mathrm{h'}},U_{\mathrm{z}}$)，这样可以大大降低运算量。

(5) y_{t_k} 在每个时刻都是存在的，因为需要得到包络对齐后的回波，每个慢时间的输出都要关注。

通过时间反向传播(Back-Propagation Through Time, BPTT)算法对网络进行训练。BPTT 算法的基础是梯度下降优化方法，重复使用链式法则对参数进行求导。首先计算目标的代价损失函数，并使用最小均方误差(Minimum Mean Square Error, MMSE)来评估重建的对齐脉冲的质量。

4.2.2 稀疏观测条件下的包络对齐方法[11]

实际场景中，雷达对目标的稀疏观测将导致目标回波不连续或存在部分缺失。当对原始回波进行方位维降采样后，部分慢时间的脉冲采样结果被置 0。这样的回波如果输入 RNN，在某一时刻输入网络零向量不含有目标信息，此时网络隐藏层不能传递有效信息给下一个时刻，导致方法失效。

针对稀疏观测条件下回波的包络对齐问题，对图 4.4 所示网络结构进行适当修改，可设计如图 4.6 所示的自循环-循环神经网络结构(Self-Loop Recurrent Neural Network, SL-RNN),即在 RNN 增加了前一时刻网络的输出层到当前时刻输入层和输出层之间的连接。

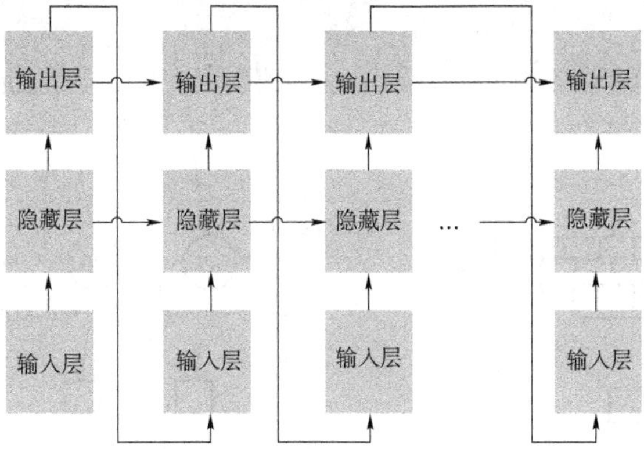

图 4.6 SL-RNN 结构示意图

将降采样后的回波写成慢时间脉冲序列 $\boldsymbol{X}=[x_1,x_2,\cdots,x_{t_k},\cdots,x_M]$,在 t_k 时刻,网络的输入为 $x_{t_k}+y_{t_{k-1}}$,即使 $x_{t_k}=\vec{0}$,此时的输入为上个时刻包络对齐后的慢时间脉冲 $y_{t_{k-1}}$,避免了网络输入信号为 0 的情况,同时 $y_{t_{k-1}}$ 也和 t_k 时刻的输出层连接,对于输入为 0 的情况,保证输出也为 0,因此增加的自循环结构,在 0 输入时保证了信息 h_{t_k} 的前向不间断传递,而输出结果与输入脉冲的缺失情况一致,损失函数采用最小均方误差函数。因此,SL-RNN 网络可以用来实现稀疏观测条件下的回波包络对齐。

进一步,考虑到 CNN 和 RNN 相结合的深度神经网络在时序特征和区域特征方面可以相互补充,可以采用注意力机制来整合 CNN 提取的区域特征和 RNN 提取的时间特征,构建基于卷积-循环-注意力网络的包络对齐方法(Range Alignment based on CNN-RNN-Attention Net, CRAN-RA)。如图 4.7 所示,CRAN-RA 架构包含 4 个部分:输入层、卷积层、RNN 层、注意力层和输出层。

首先将未对齐的回波矩阵送至 CNN 层和 RNN 层。网络的标签是和输入回波一一对应的包络对齐的目标回波。CNN 层用来提取每个序列向量和输入回波矩阵的区域特征。CNN 层通过学习区域特征,可以快速识别出有效的序列向量,定位到最有影响的片段,从而有效抵抗噪声的影响,保证对齐的精度和效率。如果单纯使用 RNN 处理序列,包括噪声序列在内的所有的序列向量都会被网络无差别地对待,从而给网络参数的迭代更新带来严重干扰。

RNN 层用于从回波序列中捕获时序特征和长期依赖关系。为了避免梯度消失问题,同样采用 GRU 来控制信息的更新。给定来自输入层的未对齐回波矩阵 $\boldsymbol{X}=[x_{t_1},x_{t_2},\cdots,x_{t_n},\cdots,x_{t_N}]$,按照慢时间顺序逐步输入到 GRU 单元。每一级 RNN 单元将接收当前输入的序列向量 x_{t_n} 和上一级单元的输出 $h_{t_{n-1}}$ 作为本级输入,并通过线性变换和 tanh 激活函数的作用产生本级输出 h_{t_n}。GRU 结构能够利用先前的信息并表达序列数据。为了同时具备表示未来信息的能力,此处采用双向 GRU(Bidirectional GRU, BiGRU)结构,GRU 模块中有两个门:重置门 r_{t_n} 和更新门 z_{t_n}。重置门 r_{t_n} 用来控制有多少来自先前状态的信息传递给隐藏层的特征值 h_{t_n},更新门 z_{t_n} 用来控制有多少来自前一级的状态信息被带入本级。最

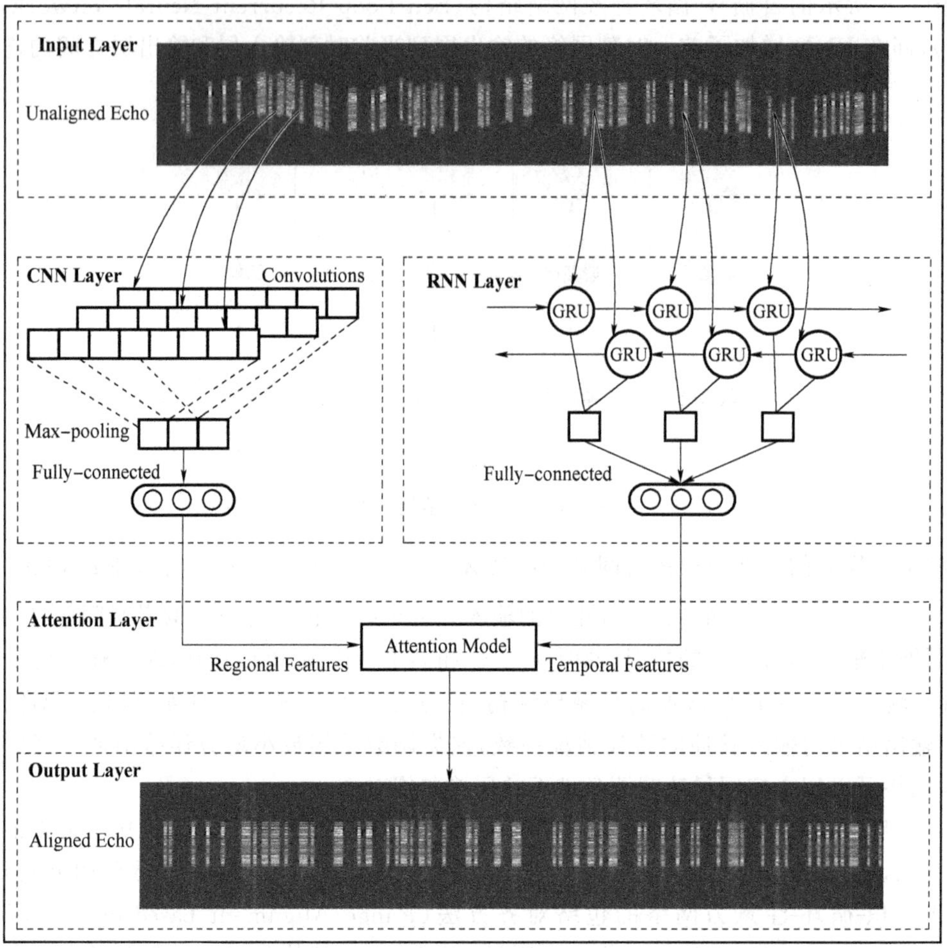

图 4.7　CRAN-RA 网络架构示意图

后，使用一个全连接层来重塑 h_{t_n} 的形状，使 RNN 层的输出可以与 CNN 层的输出对齐。

注意层用于将 CNN 层提取的区域特征和 RNN 层提取的时间特征整合在一起，并依据权重信息综合打分。注意力层是 CRAN-RA 架构的关键组成部分。通过使用注意力机制融合 CNN 层提取的局部特征和 RNN 层提取的时序特征，联合的网络架构可以判别并忽略可能导致可学习权重参数朝错误方向迭代的无效序列，而只允许有效的回波慢时间序列参与网络参数的迭代更新。

总之，联合的网络模型可以根据注意力层生成的上下文信息，从 RNN 层生成的时序序列中捕获有用的区域特征，从而同时利用 CNN 层和 RNN 层的优势，实现回波序列包络的高效对齐。

输出层是一个具有 softmax 激活函数的全连接结构，它将注意力层的计算结果转换为距离包络的移位分布。使用 softmax 激活函数可以直接计算输出序列和标签序列之间的移位误差来优化网络权重系数。

4.2.3 训练与测试

采用随机生成仿真点目标的方法获得训练数据和对应的标签，以监督训练的方式进行训练。在给定场景中随机生成若干个随机分布的散射点组成仿真目标，每个点的散射系数也随机生成，场景中心设为坐标原点。通过在序列向量中加入随机循环移位来模拟目标平动分量引起的回波包络错位。在回波中加入随机噪声后，得到稀疏孔径和低信噪比条件下的未对齐回波矩阵，并和标签数据一一对应，构成网络训练的样本集，其中 75%作为训练集，25%作为测试集。

网络采用归一化均方误差(The Normalized Mean Square Error，NMSE)作为损失函数

$$\mathrm{Loss}(y_{tk},\hat{y}_{tk})=\frac{\sum_{k=1}^{N}(y_{tk}-\hat{y}_{tk})^2}{N} \tag{4.5}$$

式中，y_{tk} 是网络输出的预测序列，$\hat{y}_{tk}$ 是标签序列(即对齐的回波序列)，N 表示慢时间脉冲数。

给定场景大小 60 m×60 m，每个场景包含的散射点个数在 1～100 之间随机分布。散射点的横坐标、纵坐标在-20 m～20 m 范围内随机分布。为了匹配 ISAR 成像的分辨率要求，散射点之间的最小间隔设为 0.3 m，每个点的散射系数在 0～1 范围内随机分布。为了模拟实际应用中的稀疏孔径观测条件，可以通过随机降采样的方法对回波数据进行处理，获得欠采样回波，在表 4.1 给出的雷达参数条件下，设欠采样率为 α=20%～80%，得到 400 个稀疏孔径条件下随机散射点场景的回波矩阵，理想对齐回波作为标签数据。

表 4.1 雷达参数

参数名称	符号	参数取值
载频	f_c	5.52 GHz
距离	R_0	20 km
脉冲重复频率	PRF	400 Hz
带宽	B	400 MHz
脉冲宽度	T_p	25.6 μs
方位脉冲数	N	256

为了模拟非合作运动目标的复杂运动情形，首先对“dechirp”后的回波数据按慢时间序列作随机分段处理，在不同的慢时间段设置不同的移位斜率和移位方向，然后在随机移位后的回波中随机加入-10 dB～5 dB 的高斯白噪声，得到 400 个模拟的非合作目标在稀疏孔径、低信噪比条件下的未对齐回波矩阵，与平动补偿后的标签数据一一对应。图 4.8 展示了其中一个训练样本，图 4.8(a)～(d)分别为仿真目标散射点分布、全孔径回波、α=40%的稀疏孔径标签回波和加入 SNR=0 dB 噪声后的输入回波。

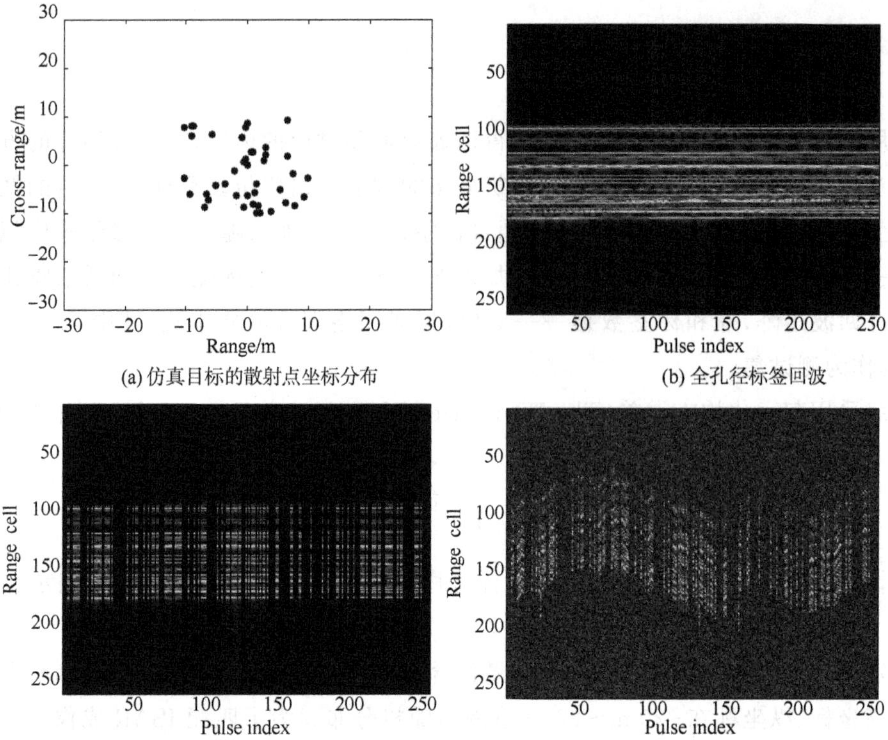

(a) 仿真目标的散射点坐标分布　(b) 全孔径标签回波

(c) α=40%的标签回波　(d) α=40%、SNR=0 dB 的输入回波

图 4.8　训练样本示例

CRAN 网络训练参数如表 4.2 所示。

表 4.2　CRAN 网络训练参数

网络参数名称	Batch-size	Epoch	学习率
参数值	16	250	0.001

网络参数更新迭代过程中的 NMSE 变化曲线如图 4.9 所示，可以看出 NMSE 曲线是收敛的，随着 epoch 的增大逐渐趋向于 0，说明网络预测序列与对齐回波的误差逐渐减小。

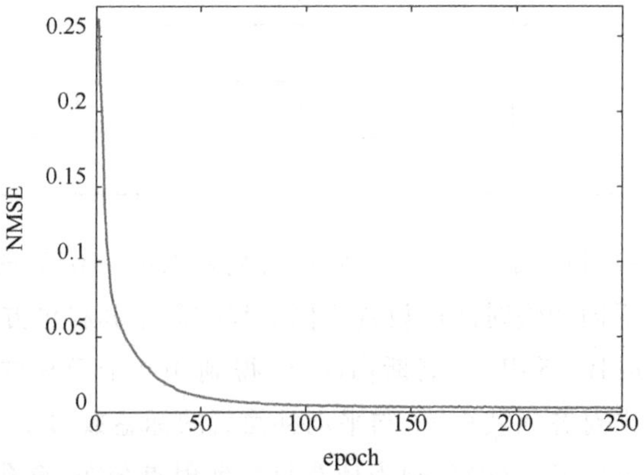

图 4.9　训练过程中 NMSE 变化曲线

进一步采用点目标模型来仿真，如图 4.10 所示，模拟了两种常见的空间锥体目标形状，图 4.10(a)模拟了无尾翼的空间锥体目标，图 4.10(b)模拟了带尾翼的空间锥体目标。首先通过仿真实验在稀疏孔径条件下得到仿真目标的降采样回波数据，然后对慢时间回波作随机循环移位处理，并加入噪声得到在稀疏孔径和低信噪比条件下的未对齐回波数据，输入网络进行验证实验。

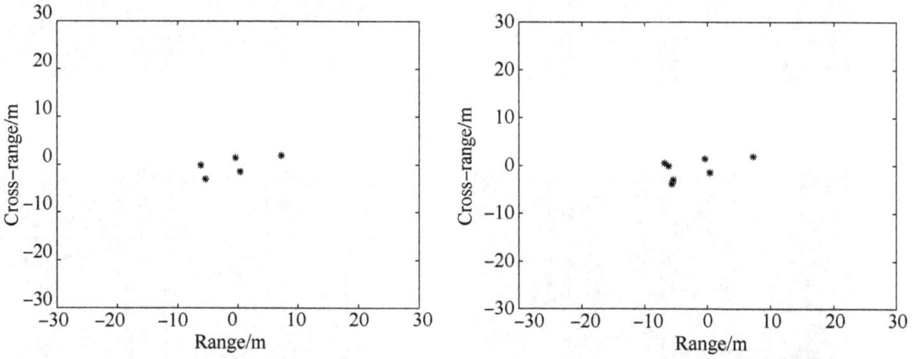

(a) 无尾翼锥体目标散射点分布　　(b) 带尾翼锥体目标散射点分布

图 4.10　空间锥体目标散射点模型

为了证明所提方法的优越性，对上述两个仿真目标分别在不同信噪比和欠采样率条件下生成回波数据，与传统的最大相关法和 RNN[12] 方法进行对比。除了给出直观的成像结果外，进一步可以使用循环移位误差（Cyclic Shift Error，CSE）和图像熵（Image Entropy，IE）两个评价指标对成像结果进行定量分析。循环移位误差的定义为[12]

$$\mathrm{CSE} = \max_{\tau}\left(\sum_{n=1}^{N} y_{t_n}(n)\, y'_{t_n}(n-\tau)\right) \tag{4.6}$$

式中，$y_{t_n}(n)$表示在 t_n 时刻包络对齐后的回波序列，$y'_{t_n}(n)$表示理想的对齐回波。

图 4.11 给出了 $\alpha=50\%$、SNR=-5 dB 条件下对带尾翼的空间锥体目标采用不同方法的包络对齐结果。可以看到，最大相关法在稀疏孔径和低信噪比条件下产生了较大的误差，RNN 方法由于无法分辨有效回波序列和缺失回波处的噪声序列，网络对所有序列进行同等处理，使得网络特征学习和参数更新出现混乱，网络模型收敛性能不佳；并且由于误差积累，随着慢时间的推移，对齐误差越来越大。而 CRAN-RA 方法可以在稀疏孔径和低信噪比条件下实现高精度的包络对齐。由图 4.11(c)和(d)可见，使用最大相关法进行包络对齐后的回波难以进行方位聚焦，而 CRAN-RA 方法进行包络对齐后方位聚焦效果良好。

图 4.12 给出了在 $\alpha=25\%$、SNR=-10 dB 条件下对尾翼空间锥体目标采用不同方法的包络对齐结果。根据图 4.11、图 4.12 包络对齐结果的变化趋势可以看到，随着欠采样率的降低和信噪比的减小，传统的最大相关法对齐误差也不断增大，并且对回波中的噪声几乎没有任何抑制作用。对于全孔径回波数据，RNN-RA 方法已经证明比最大相关法具有更好的包络对齐效果和鲁棒性，并且可以抑制主要的背景噪声[12]，但是 RNN-RA 方法无法对稀疏

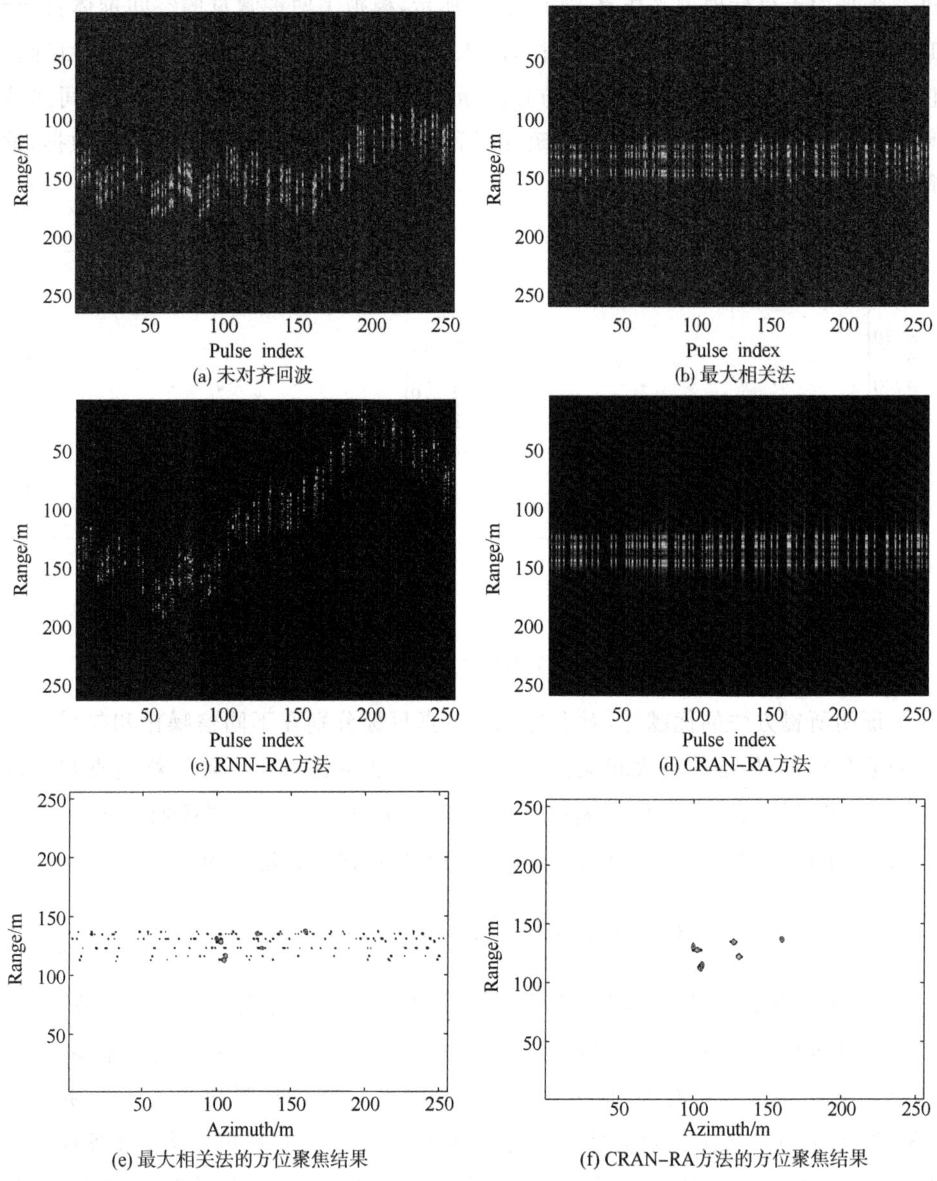

图 4.11　$\alpha=50\%$、SNR=-5 dB 条件下的包络对齐和方位聚焦结果

孔径条件下的回波进行对齐。而 CRAN-RA 方法虽然在强噪声条件下也不可避免地产生了少量噪点，但整体而言噪声相对较少，且在缺失回波处不存在噪声；网络在抑制噪声的同时实现了稀疏采样回波的精确对齐。这得益于网络通过注意力机制整合了 CNN 提取的区域特征和 RNN 提取的时序特征，从背景噪声中有效分辨出噪声序列并予以抑制。

表 4.3 和表 4.4 分别给出了不同包络对齐方法在循环移位误差和图像熵方面的对比结果。可以看出，CRAN-RA 方法在不同的欠采样率和信噪比条件下都获得了最小的循环移位误差和最小的图像熵。

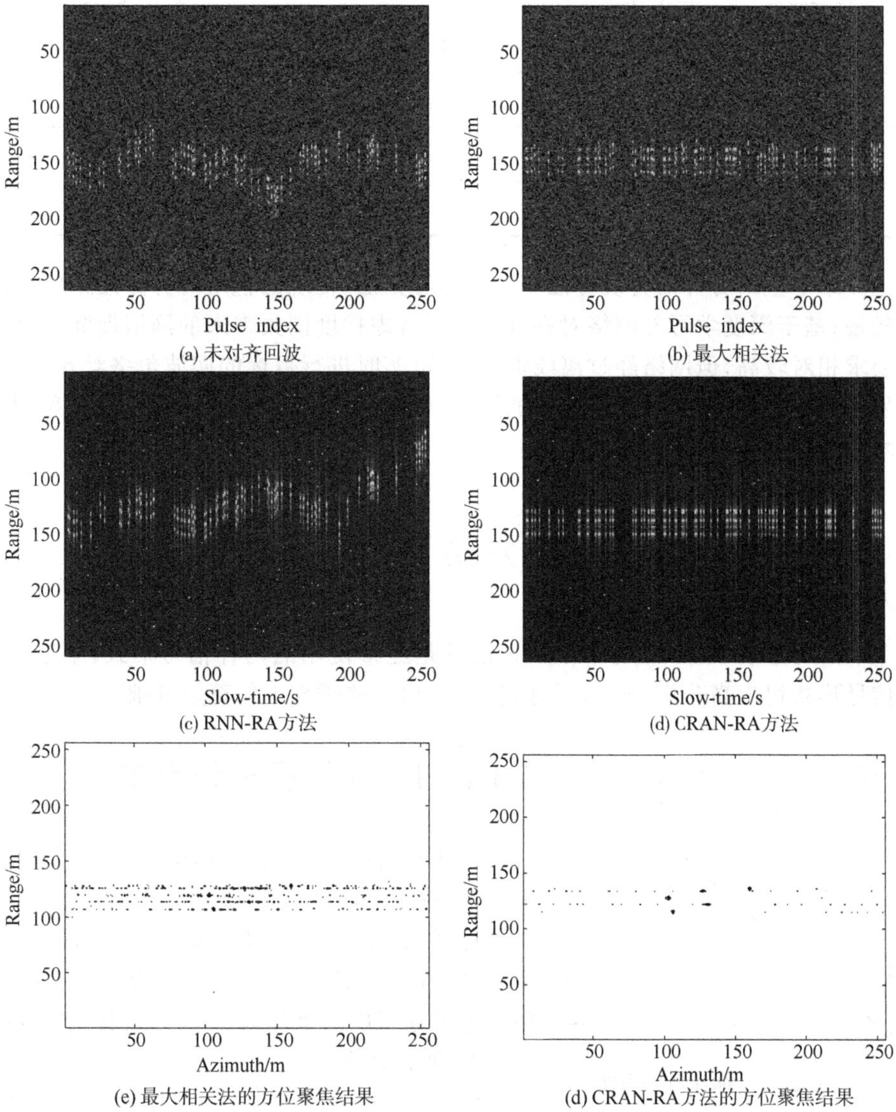

图 4.12 $\alpha=25\%$、SNR=-10 dB 条件下的包络对齐结果

表 4.3 不同包络对齐方法的循环移位误差

欠采样率 信噪比	50% -5 dB	25% -10 dB
最大相关法	29	82
RNN-RA 方法	271	293
CRAN-RA 方法	2	4

表 4.4 不同包络对齐方法的图像熵

欠采样率 信噪比	50% -5 dB	25% -10 dB
最大相关法	3.85	4.52
RNN-RA 方法	2.13	2.41
CRAN-RA 方法	1.04	1.31

以上介绍了包络对齐的传统方法和深度学习方法，传统的包络对齐方法原理清晰，但计算相对较慢；基于深度学习的网络对齐方法需要考虑梯度消失带来的网络训练失效问题，且对硬件要求相对较高，但网络经过离线训练后，可实时进行目标的回波包络对齐。随着硬件技术的发展和深度学习技术的进步，更加快速高效的网络将应用于回波包络对齐，推动雷达成像技术的智能化、快速化发展。

4.3 高分辨 ISAR 成像

在 ISAR 成像中，LFM 信号和 FSCS 信号是经常使用的两种信号形式，本节主要围绕这两种信号形式讨论高分辨 ISAR 成像过程，为后续的研究工作奠定基础。

4.3.1 LFM 信号高分辨成像

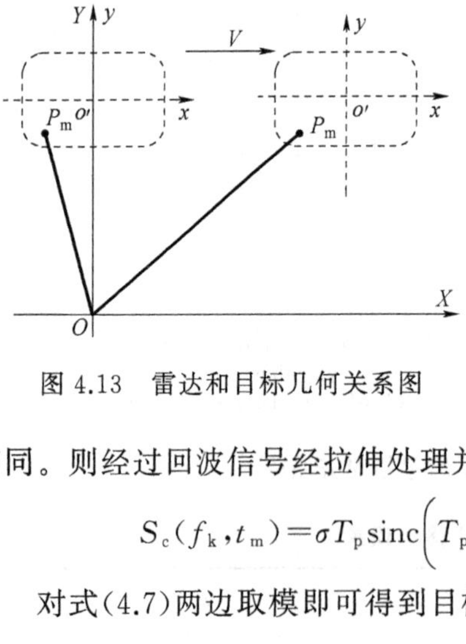

图 4.13 雷达和目标几何关系图

雷达与目标几何关系如图 4.13 所示，雷达位于坐标系 XOY 的坐标原点，目标本地坐标系为 $xo'y$，与坐标系 XOY 平行，o'为本地坐标系的原点，在坐标系 XOY 中的坐标为$(X_C,0)$，P_m为目标上任意一点，在本地坐标系中的坐标为(x,y)，目标沿 y 轴方向以速度 V 向上运动。

假设雷达发射 LFM 信号，其表达式与式(2.11)相同。则经过回波信号经拉伸处理并去除 RVP 项和包络“斜置”项可得

$$S_c(f_k,t_m)=\sigma T_p \mathrm{sinc}\left(T_p\left(f_k+\frac{2\mu}{c}R_\Delta(t_m)\right)\right)\cdot\exp\left(-\mathrm{j}\frac{4\pi}{c}f_c R_\Delta(t_m)\right) \tag{4.7}$$

对式(4.7)两边取模即可得到目标在慢时间-距离平面的一维距离像序列为

$$|S_c(f_k,t_m)|=\sigma T_p \mathrm{sinc}\left(T_p\left(f_k+\frac{2\mu}{c}R_\Delta(t_m)\right)\right) \tag{4.8}$$

假设在成像过程中，散射点不发生越距离单元徙动，则 $R_\Delta(t_m)$可近似为常数，即在远场条件下 $R_\Delta(t_m)\approx x$，则有

$$|S_c(f_k,t_m)|\approx\sigma T_p \mathrm{sinc}\left(T_p\left(f_k+\frac{2\mu}{c}x\right)\right) \tag{4.9}$$

则根据 sinc 函数的峰值位置可以解算出目标的距离信息。

而 $S_c(f_k,t_m)$ 中的相位项是方位向成像的关键因子，其中 $R_\Delta(t_m)$ 不能做近似处理。这样 $S_c(f_k,t_m)$ 可重新表示为

$$S_c(f_k,t_m)=\sigma T_p \operatorname{sinc}\left(T_p\left(f_k+\frac{2\mu}{c}R_\Delta(t_m)\right)\right)\cdot\exp\left(-\mathrm{j}\frac{4\pi}{c}f_c R_\Delta(t_m)\right) \tag{4.10}$$

对 $S_c(f_k,t_m)$ 取模值，$|S_c(f_k,t_m)|$ 即为慢时间-距离平面的一维距离像序列。此时 $R_\Delta(t_m)$ 可表示为

$$R_\Delta(t_m)=\sqrt{(X_c+x)^2+(vt_m+y)^2}-\sqrt{X_c^2+(vt_m)^2}\approx\frac{X_c x+vt_m y}{X_c} \tag{4.11}$$

将式(4.11)代入式(4.10)，则 $S_c(f_k,t_m)$ 可重新表达为

$$S_c(f_k,t_m)=\sigma\cdot T_p \operatorname{sinc}\left(T_p\left(f_k+\frac{2\mu}{c}\cdot x\right)\right)$$
$$\cdot\exp\left(-\mathrm{j}\frac{4\pi f_c v y}{cX_c}\cdot t_m\right)\cdot\exp\left(-\mathrm{j}\frac{4\pi f_c}{c}\cdot x\right) \tag{4.12}$$

对式(4.12)做关于慢时间 τ 的傅里叶变换可得

$$S_c(f_k,f_m)=\sigma\cdot T_p \operatorname{sinc}\left(T_p\left(f_k+\frac{2\mu}{c}\cdot x\right)\right)\cdot\operatorname{sinc}\left(f_m+\frac{2vf_c}{cX_c}\cdot y\right)\cdot\exp\left(-\mathrm{j}\frac{4\pi f_c}{c}\cdot x\right) \tag{4.13}$$

可见，$|S_c(f_k,f_m)|$ 的峰值出现在 $(-x\cdot 2\mu/c, -y\cdot 2vf_c/cX_c)$，通过简单换算可得到目标的高分辨二维像。

图 4.14 即为线性调频信号雷达的 ISAR 成像流程图，上述公式推导过程中，为便于理解，假设已经得到了参考点的回波，并与目标所有散射点的回波进行拉伸处理，如式(4.11)所示，此时拉伸处理后各散射点以参考点的距离为基准进行了平动补偿，且参考点的回波相位归于 0，相当于将转台中心移到了参考点，即完成了目标的运动补偿。实际中，目标的参考信号往往难以精确获取，因此通常目标回波是与雷达发射信号进行拉伸处理(或匹配滤波处理)，此时必须对拉伸处理后的信号进行平动补偿和初相校正，进一步进行方位向压缩，即可得到目标高分辨的二维像。

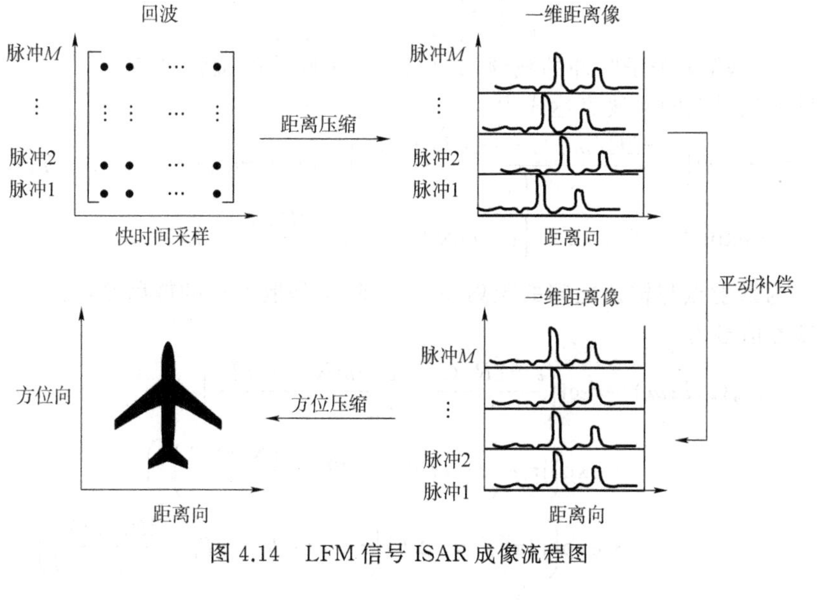

图 4.14　LFM 信号 ISAR 成像流程图

4.3.2 线性调频步进信号 ISAR 成像

线性调频步进信号是一个包含一组周期性出现的 LFM 子脉冲的脉冲串，每个子脉冲的载频都是递增的。假设其每个脉冲串中包括 N 个子脉冲，脉冲间频率步进值为 Δf，子脉冲宽度为 T_p，子脉冲重复间隔为 T_r。一个脉冲串内各子脉冲的频率随时间变化关系如图 4.15 所示。假设成像时间为 T，则在成像过程中雷达应该发射 $M_B=\lceil T/(T_r \cdot N)\rceil$ 个脉冲串（或脉冲簇），其中，$\lceil\ \rceil$ 表示向上取整。

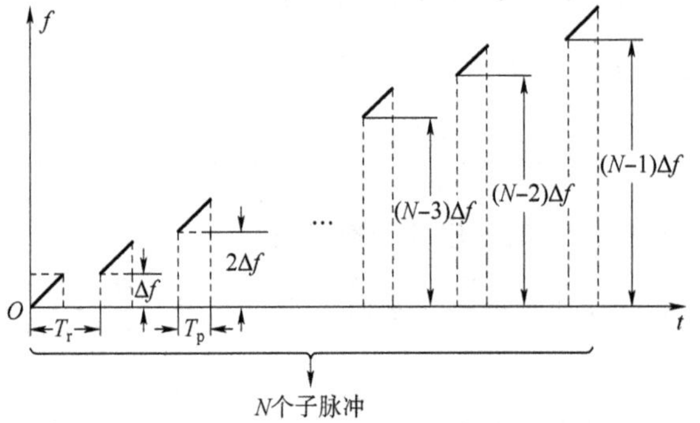

图 4.15　SFCS 频率随时间变化关系图

设雷达发射的第 m 个脉冲串里的第 i 个子脉冲可以表示为

$$
\begin{aligned}
s(t,i;m)=&\operatorname{rect}\left(\frac{t-mNT_r-iT_r}{T_p}\right)\\
&\cdot\exp\left(\mathrm{j}2\pi\left((f_c+i\Delta f)(t-mNT_r-iT_r)+\frac{\mu}{2}(t-mNT_r-iT_r)^2\right)\right)\\
&i=0,1,2,\cdots,N-1,\ m=0,1,2,\cdots,M_B-1
\end{aligned}
\tag{4.14}
$$

式中

$$
\operatorname{rect}\left(\frac{t}{T_p}\right)=\begin{cases}1, & -T_p/2\leqslant t\leqslant T_p/2\\ 0, & \text{其他}\end{cases}
\tag{4.15}
$$

式中，$f_c+i\Delta f$ 是第 i 个子脉冲的载频，μ 为 LFM 子脉冲的调频斜率。

假设目标散射点的回波表达式为

$$
\begin{aligned}
s_r(t,i;m)=&\sigma\cdot\operatorname{rect}\left(\frac{t-2R(m)/c-mNT_r-iT_r}{T_p}\right)\cdot\exp\left(\mathrm{j}\pi\mu\left(t-mNT_r-iT_r-\frac{2R(m)}{c}\right)^2\right)\\
&\cdot\exp\left(\mathrm{j}2\pi(f_c+i\Delta f)\left(t-mNT_r-iT_r-\frac{2R(m)}{c}\right)\right)
\end{aligned}
\tag{4.16}
$$

式中，$R(m)$ 为散射点与雷达之间的距离，c 是光速，σ 是散射点的散射系数。

假设参考信号为

$$
\begin{aligned}
s_{\mathrm{ref}}(t,i;m)=&\operatorname{rect}\left(\frac{t-2R_0(m)/c-mNT_r-iT_r}{T_{\mathrm{ref}}}\right)\\
&\cdot\exp\left(\mathrm{j}\pi\mu\left(t-mNT_r-iT_r-\frac{2R_0(m)}{c}\right)^2\right)\\
&\cdot\exp\left(\mathrm{j}2\pi(f_c+i\Delta f)\left(t-mNT_r-iT_r-\frac{2R_0(m)}{c}\right)\right)
\end{aligned}
\tag{4.17}
$$

式中，$R_0(m)$表示参考点到雷达之间的距离，T_{ref}是参考信号的子脉冲宽度。

同样，回波信号经过拉伸处理后可得

$$\begin{aligned} s_c(t,i;m) &= s_r(t,i;m)\cdot s_{\text{ref}}^*(t,i;m) \\ &= \sigma\cdot\text{rect}\left(\frac{t-2R(m)/c-mNT_r-iT_r}{T_p}\right) \\ &\quad\cdot\exp\left(-\mathrm{j}\frac{4\pi}{c}\mu\left(t-mNT_r-iT_r-\frac{2R_0(m)}{c}\right)R_\Delta(m)\right) \\ &\quad\cdot\exp\left(-\mathrm{j}\frac{4\pi}{c}(f_c+i\Delta f)R_\Delta(m)\right)\cdot\exp\left(-\mathrm{j}\frac{4\pi\mu}{c^2}R_\Delta^2(m)\right) \end{aligned} \tag{4.18}$$

式中，$R_\Delta(m)=R(m)-R_0(m)$。令 $t'=t-mNT_r-\mathrm{i}T_r-2R_0(m)/c$，即以参考点时间为基准，式(4.18)可重写为

$$\begin{aligned} s_c(t',i;m) &= \sigma\cdot\text{rect}\left(\frac{t'-2R_\Delta(m)/c}{T_p}\right)\cdot\exp\left(-\mathrm{j}\frac{4\pi}{c}\mu R_\Delta(m)\cdot t'\right) \\ &\quad\cdot\exp\left(-\mathrm{j}\frac{4\pi}{c}(f_c+i\Delta f)R_\Delta(m)\right)\cdot\exp\left(-\mathrm{j}\frac{4\pi\mu}{c^2}R_\Delta^2(m)\right) \end{aligned} \tag{4.19}$$

对式(4.19)做关于t'的 FFT 并去除 RVP 项后，可以得到目标的粗分辨距离像(Coarse-Resolution Range Profile，CRRP)如下

$$S_{\text{CRRP}}(f,i;m)=\sigma T_1\,\text{sinc}\left(T_1\left(f+\frac{2\mu}{c}R_\Delta(m)\right)\right)\cdot\exp\left(-\mathrm{j}\frac{4\pi}{c}(f_c+i\Delta f)R_\Delta(m)\right) \tag{4.20}$$

对于尺寸相对较小的空中运动目标成像来说，仅需在频率域采一个峰值点。但对于大场景目标的成像则需要做距离像拼接处理[1]，本节后续讨论主要针对小尺寸的运动目标进行。

令 $f=-2\mu R_\Delta(m)/c$，对 $S_{\text{CRRP}}(f,i;m)$采样，得

$$S_{\text{CRRP}i}(i;m)=\sigma T_1\exp\left(-\mathrm{j}\frac{4\pi}{c}(f_c+i\Delta f)R_\Delta(m)\right) \tag{4.21}$$

对 $S_{\text{CRRP}i}(i;m)$做关于 i 的 N 点离散傅里叶变换(Discrete Fourier Transform，DFT)可得

$$S_{\text{if}}(k_X;m)=\sigma T_1\cdot\text{sinc}\left(k_X+\frac{2\Delta f R_\Delta(m)}{c}\right)\cdot\exp\left(-\mathrm{j}\frac{4\pi}{c}f_c\cdot R_\Delta(m)\right) \tag{4.22}$$

假设在成像过程中，散射点不发生越距离单元徙动，则 sinc 函数中的 $R_\Delta(m)$可近似为一个常数，即 $R_\Delta(m)\approx x$。这样获得的 HRRP 可以写为

$$S_{\text{HRRP}}(k_X;m)=\sigma T_1\cdot\text{sinc}\left(k_X+\frac{2\Delta f x}{c}\right)\cdot\exp\left(-\mathrm{j}\frac{4\pi}{c}f_c\cdot R_\Delta(m)\right) \tag{4.23}$$

由于雷达发射了 M_B 个脉冲串，所以可以获得 M_B 个 HRRP。$S_{\text{HRRP}}(k_X;m)$中的 $R_\Delta(m)$可以展开为

$$R_\Delta(m)=\sqrt{(X_c+x)^2+(mNT_rv+y)^2}-\sqrt{X_c^2+(mNT_rv)^2}\approx\frac{X_cx+mNT_rvy}{X_c} \tag{4.24}$$

因此，$S_{\text{HRRP}}(k_X;m)$式可以重新表示为

$$\begin{aligned} S'_{\text{HRRP}}(k_X;m) &= \sigma T_1\cdot\text{sinc}(k_X+2\Delta f x/c) \\ &\quad\cdot\exp\left(-\mathrm{j}\frac{4\pi f_cNT_rvy}{cX_c}\cdot m\right)\cdot\exp\left(-\mathrm{j}\frac{4\pi}{c}f_c\cdot x\right) \end{aligned} \tag{4.25}$$

对式(4.25)做关于 m 的 DFT 可得

$$S(k_X;k_Y)=\sigma T_1\cdot\mathrm{sinc}\left(k_X+\frac{2}{c}x\Delta f\right)\cdot\mathrm{sinc}\left(k_Y+\frac{2f_cNT_rv}{cX_c}\cdot y\right)\cdot\exp\left(-\mathrm{j}\,\frac{4\pi}{c}f_c\cdot x\right)\tag{4.26}$$

则 $|S(k_X;k_Y)|$ 的峰值出现在 $(-x\cdot 2\Delta f/c,-y\cdot 2f_cNT_rv/cX_c)$，通过简单的换算，可得到散射点的二维高分辨像。

以上分别推导了线性调频信号和线性调频步进信号的 ISAR 成像过程，且假设得到了参考点回波，在此基础上进行时域的拉伸处理或频域的匹配滤波，进而完成目标散射点的二维重构。实际中，空中目标通常为非合作目标，参考点的回波难以准确获取，因此必须进行必要的包络对齐、初相校正，且方位向分辨率要求较高、目标成像转角较大时，还需要进一步考虑越距离单元徙动校正的问题。此外，空中目标或地海面目标通常以编队的方式行进，雷达对每个目标的观测时间非常有限，且由于遮挡效应、噪声干扰的影响，导致实际中目标回波通常是缺损的、欠采样的，因此必须研究回波缺损条件下的目标散射点重构问题。

本章参考文献

[1] 保铮，刑孟道，王彤.雷达成像技术[M].北京：电子工业出版社，2005.

[2] Chen C C, Andrews H C. Target motion induced radar imaging [J]. IEEE Transactions on Aerospace and Electronic Systems, 1980, 16(1): 2-14.

[3] Wang G, Bao Z. The minimum entropy criterion of range alignment in ISAR motion compensation [C]. In Proceedings of Radar Conference, Edinburgh, UK, 1997, 10(14-16): 236-239.

[4] Wang J, Kasilingam D. Global range alignment for ISAR [J]. IEEE Transactions on Aerospace and Electronic Systems, 2003, 39(1): 351-357.

[5] Zhu D, Wang L, Yu Y, et al. Robust ISAR range alignment via minimizing the entropy of the average range profile [J]. IEEE Geoscience and Remote Sensing Letters, 2009, 6(2): 204-208.

[6] Wang R, Li F, Zeng T. Modified sub-integer range alignment based on minimum entropy for ISAR [C]. In IET International Radar Conference, 2013, (4): 1-4.

[7] Jing T, Wang L. Range alignment method for ISAR using Tsallis entropy [J]. Journal of Data Acquisition and Processing, 2014, 29(1): 609-614.

[8] Lipton Z C, Berkowitz J, Elkan C. A critical review of recurrent neural networks for sequence learning [J]. arXiv preprint: 1506.00019, 2015: 1-15.

[9] Cho K, Merrienboer B, Gulcehre C, et al. Learning phrase representations using RNN encoder-decoder for statistical machine translation [C]. Proceedings of the 2014

Conference on Empirical Methods in Natural Language Processing(EMNLP), Doha, Qatar, 2014, 10(25-29): 1724-1734.

[10] 袁延鑫.基于深度学习的 ISAR 成像与微动特征提取技术研究[D].西安:空军工程大学博士学位论文,2022.

[11] 李文哲.基于深度学习的空天非合作目标 ISAR 成像方法研究[D].西安:空军工程大学硕士学位论文,2022.

[12] Yuan Yanxin, Luo Ying, Ni Jiacheng, et al. Range Alignment in ISAR Imaging Based on Deep Recurrent Neural Network [J]. IEEE Geoscience and Remote Sensing Letters, 2022, 19(4022405): 1-5.

第5章 雷达稀疏成像

5.1 概　　述

随着科技和社会发展，不同应用需求对雷达成像系统的分辨率提出了更高的要求，使得传统雷达成像技术面临巨大挑战。现有的雷达成像方法主要基于匹配滤波理论[1-4]。匹配滤波需要根据香农-奈奎斯特(Shannon-Nyquist)采样定理对回波信号进行采样，因此当雷达增大发射信号带宽以获取更高的距离向分辨率时，在数字处理过程中会大幅增加采样数据量，硬件负担大大增加。同时，针对编队目标，雷达的时间和频率资源都是相对有限的，对每个目标的观测时间也是有限的，且由于遮挡效应、噪声干扰的影响，导致实际中目标回波通常是缺损的、欠采样的。

实际上，雷达成像从本质上讲就是利用目标回波中的信息来反演观测场景的电磁散射特性，是一个信号表示问题。成像雷达系统测量得到的信息一般是有限的，而人们对观测场景分辨率的要求往往是无限的，因此雷达成像可以看作一个病态的逆问题，而匹配滤波方法则可以看作是经典最小二乘估计方法的某种近似。最小二乘方法是无法求解病态逆问题的，其原因在于没有利用目标的先验信息。匹配滤波方法同样没有利用成像场景的任何先验信息，因此无法得到最精确的成像结果，成像性能也难以进一步提高。另外，基于匹配滤波方法的成像结果存在一定的主瓣宽度和旁瓣效应，对单个散射点成像会出现“十字叉”的情况[5]，从而为后续雷达图像处理带来困难。虽然能够通过加窗的方式改善旁瓣问题，但在降低旁瓣的同时也降低了成像分辨率。

对于雷达成像而言，稀疏性是观测场景最常见的先验信息，因此基于稀疏性约束的稀疏优化方法被引入 SAR、ISAR 成像中，并在诸多方面取得了优于匹配滤波成像方法的效果[6-10]。所谓稀疏信号指的是信号的非零元素非常少。如果一个 $N\times 1$ 的信号里，非零元素不超过 K 个，那么该信号可称为 K-稀疏信号。采用稀疏优化方法实现雷达成像，一方面可以突破 Nyquist 采样限制，利用远小于传统数据量的回波数据重构出场景的高分辨图像，另一方面还能在一定程度上降低旁瓣，减小主瓣宽度，实现超分辨成像。雷达稀疏成像方法为雷达信号成像处理开辟了新途径，表现出蓬勃的发展势头。

截至目前，雷达稀疏成像理论已经得到了极大发展，包含了雷达观测模型构建、成像准则设计、重构算法设计、成像误差分析及改进等诸多研究内容,每一个内容都值得深入研究探讨。

本章的具体结构如下:5.2 节主要介绍雷达稀疏成像基础理论,包括了压缩感知基础理论和雷达稀疏成像模型。5.3 节重点讨论雷达稀疏成像方法,详细介绍了几种应用于不同场景和不同模式的雷达稀疏成像方法。5.4 节重点介绍基于深度学习的雷达学习成像方法,首先对深度学习进行介绍,然后根据目标的不同运动特性介绍了 SAR 静止目标学习成像方法和 SAR 运动目标学习成像方法。

5.2 雷达稀疏成像基础理论

5.2.1 压缩感知理论基础

传统的数字信号处理理论主要基于奈奎斯特采样定理,要求系统的采样速率至少为信号带宽的 2 倍。随着信号带宽的增大,数字化采集过程中的采样速率越来越高,给模数采样系统、数传信道以及存储空间都带来了极大的压力。为了缓解大数据量对数传信道和存储空间的压力,人们通常采用信号压缩的方式。传统的压缩编解码方法是按照奈奎斯特采样定理进行采样的,存在着采样速率较高、信息冗余度过大以及有效信息提取效率过低等问题。那么有没有一种信号处理方法可以直接利用远低于奈奎斯特采样定理所要求的速率采样信号,同时又能够准确地重构信号?由 Donoho 等人提出的压缩感知(Compressed Sensing, CS)理论表明这是有可能的[11-13]。与传统的奈奎斯特采样定理不同,CS 理论基于信号的稀疏性或可压缩性,利用少量的数据能够实现高概率的准确重构。这样信号的采样速率主要由信号中信息的结构决定。CS 理论与奈奎斯特采样定理的不同之处主要体现在:第一,采样方式。奈奎斯特采样定理是局部、均匀等间隔采样,而 CS 理论则是全局、随机采样;第二,重建方法。奈奎斯特采样定理主要通过线性变换实现重建,而 CS 理论主要通过优化问题的求解获得信号的恢复。

CS 理论的研究主要包括数据的压缩和重构两大部分。对于数据压缩来说,压缩感知主要是针对具有稀疏性或者变换稀疏的信号进行处理的。因此获得信号的稀疏性是 CS 理论应用的前提。信号的稀疏变换就是寻找合适的变换方法,使得信号的信息大部分都集中在变换空间的某个子空间中。当前最为常用的信号稀疏表示的方法有离散傅里叶变换、小波变换、Gabor 变换以及 Curvelet 变换等。非相关观测是实现数据有效压缩的关键。在当前 CS 理论框架下非相关观测主要是围绕观测矩阵展开的。CS 重构结果存在确定解要求观测矩阵与稀疏变换矩阵的乘积满足有限等距性质(Restricted Isometry Property, RIP)。考虑到 RIP 性质的判定是组合复杂问题,为了问题的简单化,Donoho 指出一致分布的随机矩阵基本上都满足 RIP 性质,比如部分傅里叶矩阵、部分哈达玛矩阵等。

对于数据重构而言,当前研究的重点主要在如何构造求解效率较高、质量较好以及鲁棒性较高的重建算法。CS 重构处理其实就是解决欠定方程组的求解问题。基于原始信号的稀疏性或在某个变换域中具有稀疏性的先验信息,欠定方程组的求解问题可以转变为求解

L0 范数最小化的问题。但是 L0 范数问题缺乏有效的数值解法。后续学者发现最小 L1 范数的求解结果高概率的与最小 L0 范数的结果相一致，因此将 L0 范数问题转化为 L1 范数问题，从而利用凸优化的方法进行求解[14]。

经过近几年的发展，CS 理论的研究除了理论本身的三要素外。研究学者还研究了分布式 CS 理论，1-BIT CS 理论，贝叶斯 CS 理论，无限维 CS 理论等[15-18]。

传统的数据压缩编码方法存在着信息冗余度过大、有效信息提取效率过低等缺陷。而压缩感知理论能够利用非相干观测获取信号中所包含的有用信息，在采样的同时完成压缩处理，从而有效降低系统的 A/D 采样速率和信息的冗余度。因此压缩感知理论在压缩数据方面具有广泛的应用前景。CS 理论主要包括 3 个核心部分：稀疏表示、非相干观测以及优化重建。

1. 稀疏表示

若长度为 N 的一维离散信号 $\boldsymbol{x}\in\mathbb{C}^{N\times1}$ 在 N 维规范正交基 $\boldsymbol{\Psi}=\{\psi_l\}$ 上是 K 稀疏的 $(K\leqslant N)$，那么可以利用一个低维观测信号 $\boldsymbol{y}\in\mathbb{C}^{M\times1}$，$M<N$ 恢复 $\boldsymbol{x}$ 中的全部信息。该问题可以写成一个线性方程的形式

$$\boldsymbol{y}=\boldsymbol{\Phi x}+\boldsymbol{n}=\boldsymbol{\Phi\Psi\alpha}+\boldsymbol{n}=\boldsymbol{A\alpha}+\boldsymbol{n} \tag{5.1}$$

式中，$\boldsymbol{\Phi}\in\mathbb{C}^{M\times N}$ 称为观测矩阵，$\boldsymbol{\Psi}$ 称为稀疏变换矩阵，$\boldsymbol{n}\in\mathbb{C}^{N\times1}$ 表示测量噪声，$\boldsymbol{\alpha}$ 表示 $\boldsymbol{x}$ 在基 $\boldsymbol{\Psi}$ 上的稀疏表示系数，$\boldsymbol{A}=\boldsymbol{\Phi\Psi}$ 称为感知矩阵。由于 $\boldsymbol{y}$ 的维数比 $\boldsymbol{x}$ 的维数小，因此用观测向量 $\boldsymbol{y}$ 和观测矩阵 $\boldsymbol{\Phi}$ 恢复原始信号向量 $\boldsymbol{x}$ 理论上有无穷多个解。为了获得稳定的解，必须引入约束条件，稀疏信号处理理论引入稀疏性约束，即利用 l_0 范数作为度量向量 $\boldsymbol{\alpha}$ 稀疏性的指标，将 $\boldsymbol{\alpha}$ 的估计问题转化为以下优化问题

$$\hat{\boldsymbol{\alpha}}=\operatorname{argmin}\|\boldsymbol{\alpha}\|_0 \quad \text{并使得} \quad \boldsymbol{y}=\boldsymbol{A\alpha} \tag{5.2}$$

式中，$\|\cdot\|_0$ 表示向量的 L_0 范数。式(5.2)可以利用贪婪算法进行求解，从而获取 $\boldsymbol{\alpha}$ 的准确估计结果，记为 $\hat{\boldsymbol{\alpha}}$。此时原始信号 $\boldsymbol{x}$ 即可以通过 $\hat{\boldsymbol{x}}=\boldsymbol{\Psi}\hat{\boldsymbol{\alpha}}$ 恢复得到。

然而，由于 L_0 范数本身是非凸的，这导致基于 L_0 范数最优化的方法求解较为困难，对实际问题的适用性也较弱。在此基础上，Donoho 等人发现，当矩阵 $\boldsymbol{A}$ 满足约束等距性条件(Restricted Isometry Property，RIP)时，L_0 范数优化问题可以转化为 L_1 范数优化问题，即式(5.2)可以等效为

$$\hat{\boldsymbol{\alpha}}=\operatorname{argmin}\|\boldsymbol{\alpha}\|_1 \quad \text{并使得} \quad \boldsymbol{y}=\boldsymbol{A\alpha} \tag{5.3}$$

式(5.3)是一个凸优化问题，可以利用成熟的凸优化算法求解，这大大降低了稀疏信号处理问题的复杂度。近年来，学者们进一步将 L_1 范数拓展到 $L_p(0<p\leqslant1)$ 范数，并发现 L_p 范数最优化问题相比 L_1 范数最优化问题能够获得更稀疏、更精确的解。

对于式(5.3)，如果将约束条件 $\boldsymbol{y}=\boldsymbol{A\alpha}$ 与范数优化问题合并，并将 L_1 范数替换为 L_p 范数，那么式(5.3)可以转化为

$$\hat{\boldsymbol{\alpha}}=\arg\min_{\alpha}\|\boldsymbol{y}-\boldsymbol{A\alpha}\|_2^2+\lambda\|\boldsymbol{\alpha}\|_p^p \tag{5.4}$$

$$\|\boldsymbol{\alpha}\|_p=\left(\sum|\boldsymbol{\alpha}|^p\right)^{1/p}$$

式中，$\|\boldsymbol{y}-\boldsymbol{A\alpha}\|_2^2$ 称为数据拟合项，反映了恢复信号与原始信号之间的拟合程度；$\lambda\|\boldsymbol{\alpha}\|_p^p$ 为稀疏正则化约束项，反映了信号的稀疏度；λ 为正则化参数，反映数据拟合程度和稀疏性约束之间的折中程度。

式(5.4)可以通过贪婪算法、凸优化算法、非凸优化算法等重构算法求解,这种方法就被称为稀疏正则化信号处理方法。可以看出,若去掉稀疏正则化约束项,式(5.4)退化为最小二乘估计的形式。因此,稀疏正则化方法可以看作是基于 L_p 范数的 Tikhonov 正则化方法的延伸和改进。压缩感知观测采样与重构过程示意图如图 5.1 所示。

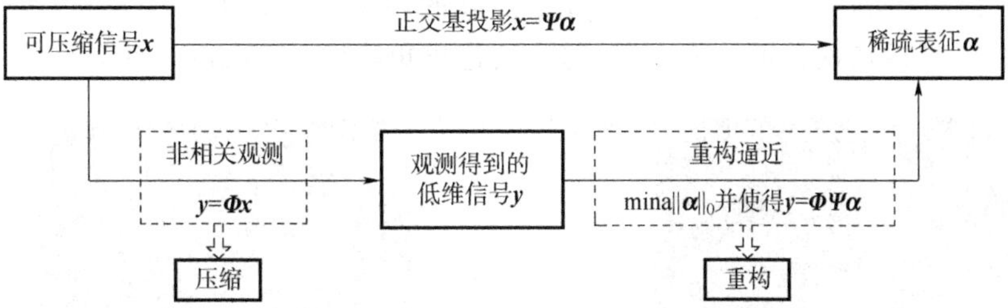

图 5.1 压缩感知观测采样与重构过程框图

2. 观测矩阵

观测矩阵的目标是如何采样得到尽量少的观测值,并保证利用这些少量的观测值高概率地重构出原始信号。降采样观测本质上就是利用 $\boldsymbol{\Phi}$ 的行向量$\{\boldsymbol{\psi}_h\}_{h=1}^{N}$对高维信号进行投影,得到低维的观测值。如果低维观测过程没有获得高维信号的所有信息,就无法准确重构出原始信号。因此,对高维信号的低维观测过程是非自适应的,也就是说 $\boldsymbol{\Phi}$ 不需要随着观测信号的变化而变化。Candes 和 Tao 指出,为了能够高概率地获得原始信号,观测矩阵 $\boldsymbol{\Phi}$ 与稀疏变换矩阵 $\boldsymbol{\Psi}$ 的乘积 $\boldsymbol{\Phi\Psi}$ 要满足 RIP 性质。RIP 性质的本质是指矩阵 $\boldsymbol{\Phi\Psi}$ 的所有列向量都接近正交。

在实际中,判定 $\boldsymbol{\Phi\Psi}$ 是否满足 RIP 性质是比较困难的。为了降低问题复杂度,利用矩阵的互相关系数来评估恢复矩阵 $\mathbf{A}=\boldsymbol{\Phi\Psi}$ 的重建性能。矩阵的互相关系数定义为

$$\mu=\mu(\mathbf{A})=\max_{i\neq j}\frac{|<\psi_i,\psi_j>|}{\|\psi_i\|_2\|\psi_j\|_2} \tag{5.5}$$

式中,ψ_i 表示矩阵 $\mathbf{A}$ 的第 i 列。可以看出,对于归一化的矩阵 $\mathbf{A}$ 来说,互相关系数 μ 就是矩阵 $\mathbf{A}$ 非对角线元素绝对值的最大值。μ 越大表明矩阵 $\mathbf{A}$ 中存在着相关性较大的两列不利于稀疏恢复,因此 μ 值越小越有利于准确恢复。

由于不同的观测对象具有不同的稀疏变换基矩阵,因此构造的观测矩阵对所有的稀疏变换矩阵均能满足非相干性的要求。随机高斯矩阵是一种较为常用的观测矩阵。它最大的特点就是每个元素都独立地服从正态分布,几乎与任意的稀疏基矩阵 $\boldsymbol{\Psi}$ 都不相关。E Canaes 证明了只要观测维数 $M\geqslant c_1K\cdot\log(N/K)$(其中 c_1 为一个较小的常数),随机高斯矩阵 $\boldsymbol{\Phi}$ 就能满足 RIP 性质,并能够重建出原始信号[19]。

与随机高斯矩阵相类似,伯努利矩阵也与大多数稀疏变换矩阵不相关,满足 RIP 性质。当该矩阵的观测维数 $M\geqslant 2K\cdot\ln(N)$,即可实现高概率的准确重构。常见的满足 RIP 性质的观测矩阵还包括:部分正交观测矩阵、部分哈达玛观测矩阵、二值随机观测矩阵以及 Toeplitz 观测矩阵等[20]。

下面利用相变图分析常用的部分正交观测矩阵、随机观测矩阵、部分哈达玛观测矩阵以及 Toeplitz 观测矩阵的降维观测性能。相变图来源于物理学中的热力学。Donoho 等人在 2006 年借用相变边界曲线来精细刻画 L_0 范数与 L_1 范数的等价性条件。本仿真实验利用相变图分析不同观测矩阵的性能。相变图的横轴表示稀疏度、纵轴表示降维比(即剩余数据量

与原始数据量之比)。设置100次独立重复的压缩感知稀疏观测与重构实验,准确重构记为1,无法准确重构记为0(这里准确重构指的是重构结果与原始信号的相关系数大于95%)。得到的结果如图5.2所示。可以看出,随机观测矩阵完全重构的区域明显高于其余3个观测矩阵、然后是部分正交观测矩阵,部分哈达玛矩阵与Toeplitz矩阵的完全重构区域相差无几。这说明了部分哈达玛矩阵以及Toeplitz矩阵的观测性能相近。综合来看,随机观测矩阵的性能最优,然后依次是部分正交阵、部分哈达玛矩阵以及Toeplitz矩阵。

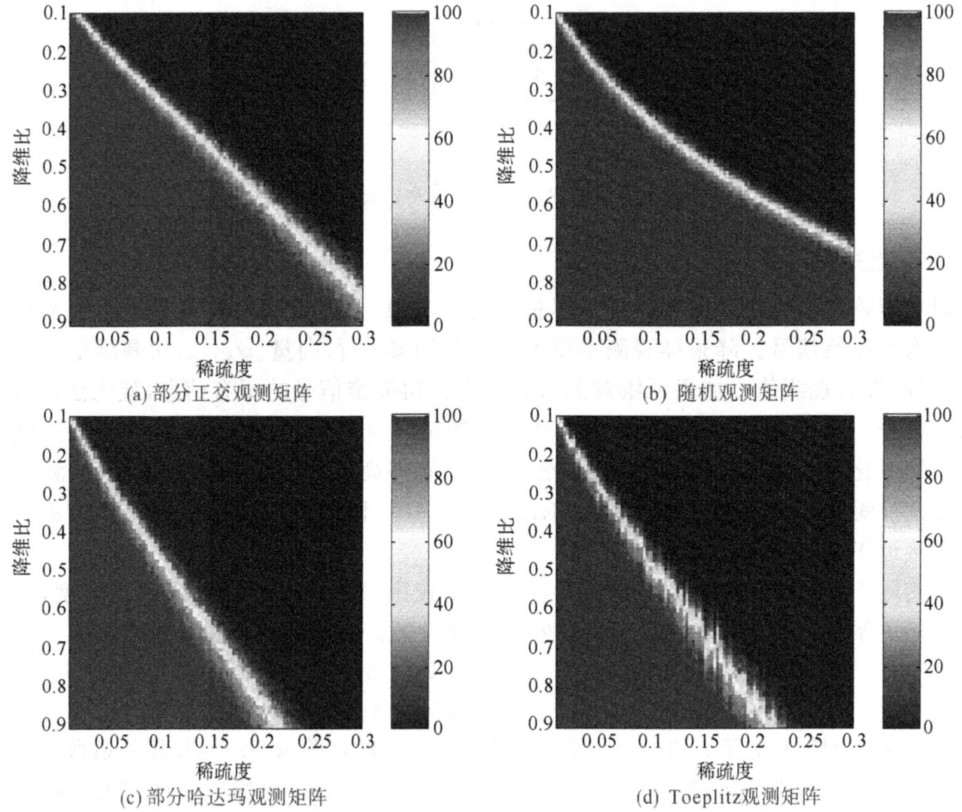

(a) 部分正交观测矩阵　(b) 随机观测矩阵　(c) 部分哈达玛观测矩阵　(d) Toeplitz观测矩阵

图5.2　不同观测矩阵性能比较

3. 重建算法

对于压缩感知重构模型的求解,最直接的方法就是求解最小L_0范数,即求解式(5.3)。考虑到L_0范数的求解缺乏有效的数值解法。研究学者进一步将L_0范数拓展到L_p范数,其中$0<p\leqslant 2$。图5.3从几何角度出发,给出了不同p值对求解结果的影响。在二维空间里等式约束$U=\boldsymbol{\Phi\Psi}\Theta$解的集合是一条直线。目标函数$L_p$范数对应着不同的$L_p$球,当$p=0$时,$\|\Theta\|_0$的约束区域是坐标轴,因此直线与坐标轴的交点(优化求解结果)一定落在坐标轴上,得到的解是最稀疏的。当$0<p<1$时,$\|\Theta\|$的约束区域是内凹的,其与直线的交点也一定会落在坐标轴上,同样可以得到稀疏解。p值进一步扩大,即L_p球进一步膨胀,当$p=1$时,其约束区域为菱形,此时直线与其交点以很大概率落在坐标轴上,重构结果以高概率的满足稀疏性。而当$p>1$时,L_p的约束区域是外凸的,此时其与直线的交点不会落于坐标轴,无法得到稀疏解。

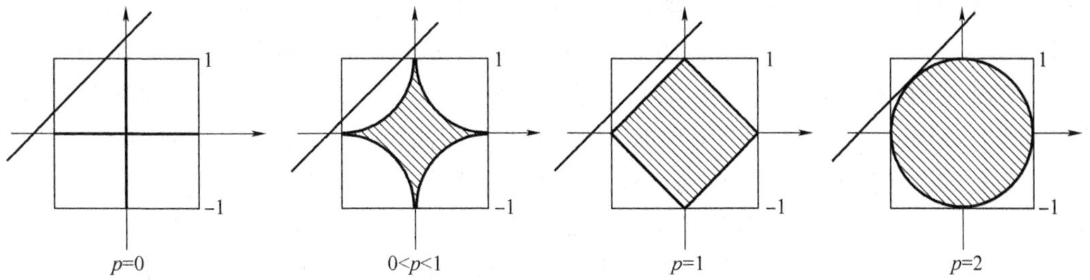

图 5.3 不同 p 值对优化结果影响的几何解释

由上述分析可知，当 L_p 范数 $p>1$ 时是无法获得最稀疏的解，因此针对压缩感知问题的求解主要是基于 L_p 范数 $p\leqslant 1$ 进行的。当前的优化求解方法大致可归纳为以下四大类：①以匹配追踪(Matching Pursuit，MP)算法为代表的贪婪追踪算法[21-22]；②以基追踪(Basis Pursuit，BP)算法为代表的凸优化算法[23]；③以链式追踪(Chaining Pursuit，CP)算法为代表的组合算法[24]。④以 Bayesian 算法为代表的非凸优化算法等[25]。

贪婪算法的思想是在每次迭代时选择一个最匹配的结果直到获得最逼近的原始信号。该算法计算负担较轻，但仅能得到局部最优解并且所需的观测数目较多。凸优化算法主要是将压缩感知重构转化为凸问题加以求解，该类算法的计算负担重，但可以得到全局最优解并且所需的观测数目少。CP 算法主要通过分组测试快速重建，该算法计算复杂度低，但对观测数目的要求较高。非凸优化算法存在着没有严格理论证明的缺点。总的来看，每种算法在重构性能，重建效率以及所需要的测量数方面都有着各自的优缺点，需要综合衡量。

下面主要分析几种典型的压缩感知重构算法的重建性能。包括：正交匹配追踪(Orthognal Matching Pursuit，OMP)算法、正则匹配追踪(ROMP)算法、压缩采样匹配追踪(CoSaMP)算法、梯度投影算法(GPSR)、迭代阈值算法 ISTA 以及平滑 L_0 范数(SL0)算法。为了表示重构结果的好坏，这里采用相对误差 $\mathrm{MSE}=\|x-\hat{x}\|_2/\|x\|_2$。降采样率分别设为 0.2、0.3、0.4 和 0.6。得到的性能曲线如图 5.4 所示，其中横坐标为运行次数，纵坐标为 MSE。图 5.4(a)是 OMP 算法的性能曲线，可以看出当降采样率为 0.2 时 MSE 的区间为 0.03～0.05，每次运行的时间大约 0.32 s。当降采样率大于等于 0.3 时，MSE 已经近似于 0 了，说明此时的重构效果较好。图 5.4(b)是 ROMP 算法的性能曲线，可以看出当降采样率为 0.2 时 MSE 的区间为 0.038～0.065，波动范围较大，每次运行的时间大约 0.15 s。当降采样率为 0.3 时，MSE 的波动范围为 0～0.06，当降采样率为 0.4 时，MSE 的波动范围为 0～0.02，而当降采样率增大到 0.6 时，MSE 的值较小近似于 0，说明此时的重构效果较好。相比于 OMP 算法来说，虽然重构效率较高，但是要获得相同的重建效果所需要的数据量较多。图 5.4(c)是 CoSaMP 算法的性能曲线，可以看出当降采样率为 0.2 时，MSE 的区间为 0.042～0.07，波动范围同样较大，每次运行的时间大约在 0.22 s。当降采样率为 0.3 时，MSE 的波动范围为 0～0.022，当降采样率为 0.4 时，MSE 的波动范围为 0～0.005，而当降采样率为0.6时，MSE 的值较小近似于 0，说明了此时的重构效果较好。相比于 OMP 与 ROMP 算法，该算法的综合性能介于这两者之间。

图 5.4(d)是 GPSR 算法的性能曲线，可以看出当降采样率为 0.2 时 MSE 的区间为 0.019～0.035，波动范围明显小于上述 3 种贪婪算法，每次运行的时间在 0.05 s。但是当降

采样率大于等于 0.3 时，MSE 的波动范围虽然较小但是没有近似于 0，因此该算法在高采样率时的重构性能低于 OMP 算法。图 5.4(e)是 ISTA 算法的性能曲线，可以看出当降采样率为 0.2 时 MSE 的区间为 0.01～0.04，波动范围略高于 GPSR 算法。但是当降采样率大于等于 0.3 时，MSE 的波动范围与 GPSR 相近，因此该算法的总体性能与 GPSR 算法相一致。图 5.4(f)是 SL0 算法的性能曲线，可以看出当降采样率为 0.2 时 MSE 的区间为 0.002～0.035，虽然略高于 GPSR 算法但是其波动范围明显小于 3 种贪婪算法，每次运行的时间在 0.64 s，该运行时间是所有算法中最长的。但是当降采样率大于等于 0.3 时，MSE 也近似于 0，说明取得了较好的重构结果。

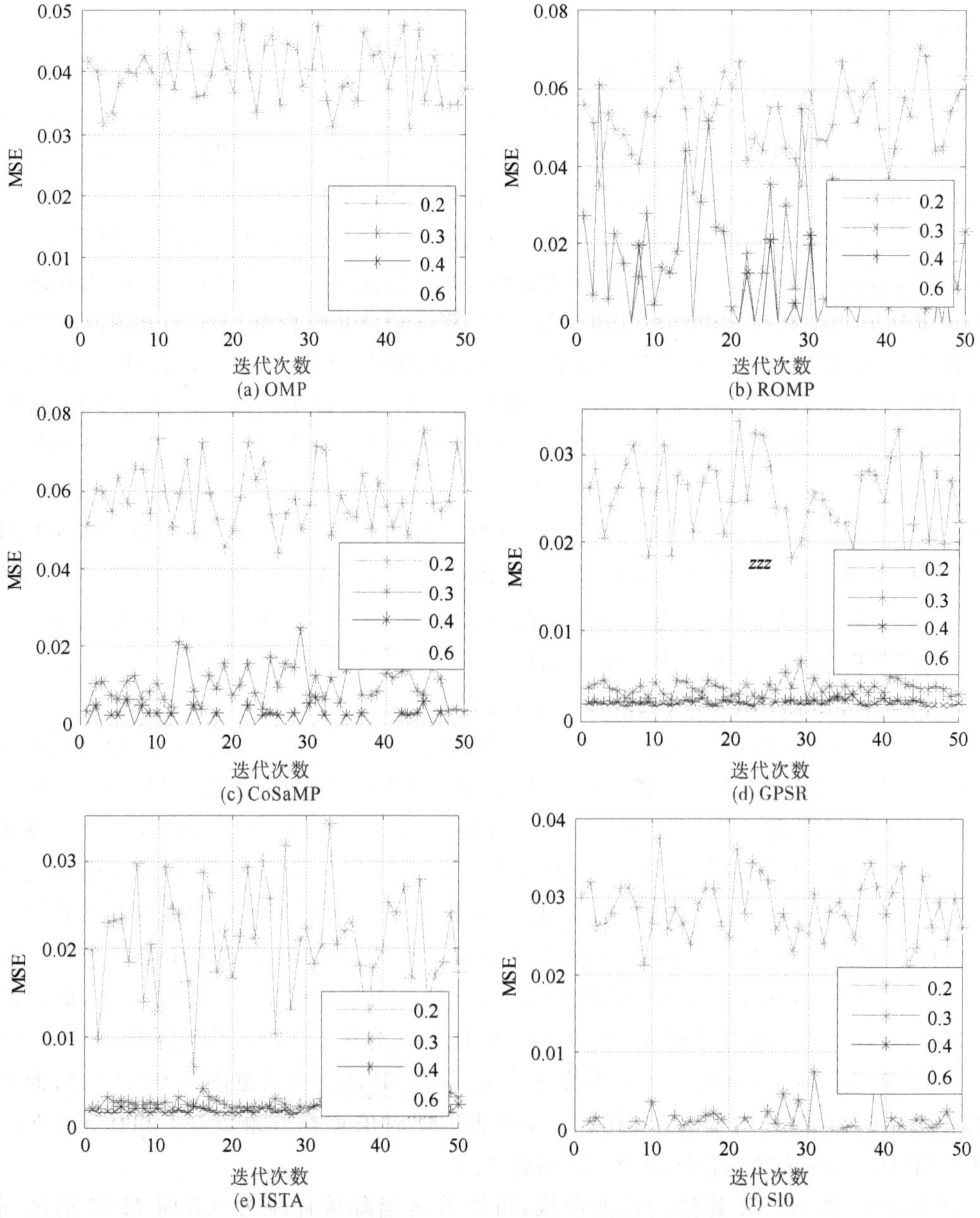

图 5.4　不同重构算法在不同降采样率下的性能曲线图

进一步分析上述 6 种重构算法在不同的降维信号长度下的重建性能与运行时间，得到的实验结果如图 5.5 所示。从图 5.5(a)可以看出，随着信号长度不断提高，OMP 算法与 ROMP 算法所需要的时间逐渐变长，但是其余 4 种重建算法随着信号长度的增加，运行时间基本没有变化。总的来看，GPSR 算法所需要的时间最短，然后是 SL0 算法，OMP 算法需要的时间最长。其次再比较这 6 种算法重构结果的 MSE。从图 5.5(b)可以看出，MSE 值较小也就是重构质量比较高的是 GPSR、SL0 以及 ISTA 这 3 种算法。总的来说，当信号长度大于 400 时，每个算法均能够实现较高质量的重构。综合比较，SL0 算法要优于其余类型算法。

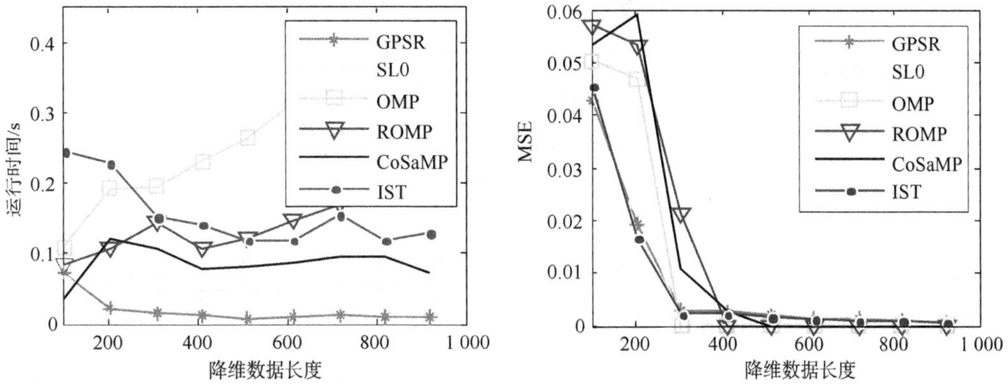

(a) 运行时间 (b) MSE对比

图 5.5 不同重构算法在重构质量与运行时间对比曲线图

5.2.2 雷达稀疏成像模型

5.2.1 节中介绍了压缩感知理论中的 3 个关键环节。在这 3 个关键环节中，建立雷达成像的稀疏成像模型，从而得到基于雷达回波的观测矩阵和稀疏变换矩阵，是稀疏优化理论应用于雷达成像的前提，也是近年来雷达稀疏成像研究的重点。下面本书以 SAR 雷达为例，介绍两种雷达稀疏成像模型，分别是一维稀疏成像模型与二维稀疏成像模型，采用线性调频 LFM 信号详细分析推导两种稀疏成像模型的数学表达式。现有的压缩感知 SAR 成像算法以及稀疏 SAR 成像算法采用的观测模型均可以用这两种模型表示。

1. 一维 SAR 稀疏观测模型

对于稀疏 SAR 观测模型，一种较为直接的构建方法是将 SAR 回波与观测场景的映射关系直接写成式(5.4)的形式，即将雷达回波以及观测场景离散化为一维的离散信号，并将 SAR 回波与观测场景的映射关系写成观测矩阵 $\boldsymbol{\Phi}$ 的形式，从而建立 SAR 成像与稀疏优化理论的对应关系。该模型将原本二维的 SAR 回波与观测场景向量化为一维的形式，因此称为一维 SAR 稀疏观测模型。一维 SAR 稀疏观测模型可以写为

$$\boldsymbol{s}=\boldsymbol{\Phi}\cdot\boldsymbol{\sigma}+\boldsymbol{n} \tag{5.6}$$

式中，$\boldsymbol{s}$ 表示 SAR 回波信号的向量形式，$\boldsymbol{\sigma}$ 表示观测场景散射系数的向量形式，$\boldsymbol{\Phi}$ 表示相应的观测矩阵，反映了观测场景到回波信号的映射关系，包含了雷达回波的相位项、窗函数等信息，$\boldsymbol{n}$ 为噪声向量。

一维 SAR 稀疏观测模型是目前较为常用的 SAR 稀疏观测模型，其构造方式主要包括离散网格法和匹配滤波反演法两种。式(5.6)中的 $\boldsymbol{s}$、$\boldsymbol{\sigma}$ 与 $\boldsymbol{\Phi}$ 的数学表达式根据不同的 SAR 发射波形、工作模式、成像几何关系而有所区别。下面假设 SAR 工作在正侧视条带模式，采用 LFM 信号作为发射信号，详细推导一维稀疏优化 SAR 观测模型的数学表达式。

(1) 离散网格法

SAR 成像系统与观测场景之间的位置关系如图 5.6 所示，载机速度为 v。

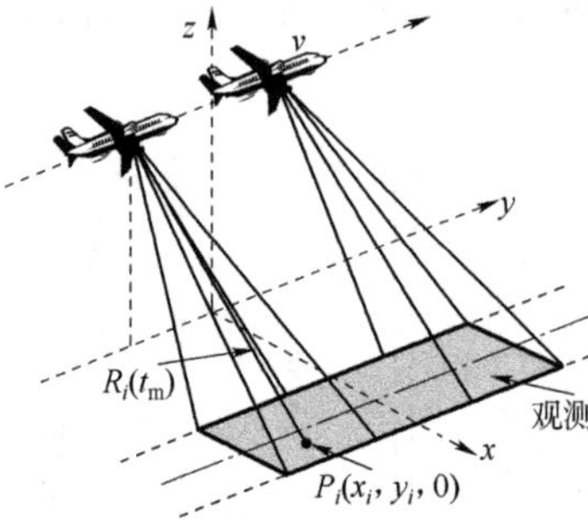

图 5.6　SAR 成像系统与观测场景之间的位置关系图

LFM 信号在时域的表达式可以写为

$$\boldsymbol{s}(t)=\mathrm{rect}\left(\frac{\hat{t}}{T_{\mathrm{p}}}\right)\exp(\mathrm{j}2\pi f_{\mathrm{c}}t+\mathrm{j}\pi\gamma\hat{t}^{2}) \tag{5.7}$$

式中，T_{p} 是脉冲持续时间；$\hat{t}$为快时间，与全时间 t 的关系为：$t=\hat{t}+t_{\mathrm{m}}$，t_{m} 为慢时间；f_{c} 为雷达载频，γ 为信号调频率。rect(•)为矩形时间窗函数，其表达式为

$$\mathrm{rect}(u)=\begin{cases}1 & |u|\leqslant 0.5\\ 0 & |u|>0.5\end{cases} \tag{5.8}$$

SAR 系统的回波是所有观测场景散射点后向散射回波的叠加。假设观测场景在观测期间散射点模型保持稳定不变，若成像区域内有 I 个散射点，则 SAR 系统的回波信号可以写为

$$\begin{aligned}\boldsymbol{s}(\hat{t},t_{\mathrm{m}})=&\sum_{i=1}^{I}\sigma_{i}\mathrm{rect}\left(\hat{t}-\frac{2R_{i}(t_{\mathrm{m}})}{c}\right)\\&\cdot\exp\left[\mathrm{j}2\pi f_{\mathrm{c}}\left(\hat{t}-\frac{2R_{i}(t_{\mathrm{m}})}{c}\right)+\mathrm{j}\pi\gamma\left(\hat{t}-\frac{2R_{i}(t_{\mathrm{m}})}{c}\right)^{2}\right]\end{aligned} \tag{5.9}$$

式中，σ_i 是第 i，$i=1,2,\cdots,I$ 个散射点的后向散射系数，$R_i(t_{\mathrm{m}})$为该散射点到雷达的距离，是慢时间 t_{m} 的函数。$\tau_i=\hat{t}-2R_i(t_{\mathrm{m}})/c$ 是第 i 个散射点的回波信号的往返时间延迟，该时间延迟包含着散射点的距离信息。c 为电磁波传播速度。

离散网格法的基本原理是将观测场景离散化为均匀的网格点，即将观测场景沿距离向和方位向均匀划分为 $M\times N$ 个离散的网格点，其中沿距离维划分 M 个单元，沿方位维划分 N 个单元。离散化后的场景散射系数矩阵可以写为

$$\boldsymbol{\sigma}(M,N)=\begin{bmatrix}\sigma(1,1) & \cdots & \sigma(1,N)\\ \vdots & & \vdots\\ \sigma(M,1) & \cdots & \sigma(M,N)\end{bmatrix}_{M\times N} \tag{5.10}$$

$\boldsymbol{\sigma}(M,N)$的每一列表示同一方位单元内不同散射点对应的散射系数,每一行表示同一距离单元内不同散射点对应的散射系数。观测场景网格化后的 SAR 回波数据可以写为

$$\boldsymbol{s}(\hat{t},t_{\mathrm{m}})=\sum_{x=1}^{M}\sum_{y=1}^{N}\sigma(x,y)\mathrm{rect}\left(\frac{\hat{t}-\tau(x,y)}{T_{\mathrm{p}}}\right)\exp[\mathrm{j}\pi\gamma\,(\hat{t}-\tau(x,y))^{2}-\mathrm{j}2\pi f_{\mathrm{c}}\tau(x,y)] \tag{5.11}$$

式中,$\tau(x,y)=\hat{t}-2R_{(x,y)}(t_{\mathrm{m}})/c$。同样的,SAR 回波信号可以利用雷达系统的方位向采样和距离向采样进行离散化,假设距离采样点数为 P,方位采样点数为 Q,那么离散时间二维 SAR 回波信号可以写为

$$\boldsymbol{s}(\hat{t}_{\mathrm{p}},t_{\mathrm{m},q})=\sum_{x=1}^{M}\sum_{y=1}^{N}\sigma(x,y)\mathrm{rect}\left(\frac{\hat{t}_{p}-\tau\,(x,y)_{q}}{T_{\mathrm{p}}}\right)$$
$$\exp[\mathrm{j}\pi\gamma\,(\hat{t}_{p}-\tau\,(x,y)_{q})^{2}-\mathrm{j}2\pi f_{\mathrm{c}}\tau\,(x,y)_{q}] \tag{5.12}$$

式中,$\hat{t}_{p}$ 为第 $p=1,2,\cdots,P$ 个距离向采样对应的快时间,$t_{\mathrm{m},q}$ 为第 $q=1,2,\cdots,Q$ 个方位向采样对应的慢时间。

若将二维离散 SAR 回波信号 $\boldsymbol{s}(\hat{t},t_{\mathrm{m}})$的各列连接起来并转置形成一个列向量,将二维离散观测场景 $\boldsymbol{\sigma}(M,N)$的各列连接起来并转置形成一个列向量,那么式(5.12)就可以表示为式(5.6)所示的矩阵、向量相乘的形式,重写如下

$$\boldsymbol{s}=\boldsymbol{\Phi}\cdot\boldsymbol{\sigma}+\boldsymbol{n} \tag{5.13}$$

式中,$\boldsymbol{s}\in\mathbb{C}^{PQ\times1}$,表示回波信号的向量形式;$\boldsymbol{\sigma}\in\mathbb{C}^{MN\times1}$,表示观测场景散射系数的向量形式;$\boldsymbol{\Phi}\in\mathbb{C}^{PQ\times MN}$,表示相应的观测矩阵;$\boldsymbol{n}\in\mathbb{C}^{PQ\times1}$为噪声向量。$\boldsymbol{s}$、$\boldsymbol{\sigma}$、$\boldsymbol{\Phi}$ 的具体表达式如下

$$\boldsymbol{s}=[s(\hat{t}_{1},t_{\mathrm{m},1}),\cdots,s(\hat{t}_{1},t_{\mathrm{m},Q}),s(\hat{t}_{2},t_{\mathrm{m},1}),\cdots,s(\hat{t}_{2},t_{\mathrm{m},Q}),\cdots,s(\hat{t}_{P},t_{\mathrm{m},1}),\cdots,s(\hat{t}_{P},t_{\mathrm{m},Q})]_{PQ\times1}^{\mathrm{T}}$$
$$\boldsymbol{\sigma}=[\sigma(1,1),\cdots,\sigma(M,1),\cdots,\sigma(1,N),\cdots,\sigma(M,N)]_{MN\times1}^{\mathrm{T}}$$
$$\boldsymbol{\Phi}=[\boldsymbol{\phi}(\hat{t}_{1},t_{\mathrm{m},1}),\cdots,\boldsymbol{\phi}(\hat{t}_{1},t_{\mathrm{m},Q}),\boldsymbol{\phi}(\hat{t}_{2},t_{\mathrm{m},1}),\cdots,\boldsymbol{\phi}(\hat{t}_{2},t_{\mathrm{m},Q}),\cdots,\boldsymbol{\phi}(\hat{t}_{P},t_{\mathrm{m},1}),\cdots,\boldsymbol{\phi}(\hat{t}_{P},t_{\mathrm{m},Q})]^{\mathrm{T}} \tag{5.14}$$

观测矩阵 $\boldsymbol{\Phi}$ 反映了观测场景到回波信号的映射关系,包含了雷达回波的相位项、窗函数等信息,其具体表达式可以写为

$$\boldsymbol{\phi}(\hat{t}_{p},t_{\mathrm{m},q})=[h_{1,1}(\hat{t}_{p},t_{\mathrm{m},q}),h_{1,2}(\hat{t}_{p},t_{\mathrm{m},q}),$$
$$\cdots,h_{x,y}(\hat{t}_{p},t_{\mathrm{m},q}),\cdots,h_{M,N}(\hat{t}_{p},t_{\mathrm{m},q})]^{\mathrm{T}}$$
$$h_{x,y}(\hat{t}_{p},t_{\mathrm{m},q})=\mathrm{rect}\left(\frac{\hat{t}_{p}-\tau\,(x,y)_{q}}{T_{p}}\right)\cdot$$
$$\exp[\mathrm{j}\pi\gamma\,(\hat{t}_{p}-\tau\,(x,y)_{q})^{2}-\mathrm{j}2\pi f_{\mathrm{c}}\tau\,(x,y)_{q}] \tag{5.15}$$

式中,$\tau\,(x,y)_{q}$ 表示坐标(x,y)处的网格点在慢时间 $t_{\mathrm{m},q}$时刻与雷达的距离。

由于 SAR 系统的发射信号形式和成像几何关系通常是已知的,故理论上 $\boldsymbol{s}$、$\boldsymbol{\Phi}$ 均为已知信号。因此,当观测场景 $\boldsymbol{\sigma}$ 满足稀疏性或在某个变换域稀疏,且 $\boldsymbol{\Phi}$ 满足一定列相关性条件时,就可以通过求解稀疏优化模型,获得场景散射系数向量 $\boldsymbol{\sigma}$ 的最佳估计,从而得到观测场景的图像。基于离散网格法的一维稀疏正则化 SAR 观测模型示意图如图 5.7 所示。

由于将观测场景网格化,所以一维稀疏正则化 SAR 观测模型的成像分辨率取决于观测场景的网格划分密度。M、N 的值越大则成像分辨率越高,场景散射点信息越丰富。当 $M>P$,$N>Q$ 时则可以得到超过匹配滤波成像方法的超分辨率 SAR 图像。当然网格密度也不可能无限制增大,这主要是因为观测矩阵 $\boldsymbol{\Phi}$ 必须满足一定条件。

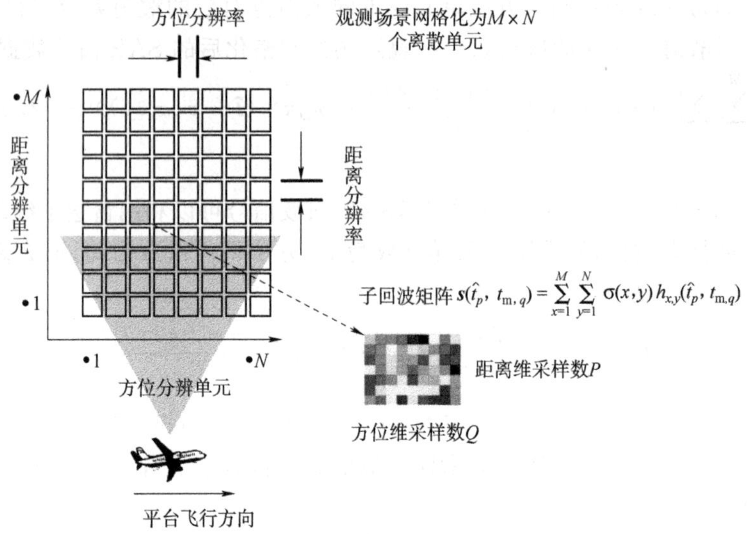

图 5.7　一维 SAR 稀疏观测模型示意图

(2) 匹配滤波反演法

匹配滤波算法的成像原理是分别在距离向与方位向进行匹配滤波处理，并通过傅里叶变换获取在时域具有 sinc 响应的二维聚焦结果。当距离徙动不考虑或较小时，匹配滤波算法的成像过程可以看作线性操作，即可以通过矩阵运算实现。以距离-多普勒(Range-Doppler，RD)算法为例，首先进行距离维匹配滤波，将回波信号在频域与匹配函数相乘，再变换到时域。此过程可以写为

$$\boldsymbol{\sigma}=\boldsymbol{F}_{\mathrm{r}}^{\mathrm{H}}[\boldsymbol{M}(\boldsymbol{F}_{\mathrm{r}}\boldsymbol{s})] \tag{5.16}$$

式中，$\boldsymbol{F}_{\mathrm{r}}$ 表示距离傅里叶变换矩阵，$\boldsymbol{F}_{\mathrm{r}}^{\mathrm{H}}$ 表示距离傅里叶逆变换矩阵，$\boldsymbol{M}$ 表示由匹配函数向量构成的对角阵。$\boldsymbol{\sigma}$ 为一维距离像成像结果。因为式(5.16)中的操作是可逆的，所以可以通过向量与矩阵的逆运算得到

$$\boldsymbol{s}=\boldsymbol{F}_{\mathrm{r}}^{\mathrm{H}}[\boldsymbol{M}^{\mathrm{H}}(\boldsymbol{F}_{\mathrm{r}}\boldsymbol{\sigma})]=(\boldsymbol{F}_{\mathrm{r}}^{\mathrm{H}}\boldsymbol{M}^{\mathrm{H}}\boldsymbol{F}_{\mathrm{r}})\cdot\boldsymbol{\sigma}=\boldsymbol{\Phi}\cdot\boldsymbol{\sigma} \tag{5.17}$$

其中观测矩阵 $\boldsymbol{\Phi}=(\boldsymbol{F}_{\mathrm{r}}^{\mathrm{H}}\boldsymbol{M}^{\mathrm{H}}\boldsymbol{F}_{\mathrm{r}})$。式(5.17)表示的是匹配滤波算法获得一维距离像的观测模型，若要获得二维像成像结果只需要在方位向进行相同的操作即可。本书将这种一维观测模型构造方法称为匹配滤波反演法，通过上述方式可以构造得到大部分匹配滤波算法的观测矩阵。

2. 二维 SAR 稀疏观测模型

一维 SAR 稀疏观测模型将原本距离向-方位向耦合的二维 SAR 回波信号向量化为一维的形式，从而能够直接套用经典的一维正则化信号处理理论，降低了观测模型的复杂度。然而，向量化处理会导致观测矩阵维度急剧变大，使得稀疏优化方法在重构过程中需要大量的存储空间和很长的重构时间，这导致目前基于一维观测模型的 SAR 稀疏成像方法只能一次重构一幅较小的观测场景，限制了一维稀疏观测模型的实际应用。另外，向量化处理还破坏了原始二维 SAR 回波的空间结构和空间相关性，从而无法有效利用二维信号的稀疏特征，这同样会导致成像质量下降。

与一维观测模型相比，二维 SAR 稀疏观测模型采用矩阵与矩阵相乘的形式，建立二维

SAR 回波信号与二维离散化观测场景的映射关系，能够有效利用回波信号和观测场景的高维稀疏特性，同时大幅降低观测矩阵的维数和重构算法的运算时间，获得更高的重构精度和更好的鲁棒性。不失一般性，二维观测模型可以统一写为如下形式

$$\boldsymbol{S}=\boldsymbol{\Phi}_{\mathrm{R}}\boldsymbol{X}\boldsymbol{\Phi}_{\mathrm{A}}+\boldsymbol{N} \tag{5.18}$$

式中，$\boldsymbol{S}\in\mathbb{C}^{P\times Q}$表示二维离散回波信号，$\boldsymbol{\Phi}_{\mathrm{R}}\in\mathbb{C}^{P\times M_1}$表示距离向观测矩阵，即距离稀疏基字典，$\boldsymbol{\Phi}_{\mathrm{A}}\in\mathbb{C}^{N_1\times Q}$表示方位向观测矩阵，即方位稀疏基字典，$P$、$Q$ 分别为雷达距离向采样点数和方位向采样点数，且 $\boldsymbol{M}_1\leqslant\boldsymbol{P}$，$\boldsymbol{N}_1\leqslant Q$。二维离散观测场景 $\boldsymbol{X}\in\mathbb{C}^{M_1\times N_1}$ 在两个稀疏基字典上都应该满足稀疏特性，即

$$\boldsymbol{S}=\boldsymbol{\Phi}_{\mathrm{R}}\boldsymbol{X}\boldsymbol{\Phi}_{\mathrm{A}}\text{，并使得}\begin{cases}\|\boldsymbol{X}\|_0=K\\ \boldsymbol{S}=\boldsymbol{\Phi}_{\mathrm{R}}\boldsymbol{X}_1 \quad \|\boldsymbol{X}_1\|_0=K_1\\ \boldsymbol{S}=\boldsymbol{X}_2\boldsymbol{\Phi}_{\mathrm{A}} \quad \|\boldsymbol{X}_2\|_0=K_2\end{cases} \tag{5.19}$$

式中，K、K_1、K_2 表示稀疏度。

式(5.19)中的二维稀疏正则化 SAR 观测模型是一个通用的形式，$\boldsymbol{\Phi}_{\mathrm{R}}$、$\boldsymbol{\Phi}_{\mathrm{A}}$ 的具体表达式根据 SAR 发射信号、成像模式的不同而有所区别。这里举一个简单例子，假设 SAR 工作在正侧视聚束模式下，并采用 LFM 信号作为发射信号，将雷达回波表示为式(5.19)中的矩阵相乘形式，则距离向观测矩阵 $\boldsymbol{\Phi}_{\mathrm{R}}$ 和方位向观测矩阵 $\boldsymbol{\Phi}_{\mathrm{A}}$ 的表达式可以写为

$$\boldsymbol{\Phi}_{\mathrm{R}}=\begin{bmatrix}\phi_{\mathrm{R},11} & \cdots & \phi_{\mathrm{R},1P}\\ \vdots & & \vdots\\ \phi_{\mathrm{R},P1} & \cdots & \phi_{\mathrm{R},PP}\end{bmatrix}_{P\times P},\boldsymbol{\Phi}_{\mathrm{A}}=\begin{bmatrix}\phi_{\mathrm{A},11} & \cdots & \varphi_{\mathrm{A},1Q}\\ \vdots & & \vdots\\ \phi_{\mathrm{A},Q1} & \cdots & \varphi_{\mathrm{A},QQ}\end{bmatrix}_{Q\times Q} \tag{5.20}$$

$$\boldsymbol{\Phi}_{\mathrm{R},km}=\exp\left\{-\mathrm{j}\left[\frac{2\pi(k-1)(m-1)}{P}-(m-1)\left(\frac{2\pi f_{\mathrm{c}}}{\gamma T_{\mathrm{p}}}-\pi\right)-(k-1)\pi+\frac{P\pi}{2}-\frac{4\pi f_{\mathrm{c}}D}{c}\right]\right\}$$

$$\boldsymbol{\Phi}_{\mathrm{A},nl}=\exp\left\{-\mathrm{j}\left[\frac{2\pi(n-1)(l-1)}{Q}-(n+l-2)\pi+\frac{Q\pi}{2}\right]\right\}$$

式中，D 表示观测场景的宽度，可以看出，方位向观测矩阵是一个傅里叶矩阵。如果将上述二维稀疏正则化 SAR 观测模型进行向量化，那么二维模型就可以退化成为一维模型的形式

$$\boldsymbol{S}=\boldsymbol{\Phi}_{\mathrm{R}}\boldsymbol{X}\boldsymbol{\Phi}_{\mathrm{A}}\Leftrightarrow\boldsymbol{s}\approx\boldsymbol{\Phi}\boldsymbol{x} \tag{5.21}$$

式中，$\boldsymbol{x}=\mathrm{vec}(\boldsymbol{X})$，$\boldsymbol{s}=\mathrm{vec}(\boldsymbol{S})$，$\boldsymbol{\Phi}=\boldsymbol{\Phi}_{\mathrm{A}}^{\mathrm{T}}\otimes\boldsymbol{\Phi}_{\mathrm{R}}$，$\otimes$表示矩阵的张量积。因此，一维稀疏正则化 SAR 观测模型可以看作是对二维观测模型的解耦近似处理。与一维观测模型相比，二维稀疏正则化 SAR 观测模型的近似更少，更加接近真实的 SAR 系统观测模型，因此性能更加稳定，且对噪声具有更强的鲁棒性。

同样的，二维 SAR 稀疏观测模型可以通过经典匹配滤波算法进行反演得到。二维匹配滤波类 SAR 成像方法可以写为矩阵直接相乘和矩阵哈德码相乘(Hadamard Product)的形式。由于匹配滤波方法是线性的，因此可以通过反演整个匹配滤波成像过程构造观测矩阵。以 RD 算法为例，RD 算法的一般步骤由距离快速傅里叶变换(Fast Fourier Transform, FFT)、距离匹配滤波、距离快速傅里叶逆变换(IFFT)、方位 FFT、方位匹配滤波以及方位 IFFT 组成。该步骤可以写成矩阵相乘的形式

$$\boldsymbol{X}=\boldsymbol{F}_{\mathrm{a}}^{\mathrm{H}}\{\boldsymbol{P}_{\mathrm{a}}\circ\langle\boldsymbol{F}_{\mathrm{a}}[\boldsymbol{P}_{\mathrm{r}}\circ(\boldsymbol{S}\boldsymbol{F}_{\mathrm{r}})]\boldsymbol{F}_{\mathrm{r}}^{\mathrm{H}}\rangle\} \tag{5.22}$$

式中，$\boldsymbol{F}_{\mathrm{r}}$ 和 $\boldsymbol{F}_{\mathrm{r}}^{\mathrm{H}}$ 分别表示距离 FFT 和 IFFT；$\boldsymbol{F}_{\mathrm{a}}$ 和 $\boldsymbol{F}_{\mathrm{a}}^{\mathrm{H}}$ 分别表示方位 FFT 和 IFFT；$\boldsymbol{P}_{\mathrm{r}}$ 表示

距离脉压函数，$\boldsymbol{P}_{\mathrm{a}}$ 表示方位脉压函数；$\circ$表示矩阵的哈德码相乘。由于 RD 算法是线性的，因此可以直接通过矩阵的逆运算构造 SAR 雷达回波的二维观测模型形式

$$\boldsymbol{S}=\{\boldsymbol{P}_{\mathrm{r}}^{*}\circ\langle\boldsymbol{F}_{\mathrm{a}}^{H}[\boldsymbol{P}_{\mathrm{a}}^{*}\circ(\boldsymbol{F}_{\mathrm{a}}\boldsymbol{X})]\boldsymbol{F}_{\mathrm{r}}\rangle\}\boldsymbol{F}_{\mathrm{r}}^{H} \tag{5.23}$$

其中指数相乘运算 $\boldsymbol{P}_{\mathrm{a}}$ 的逆运算为其共轭相乘运算，记为 $\boldsymbol{P}_{\mathrm{a}}^{*}$。式(5.23)同样将雷达回波写成了矩阵相乘的形式，但与式(5.19)中的二维观测模型不同，式(5.23)中运用了大量 RD 算法关于 SAR 几何关系的近似，因此其模型准确性不如式(5.19)中的观测模型高。这种利用匹配滤波成像方法反演构建的观测模型的优点主要是运算速度很快。

在构建正确的 SAR 稀疏观测模型的基础上，SAR 稀疏成像算法可以在 SAR 回波数据降采样条件下或回波数据缺损条件下依然获得精确而稳定的成像结果。

对于一维观测模型，在回波数据降采样条件下，相当于对回波向量左乘了一个随机的行数小于列数的部分单位阵 $\boldsymbol{\Theta}\in\mathbb{C}^{P'Q'\times PQ}$，$P'Q'\ll MN$，得到的观测模型为

$$\boldsymbol{s}_{\mathrm{s}}=\boldsymbol{\Theta}\boldsymbol{\Phi}\cdot\boldsymbol{\sigma}+\boldsymbol{n}_{\mathrm{s}} \tag{5.24}$$

式中，$\boldsymbol{s}_{\mathrm{s}}$ 表示降采样后的回波数据，$\boldsymbol{n}_{\mathrm{s}}$ 为对应的噪声向量。定义降采样率 $\eta=P'Q'/PQ$，后续章节中提及的降采样率均采用此计算方法。此时，若观测场景 $\boldsymbol{\sigma}$ 为稀疏的，那么场景的散射系数就可以通过求解稀疏优化问题得到

$$\hat{\boldsymbol{\sigma}}=\arg\min_{\sigma}\|\boldsymbol{s}_{\mathrm{s}}-\boldsymbol{\Theta}\boldsymbol{\Phi}\cdot\boldsymbol{\sigma}\|_2^2+\lambda\|\boldsymbol{\sigma}\|_p^p \tag{5.25}$$

对于二维观测模型，在回波数据降采样条件下，观测模型可以写为

$$\boldsymbol{S}_{\mathrm{s}}=(\boldsymbol{\Theta}_{\mathrm{R}}\boldsymbol{\Phi}_{\mathrm{R}})\boldsymbol{X}(\boldsymbol{\Phi}_{\mathrm{A}}\boldsymbol{\Theta}_{\mathrm{A}})+\boldsymbol{N}_{\mathrm{s}} \tag{5.26}$$

式中，$\boldsymbol{\Theta}_{\mathrm{R}}\in\mathbb{C}^{M_2\times P}$，$M_2\ll P$ 和 $\boldsymbol{\Theta}_{\mathrm{A}}\in\mathbb{C}^{N_2\times Q}$，$N_2\ll Q$ 分别为距离采样矩阵和方位采样矩阵。同样的，成像场景 $\boldsymbol{X}$ 可以通过求解如下公式得到

$$\hat{\boldsymbol{X}}=\arg\min_{\boldsymbol{X}}\|\boldsymbol{S}_{\mathrm{s}}-(\boldsymbol{\Theta}_{\mathrm{R}}\boldsymbol{\Phi}_{\mathrm{R}})\boldsymbol{X}(\boldsymbol{\Phi}_{\mathrm{A}}\boldsymbol{\Theta}_{\mathrm{A}})\|_2^2+\lambda\|\boldsymbol{X}\|_p^p \tag{5.27}$$

当方位向回波数据缺损时，相当于对回波数据进行方位向的降采样，此时可以将 $\boldsymbol{\Theta}_{\mathrm{R}}$ 看作单位阵。求解过程与式(5.27)相同。

求解式(5.25)与式(5.27)是一个病态的逆问题，需要满足一定条件才能实现精确而稳定的重构。下面对稀疏正则化 SAR 成像过程中的成像准则、重构算法以及成像误差进行分析。

(1) 场景稀疏性条件

SAR 场景或场景中特定目标的稀疏特性是实现 SAR 稀疏成像的前提条件，一定程度上可以说对场景稀疏信息利用得越充分，稀疏成像结果就越好。式(5.25)和式(5.27)均假设成像场景中仅有少量较强的散射点，即 SAR 场景是空域稀疏的，例如海面舰船、岛礁以及港口等成像场景。此时 $\boldsymbol{\sigma}$ 具有天然的稀疏性，不需要进行其他稀疏变换或者稀疏表示。

场景稀疏性的另一种情况是 $\boldsymbol{\sigma}$ 在空域不直接稀疏，例如城市、森林以及其他高杂波背景场景。此时需要对场景进行稀疏表示，相应的一维观测模型可以改写为 $\boldsymbol{s}_{\mathrm{s}}=\boldsymbol{\Theta}\boldsymbol{\Phi}\boldsymbol{\Psi}\cdot\boldsymbol{\alpha}+\boldsymbol{n}_{\mathrm{s}}$，$\boldsymbol{\Psi}$ 称为稀疏变换矩阵，$\boldsymbol{\alpha}$ 为成像场景在 $\boldsymbol{\Psi}$ 下的稀疏表示系数。经典的稀疏表征方法主要有 DCT 变换、傅里叶变换、小波变换等，其他方法还包括过完备字典稀疏分解、稀疏字典学习等。但是，上述方法均是针对一维离散信号提出的，无法有效表示具有二维稀疏特性的雷达观测场景。另外，离散化的雷达场景是一个复数矩阵，除了拥有相对固定的实数散射系数外，还包含复场景相位信息，而针对复场景的稀疏表示是相对困难的。因此，如何更好地对复杂观测场景进行稀疏表示，是 SAR 稀疏成像面临的难点问题之一。

(2) 降维观测条件

降维观测主要通过对观测矩阵 $\boldsymbol{\Phi}$ 左乘一个降采样矩阵 $\boldsymbol{\Theta}$ 来实现。降采样后的 SAR 回波数据量大幅减小，在实现精确重构的同时能够有效减小稀疏正则化 SAR 成像的计算成本，缩短成像时间。降采样矩阵的设计将直接影响成像场景的精确重构。Candes 和 Tao 指出，当 $\boldsymbol{\Theta}$ 与 $\boldsymbol{\Phi}$ 的乘积 $\boldsymbol{\Theta\Phi}$ 满足 RIP 性质时，即 $\boldsymbol{\Theta\Phi}$ 的所有列向量都接近正交时，可以实现对原始信号的精确重构。RIP 性质的具体定义如下：对任意 $K=1,2,\cdots$，定义矩阵 $\boldsymbol{A}=\boldsymbol{\Theta\Phi}$ 的限制等距常量 δ_K 为满足式(5.28)的最小值，其中 x 为任意 K-稀疏向量：

$$(1-\delta_K)\leqslant\frac{\|\boldsymbol{A}x\|_2^2}{\|x\|_2^2}\leqslant(1+\delta_K) \tag{5.28}$$

如果 $\delta_K\leqslant1$，则称矩阵 $\boldsymbol{A}$ 满足了 K-RIP。Candes 进一步指出，若 $\boldsymbol{\Theta}$ 与 $\boldsymbol{\Phi}$ 是非相关的，那么感知矩阵 $\boldsymbol{\Theta\Phi}$ 将以高概率满足 RIP 性质。在 SAR 观测模型中，矩阵 $\boldsymbol{\Phi}$ 是已知的，因此 $\boldsymbol{\Theta}$ 在设计时需要尽可能降低 $\boldsymbol{\Theta}$ 与基矩阵 $\boldsymbol{\Phi}$ 的相关性。目前，针对降采样矩阵的研究较多，最常用的矩阵形式为随机高斯矩阵，随机高斯矩阵的特点是其每个元素都独立地服从正态分布，几乎与任意的稀疏基矩阵 $\boldsymbol{\Psi}$ 都不相关。证明了当 $\boldsymbol{\Theta}\in\mathbb{C}^{M\times N}$ 时，只要 $M\geqslant c_1K\cdot\log(N/K)$，其中 c_1 为一个较小的常数，$\boldsymbol{\Theta\Phi}$ 就能满足 RIP 性质，并能够重建出原始信号。另外，常见的降采样矩阵还包括部分正交观测矩阵、部分 Fourier 矩阵、Toeplitz 观测矩阵、部分 Hadamard 观测矩阵、伯努利矩阵以及二值随机观测矩阵等。

(3) 观测场景网格划分

SAR 稀疏成像算法的成像分辨率取决于观测场景网格化的密度，当观测场景的网格点数 $M\times N$ 大于雷达回波的采样点数 $P\times Q$ 后，就可以利用稀疏重构算法获得超过理论分辨率的超分辨 SAR 图像。在保持精确重构的前提下，理论上网格的点数越多，重构得到的成像效果越好。然而，随着网格点数的增多，稀疏正则化 SAR 观测模型中观测矩阵 $\boldsymbol{\Phi}$ 的相邻列向量相关性也会随之增大，这将导致感知矩阵的 RIP 性质变差，使得重构的精度下降，最终导致重构失败。有研究证明了观测场景的网格点数 $M\times N$ 与雷达回波的采样点数 $P\times Q$ 应满足关系 $PQ>O(K\log(MN/K))$，K 为稀疏度，才能保证原始信号的准确重构。

5.3 SAR 稀疏成像方法举例

5.3.1 SAR 大斜视稀疏成像方法

对于条带 SAR 系统而言，当雷达波束指向与载机轨迹为垂直关系时称为正侧视模式；当波束指向与载机轨迹不垂直时称为斜视模式。与正侧视 SAR 成像相比，斜视 SAR 能够通过改变雷达照射方向，对飞行航迹斜前方目标预先成像，对斜后方目标再次成像，从而便于在军事上实现实时侦察与打击。因此斜视 SAR 具有很高的军事价值和更好的机动灵活性，已经成为 SAR 成像技术的研究热点。与正侧视 SAR 成像一样，随着成像精度的不断提高，斜视 SAR 成像的原始回波数据量也将急剧增加。在大斜视 SAR 成像中，由于回波信号存在大距离徙动以及距离向和方位向严重耦合的特点，使得现有应用于正侧视 SAR 成像的压缩感知处理方法无法有效适用。因此在保证高质量的斜视 SAR 成像的同时，如何降低 A/D 采样速率、减少数据量对于斜视 SAR 成像技术的进一步发展与应用具有重要意义。

本书介绍一种 SAR 大斜视稀疏成像方法，首先分析大斜视 SAR 成像的回波信号模型，然后设计一种基于走动校正的大斜视 SAR 算法，将算法构建成算子形式，然后利用算子建立压缩感知重构模型，利用改进的迭代阈值算法实现对成像模型的优化求解，进而获得成像结果。

1. 大斜视 SAR 回波信号模型

机载 SAR 大斜视成像系统与观测场景之间的相对位置关系如图 5.8 所示，雷达工作在条带模式，载机的飞行速度为 v，高度为 h，波束射线指向的斜视角为 θ_s，R_0 为观测场景的中心与载机航线的最近距离。

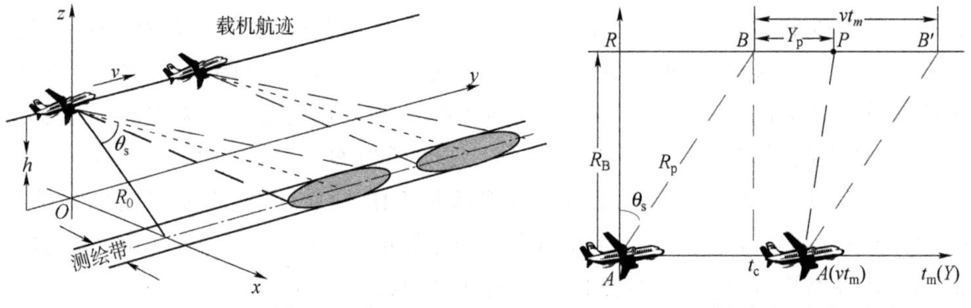

图 5.8　大斜视 SAR 成像模型图

载机飞行航线与目标构成的二维几何平面如图 5.8 所示，点目标 P 离飞行航线的最近距离为 R_B。假设 A 点为方位慢时间的起点，此时点 B 同样为慢时间的起点，其与载机雷达的距离为 R_p。雷达发射信号为 LFM 信号，其表达式为

$$s(\hat{t},t_m)=\text{rect}\left(\frac{\hat{t}}{T_p}\right)\exp[\text{j}2\pi f_0 t+\text{j}\pi\gamma \hat{t}^2] \tag{5.29}$$

式中，当 $-1/2\leqslant t\leqslant 1/2$ 时，$\text{rect}(t)=1$，γ 为调频率，T_p 为发射脉冲宽度，f_0 为载频，t 为全时间，$\hat{t}=t-t_m$ 为快时间，t_m 为慢时间。经过 t_m 后，载机飞行至 A'，那么雷达接收到的基频回波信号为

$$s_r(\hat{t},t_m;R_p)=\text{rect}\left(\frac{\hat{t}-2R(t_m;R_p)/c}{T_p}\right)\exp\left[\text{j}\pi\gamma\left(\hat{t}-\frac{2R(t_m;R_p)}{c}\right)^2\right]\exp\left[-\text{j}\,\frac{4\pi R(t_m;R_p)}{\lambda}\right] \tag{5.30}$$

式中，$R(t_m;R_p)$为 t_m 时刻载机与点目标 P 的瞬时斜距，其表达式为

$$R(t_m;R_p)=\sqrt{R_p^2+(vt_m-Y_p)^2-2R_p(vt_m-Y_p)\sin\theta_s} \tag{5.31}$$

对 $R(t_m;R_p)$进行泰勒级数展开，由于$(vt_m-Y_p)\ll R_p$，因此只保留(νt_m-Y_p)二次以下的项，忽略高次项，得到

$$R(t_m;R_p)=R_p-(\nu t_m-Y_p)\sin\theta_s+\frac{(\nu t_m-Y_p)^2\cos^2\theta_s}{2R_p} \tag{5.32}$$

式(5.32)中第二项为距离走动项，第三项为距离弯曲项。下面分析距离走动和距离弯曲随斜视角变化的关系。该式可以进一步地近似为

$$R(t_m;R_p)=\sqrt{R_p^2+\cos^2\theta_s(w_m-Y_p)^2}-(w_m-Y_p)\sin\theta_s \tag{5.33}$$

下面将接收到的基频回波信号 $s_r(\hat{t},t_m;R_p)$ 从 $\hat{t}-t_m$ 域变换到 f_r-t_m 域，得到

$$S_r(f_r,t_m;R_p)=\exp(-j\pi\frac{f_r^2}{\gamma})\exp\left(-j\frac{4\pi R(t_m;R_p)(f_r+f_0)}{c}\right) \tag{5.34}$$

将式(5.33)中展开的 $R(t_m;R_p)$ 代入到式(5.34)，可得

$$\begin{aligned}S_r(f_r,t_m;R_p)=&\exp\left(-j\frac{4\pi Y_p\sin\theta_s(f_r+f_0)}{c}\right)\exp\left(j\frac{4\pi w_m\sin\theta_s(f_r+f_0)}{c}\right)\\&\exp\left(-j\pi\frac{f_r^2}{\gamma}\right)\exp\left(-j\frac{4\pi\sqrt{R_p^2+\cos^2\theta_s(w_m-Y_p)(f_r+f_0)}}{c}\right)\end{aligned} \tag{5.35}$$

2. 基于走动校正的非线性频调变标(Non-linear Chirp Scaling，NCS)大斜视 SAR 算法

下面推导一种基于 NCS 方法的大斜视 SAR 成像方法，从式(5.35)可以看出，$S_r(f_r,t_m;R_p)$ 的第二个指数项为线性距离走动项。因此，首先补偿掉该项，构造的走动补偿函数 $H_1(f_r,t_m)$ 的表达式为

$$H_1(f_r,t_m)=\exp\left(-j\frac{4\pi\nu t_m\sin\theta_s(f_r+f_0)}{c}\right) \tag{5.36}$$

对补偿后的结果进行方位向的傅里叶变换，得到信号的二维频域表达式为

$$\begin{aligned}s(f_rf_a;R_p)=&\exp\left(-j\pi\frac{f_r^2}{\gamma}\right)\exp\left(-j\frac{4\pi(Y_p\sin\theta_s)(f_r+f_0)}{c}\right)\\&\exp\left(-j2\pi f_a\frac{Y_p}{\nu}\right)\exp(j\Xi(f_r,f_a;R_p))\end{aligned} \tag{5.37}$$

式中，$\Xi(f_r,f_a;R_p)=-\frac{4\pi R_pf_0}{c}\sqrt{\left(1+\frac{f_r}{f_a}\right)^2-\left(\frac{f_z\lambda}{2\nu\cos\theta_s}\right)^2}$。可以看出，$\Xi(f_r,f_a;R_p)$ 为距离频域 f_r 和方位频域 f_a 的耦合项，并且随着距离变化而变化。要想获得聚焦性较好的成像结果需要对其精确匹配。首先对 $\Xi(f_r,f_a;R_p)$ 进行关于 f_r 的泰勒级数展开，可以得到

$$\Xi(f_r,f_a;R_p)=\phi_0(f_a)+\phi_1(f_a)f_r+\phi_2(f_a)f_r^2+\phi_3(f_a)f_r^3+O(f_a,f_r^4) \tag{5.38}$$

式中，$\phi_n(f_a)$，$n=0\sim3$ 为不同阶的距离和方位耦合项的系数。$\phi_0(f_a)$ 是方位调制项，与距离向没有关系，f_r 一次项是残余距离徙动项，f_r 二次项是距离和方位的 2 次耦合相位，f_r 三次项是距离和方位的 3 次耦合相位。经过计算，可以得到

$$\phi_0(f_a)=-\frac{4\pi R_pf_0}{c}B(f_a);\quad \phi_1(f_a)=-\frac{4\pi R_p}{cB(f_a)};\quad \phi_2(f_a)=\frac{2\pi R_p}{cf_c}\frac{1-B^2(f_a)}{B^3(f_a)};$$

$$\phi_3(f_a)=-\frac{2\pi R_p}{cf_c^2}\frac{1-B^2(f_a)}{B^5(f_a)};\quad B(f_a)=\sqrt{1-\left(\frac{f_a\lambda}{2v\cos\theta_s}\right)^2}$$

这样可算得距离频率域信号 $S(f_r,f_a;R_p)$ 的调频率 $\gamma_e(f_a,R_p)$ 为

$$\frac{1}{\gamma_e(f_a,R_p)}=\frac{1}{\gamma}+\frac{2R_p}{cf_c}\frac{1-B^2(f_a)}{B^3(f_a)} \tag{5.39}$$

在进行 NCS 成像处理之前，首先需要滤除 $S(f_r,f_a;R_p)$ 的 3 次相位项。根据上述推导，3 次相位滤波函数 $H_2(f_r,f_a)$ 为

$$H_2(f_r,f_a)=\exp(-j\varphi_3(f_a)f_r^3) \tag{5.40}$$

3 次相位滤波处理之后的信号变换到多普勒频域-距离时间域，得到

$$s'(\hat{t},f_a;R_p)=\exp\left(-\mathrm{j}\frac{4\pi Y_p\sin\theta_s f_0}{c}\right)\exp\left(-\mathrm{j}2\pi f_a\frac{Y_p}{v}\right)\exp\left(-\mathrm{j}\frac{4\pi R_p}{\lambda}\mathrm{B}(f_a)\right)\exp\left(\mathrm{j}\pi\gamma_e(f_a,R_p)\left(\hat{t}-\frac{2Y_p\sin\theta_s}{c}-\frac{2R_p}{c}\frac{1}{\mathrm{B}(f_a)}\right)^2\right) \tag{5.41}$$

在 NCS 算法中，首先要对场景中所有目标徙动轨迹进行校正处理，使得其与观测场景中心点的轨迹相一致，从而便于进行一致距离徙动校正处理。在频率域，场景中目标相对于中心点目标的距离徙动引起的相对延时为

$$\Delta\tau(f_a,R_0)=\tau_d(f_a,R_0)-\tau_d(f_a,R_p) \tag{5.42}$$

式中，$\tau_d(f_a,R_0)$为斜距为 R_0 的目标徙动轨迹。调频变标之后，该目标的轨迹设为 $\tau_s(f_a,R_0)$，其与 R_p 的延时轨迹一致，可得

$$\Delta\tau(f_{dc},R_0)=\tau_s(f_a,R_0)-\tau_d(f_a,R_p) \tag{5.43}$$

由于 $\tau_d(f_a,R_0)=2Y_p\sin\theta_s/c-\phi_1(f_a,R_0)/2\pi$，那么方位频率为 f_a 处的相对延时与方位零频的相对延时之比为

$$\alpha(f_a)=\frac{\Delta\tau(f_a,R_0)}{\Delta\tau(f_{dc},R_0)}=\frac{\phi_1(f_a,R_0)}{\phi_1(f_{dc},R_0)}=\frac{1}{B(f_a)} \tag{5.44}$$

进一步，设定 NCS 操作函数为

$$H_3(\hat{t},f_a;R_0)=\exp(\mathrm{j}\pi q_2(f_a)[\hat{t}-\tau_d(f_a,R_0)]^2) \tag{5.45}$$

将其与 $s'(\hat{t},f_a;R_p)$进行相乘处理，并对相乘结果沿距离向作傅里叶变换，得到

$$S'(f_r,f_a;R_p)=\exp\left(-\mathrm{j}\frac{4\pi Y_p\sin\theta_s f_0}{c}\right)\exp\left(-\mathrm{j}2\pi f_a\frac{Y_p}{v}\right)\exp\left(-\mathrm{j}\frac{4\pi R_0}{\lambda}B(f_a)\right)\exp(-\mathrm{j}Z(f_r,f_a,\Delta\tau)) \tag{5.46}$$

从式(5.46)可以看出，$S'(f_r,f_a;R_p)$的前 3 个相位项与纵向距离处理无关，只有最后一个指数项与纵向距离处理相关。因此，$Z(f_r,f_a,\Delta\tau)$可进一步写为

$$Z(f_r,f_a,\Delta\tau)=C(q_2,f_a,f_r,f_r^2)+D(q_2,f_a)\Delta\tau f_r \tag{5.47}$$

为了消除距离空变性的影响，根据 NCS 算法原理，令

$$D(q_2,f_a)=\frac{1}{\alpha(f_a)} \tag{5.48}$$

当式(5.48)成立时，信号 $S'(f_r,f_a;R_p)$的距离移动和二次距离压缩项就一致了，因此可进一步解得

$$q_2=\gamma_e(f_a,R_p)(\alpha(f_a)-1) \tag{5.49}$$

将式(5.49)带入式(5.46)，可得

$$S'(f_r,f_a;R_p)=\exp\left(-\mathrm{j}\frac{4\pi Y_p\sin\theta_s f_0}{c}\right)\exp\left(-\mathrm{j}2\pi f_a\frac{Y_p}{v}\right)\exp\left(-\mathrm{j}\frac{4\pi R_0}{\lambda}B(f_a)\right)\exp(-\mathrm{j}2\pi\tau'_d(f_a,R_p)f_r)\exp\left(-\mathrm{j}\frac{\pi}{\alpha(f_a)\gamma_e(f_a,R_p)}f_r^2\right)\exp(\mathrm{j}M(f_a,R_p)) \tag{5.50}$$

这里

$$\begin{cases} \mathrm{M}(f_a, R_p) = 4\pi\gamma_e(f_a, R_p)\alpha(f_a)(\alpha(f_a)-1)\Delta\tau^2 \\ \tau'_d(f_a, R_0) = 2(Y_p \sin\theta_s + R_p + (\alpha(f_a)-1)R_0)/c \end{cases}$$

下面对信号 $S'(f_r, f_a; R_p)$进行距离压缩和徙动校正处理，参考函数 $H_4(f_r, f_a; R_p)$的表达式为

$$H_4(f_r, f_a; R_p) = \exp\left(\mathrm{j}\,\frac{4\pi(\alpha(f_a)-1)R_0}{c} f_r\right)\exp\left(\mathrm{j}\,\frac{\pi f_r^2}{\alpha(f_a)\gamma_e(f_a; R_p)}\right) \tag{5.51}$$

进一步，将回到距离多普勒域的信号进行方位向处理，方位压缩与残余相位补偿函数 $H_5(f_a, \Delta\tau; R_p)$的表达式为

$$H_5(f_a, \Delta\tau; R_p) = \exp\left(\mathrm{j}\,\frac{4\pi R_0}{\lambda} B(f_a)\right)\exp(-\mathrm{jM}(f_a, R_p)) \tag{5.52}$$

最后作方位向的逆傅里叶变换处理变换回方位向时域，即可完成全数据的大斜视 SAR 成像处理。聚焦后的目标还存在几何形变，当前已有文献研究大斜视 SAR 成像的几何形变校正问题，这里不再赘述。基于走动校正的 NCS 成像算法的流程如图 5.9 所示。

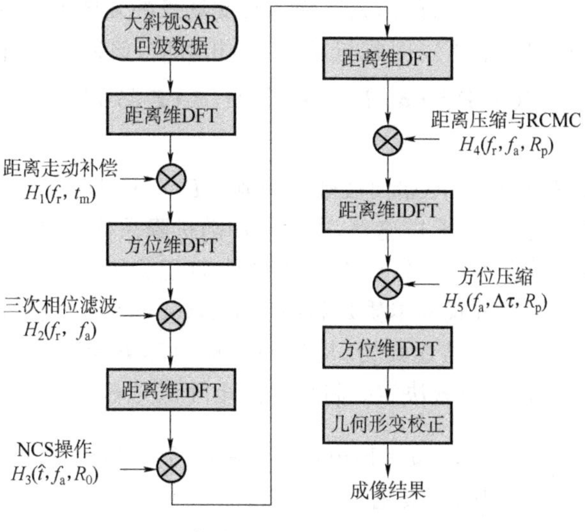

图 5.9 基于走动校正的 NCS 成像算法流程图

3. 基于 NCS 算子的 SAR 大斜视稀疏成像方法

上述给出了回波数据全采样条件下的大斜视 SAR 成像算法。但是为了减少大斜视 SAR 成像的数据量，降低系统的 A/D 采样率，利用低于奈奎斯特定理所要求的采样速率采集回波信号。对于降采样的成像数据，如果利用基于全采样数据的成像算法将会导致成像结果出现严重的旁瓣。压缩感知理论能够基于信号的稀疏特性，利用少量的数据实现信号高概率的重建。因此，将该理论应用于大斜视 SAR 成像能够以较低的采样速率采集回波数据。针对降采样数据的成像问题，首先根据大斜视 SAR 成像算法构造 NCS 算子，其次基于该算子建立压缩感知重构模型，通过对该重构模型的优化求解获得最终的成像结果。全采样大斜视 SAR 成像与降采样的大斜视 SAR 成像示意图如图 5.10 所示。

首先将基于走动校正的 NCS 成像算法写成矩阵处理形式，构造 NCS 算子。设定二维离散回波数据 $\boldsymbol{s}_r$ 的行向量为距离维，列向量为方位维，那么可以得到如式(5.53)所示的形式

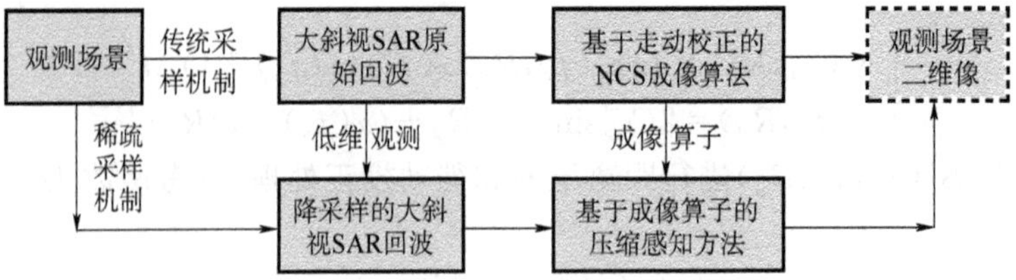

图 5.10　全采样与降采样大斜视 SAR 成像过程示意图

$$\boldsymbol{\sigma}=\Gamma(\boldsymbol{s}_{\mathrm{r}})=\boldsymbol{F}_{\mathrm{a}}\cdot\{\langle\{([([(\boldsymbol{F}_{\mathrm{a}}^{-1}\cdot[(\boldsymbol{s}_{\mathrm{r}}\cdot\boldsymbol{F}_{\mathrm{r}})\circ H_1])\circ H_2]\cdot\boldsymbol{F}_{\mathrm{r}}^{-1})\circ H_3]\cdot\boldsymbol{F}_{\mathrm{r}})\circ H_4\}\cdot\boldsymbol{F}_{\mathrm{r}}^{-1}\rangle\circ H_5\} \tag{5.53}$$

式中，$\circ$表示 Hadamard 乘积，$\boldsymbol{F}$ 和 $\boldsymbol{F}^{-1}$ 分别为傅里叶变换矩阵和逆傅里叶变换矩阵，下标 a 表示沿方位向，下标 r 表示沿距离向。$\boldsymbol{s}_{\mathrm{r}}$ 为全采样的大斜视 SAR 基频回波数据二维离散矩阵，大小为 $N_{\mathrm{a}}\times N_{\mathrm{r}}$，其中 N_{a} 为方位维单元数，N_{r} 为距离维单元数。$\boldsymbol{\sigma}$ 即为观测场景在大斜视 SAR 模式下的成像结果。

上述成像算法是一个可逆的过程，只要输入观测场景的复图像数据，利用该算法的逆处理即可获得原始的雷达回波数据。因此与式(5.53)相对应，该逆处理过程用公式可表示为

$$\boldsymbol{s}_{\mathrm{r}}=\Gamma^{-1}(\boldsymbol{\sigma})=\{\boldsymbol{F}_{\mathrm{a}}\cdot\langle[(((((((\boldsymbol{F}_{\mathrm{a}}^{-1}\cdot\boldsymbol{\sigma})\circ H_5^{*})\cdot\boldsymbol{F}_{\mathrm{r}})\circ H_4^{*})\cdot\boldsymbol{F}_{\mathrm{r}}^{-1})\circ H_3^{*})\cdot\boldsymbol{F}_{\mathrm{r}})\circ H_2^{*}]\rangle\}\circ H_1^{*}\cdot\boldsymbol{F}_{\mathrm{r}}^{-1} \tag{5.54}$$

式中，$(\cdot)^{*}$ 表示共轭处理，$\boldsymbol{s}_{\mathrm{r}}$ 为原始回波数据矩阵。$\Gamma^{-1}(\cdot)$即为 NCS 算子 $\Gamma(\cdot)$的逆变换。为了降低回波数据的 A/D 采样速率，本章利用随机降采样方式采集回波数据。该采样方式既可以针对距离维数据也可以针对方位维数据，这里为了讨论问题的方便，主要分析距离维数据的降采样。该采样方式的本质是利用低于 Nyquist 采样定理的采样速率完成对回波信号的非均匀采样。用公式描述则为：构造的采样矩阵 $\boldsymbol{\Theta}$ 行向量只有一个值为 1 的元素，并且该元素的位置由采样方式决定。将该观测矩阵记为 $\boldsymbol{\Theta}=\{\theta_{u,v}\}$

$$\theta_{u,v}=\begin{cases}1, & u=1,\cdots,\hat{N}_{\mathrm{r}}, v=\delta_u, \delta_u\in 1,\cdots,N_{\mathrm{r}}\\ 0, & 其他\end{cases} \tag{5.55}$$

回波数据降采样率定义为 $\eta=\hat{N}_{\mathrm{r}}/N_{\mathrm{r}}$。降采样接收回波信号的过程用公式表示为

$$\boldsymbol{s}_{\mathrm{rcom}}=\boldsymbol{s}_{\mathrm{r}}\cdot\boldsymbol{\Theta} \tag{5.56}$$

进一步地，将式(5.54)带入式(5.56)，可得

$$\boldsymbol{s}_{\mathrm{rcom}}=\Gamma^{-1}(\boldsymbol{\sigma})\cdot\boldsymbol{\Theta} \tag{5.57}$$

要想利用压缩感知重构方法获得最终的成像结果 $\boldsymbol{\sigma}$，$\Gamma^{-1}(\cdot)\cdot\boldsymbol{\Theta}$ 需要满足 RIP 性质。下面证明 $\Gamma^{-1}(\cdot)\cdot\boldsymbol{\Theta}$ 满足 RIP 性质。

对于式(5.57)，将成像结果 $\boldsymbol{\sigma}$ 记为向量形式，那么式(5.54)中的 $\Gamma^{-1}(\boldsymbol{\sigma})$可写为矩阵形式，得到

$$\mathrm{vec}(\Gamma^{-1}(\mathrm{X}))=\boldsymbol{G}\cdot x=\hat{\boldsymbol{F}}_{\mathrm{r}}^{-1}\cdot\hat{H}_1^{*}\cdot\hat{\boldsymbol{F}}_{\mathrm{a}}\cdot\hat{H}_2^{*}\cdot\hat{\boldsymbol{F}}_{\mathrm{r}}\cdot\hat{H}_3^{*}\cdot\hat{\boldsymbol{F}}_{\mathrm{r}}^{-1}\cdot H_4^{*}\cdot\hat{\boldsymbol{F}}_{\mathrm{r}}\cdot\hat{H}_5^{*}\cdot\hat{\boldsymbol{F}}_{\mathrm{a}}^{-1}\cdot x \tag{5.58}$$

式中：

$$\hat{\boldsymbol{F}}_{\mathrm{a}}=\boldsymbol{I}_{N_{\mathrm{r}}}\otimes\boldsymbol{F}_{\mathrm{a}}, \hat{\boldsymbol{F}}_{\mathrm{r}}=\boldsymbol{F}_{\mathrm{r}}\otimes\boldsymbol{I}_{N_{\mathrm{a}}}$$

$$\hat{H}_1^* = \mathrm{diag}(\mathrm{vec}(H_1^*)); \quad \hat{H}_2^* = \mathrm{diag}(\mathrm{vec}(H_2^*)); \quad \hat{H}_3^* = \mathrm{diag}(\mathrm{vec}(H_3^*));$$

$$\hat{H}_4^* = \mathrm{diag}(\mathrm{vec}(H_4^*)); \quad \hat{H}_5^* = \mathrm{diag}(\mathrm{vec}(H_5^*))$$

因此，进一步式(5.57)可写为

$$S = \hat{\boldsymbol{\Theta}} \cdot \boldsymbol{G} \cdot \sigma \tag{5.59}$$

式中，$S = \mathrm{vec}(s_{\mathrm{rcom}})$，$\hat{\boldsymbol{\Theta}} = \boldsymbol{\Theta}^{\mathrm{H}} \otimes I_{n_a}$。验证 $\Gamma^{-1}(\cdot) \cdot \boldsymbol{\Theta}$ 是否满足 RIP 性质其实也就是验证 $\hat{\boldsymbol{\Theta}} \cdot \boldsymbol{G}$ 是否满足 RIP 性质。前文已经证明了随机部分正交矩阵满足 RIP 性质。由于观测矩阵 $\hat{\boldsymbol{\Theta}}$ 是随机部分单位阵，因此如果算子 $\boldsymbol{G}$ 满足正交性，那么即可说明 $\hat{\boldsymbol{\Theta}} \cdot \boldsymbol{G}$ 满足 RIP 性质。

由于 $\hat{\boldsymbol{F}}_{\mathrm{a}}$ 和 $\hat{\boldsymbol{F}}_{\mathrm{a}}^{-1}$ 分别表示傅里叶变换矩阵和逆傅里叶变换矩阵，它们均满足正交性的要求，因此可得

$$\hat{\boldsymbol{F}}_{\mathrm{a}} \cdot (\hat{\boldsymbol{F}}_{\mathrm{a}})^{\mathrm{H}} = \boldsymbol{I}, \hat{\boldsymbol{F}}_{\mathrm{a}}^{-1} \cdot (\hat{\boldsymbol{F}}_{\mathrm{a}}^{-1})^{\mathrm{H}} = \boldsymbol{I} \tag{5.60}$$

同理，也可以获得

$$\hat{\boldsymbol{F}}_{\mathrm{r}} \cdot (\hat{\boldsymbol{F}}_{\mathrm{r}})^{\mathrm{H}} = \boldsymbol{I}, \hat{\boldsymbol{F}}_{\mathrm{r}}^{-1} \cdot (\hat{\boldsymbol{F}}_{\mathrm{r}}^{-1})^{\mathrm{H}} = \boldsymbol{I} \tag{5.61}$$

进一步，根据上述构造我们知道，$\hat{H}_1^*$、$\hat{H}_2^*$、$\hat{H}_3^*$、$\hat{H}_4^*$ 以及 $\hat{H}_5^*$ 均是复对角矩阵，那么我们能够分别获得

$$\hat{H}_1^* \cdot (\hat{H}_1^*)^{\mathrm{H}} = \begin{bmatrix} \sigma_1 & 0 & \cdots & 0 \\ 0 & \sigma_2 & \cdots & 0 \\ \vdots & \vdots & & \vdots \\ 0 & 0 & \cdots & \sigma_{N_r N_a} \end{bmatrix}, \hat{H}_2^* \cdot (\hat{H}_2^*)^{\mathrm{H}} = \begin{bmatrix} \varepsilon_1 & 0 & \cdots & 0 \\ 0 & \varepsilon_2 & \cdots & 0 \\ \vdots & \vdots & & \vdots \\ 0 & 0 & \cdots & \varepsilon_{N_r N_a} \end{bmatrix} \tag{5.62}$$

$$\hat{H}_3^* \cdot (\hat{H}_3^*)^{\mathrm{H}} = \begin{bmatrix} \varsigma_1 & 0 & \cdots & 0 \\ 0 & \varsigma_2 & \cdots & 0 \\ \vdots & \vdots & & \vdots \\ 0 & 0 & \cdots & \varsigma_{N_r N_a} \end{bmatrix}, \hat{H}_4^* \cdot (\hat{H}_4^*)^{\mathrm{H}} = \begin{bmatrix} \xi_1 & 0 & \cdots & 0 \\ 0 & \xi_2 & \cdots & 0 \\ \vdots & \vdots & & \vdots \\ 0 & 0 & \cdots & \xi_{N_r N_a} \end{bmatrix} \tag{5.63}$$

$$\hat{H}_5^* \cdot (\hat{H}_5^*)^{\mathrm{H}} = \begin{bmatrix} \zeta_1 & 0 & \cdots & 0 \\ 0 & \zeta_2 & \cdots & 0 \\ \vdots & \vdots & & \vdots \\ 0 & 0 & \cdots & \zeta_{N_r N_a} \end{bmatrix} \tag{5.64}$$

进一步地，

$$\begin{aligned} \boldsymbol{G} \cdot (\boldsymbol{G})^{\mathrm{H}} = {} & \hat{\boldsymbol{F}}_{\mathrm{r}}^{-1} \cdot \hat{H}_1^* \cdot \hat{\boldsymbol{F}}_{\mathrm{a}} \cdot \hat{H}_2^* \cdot \hat{\boldsymbol{F}}_{\mathrm{r}} \cdot \hat{H}_3^* \cdot \hat{\boldsymbol{F}}_{\mathrm{r}}^{-1} \cdot H_4^* \cdot \hat{\boldsymbol{F}}_{\mathrm{r}} \cdot \hat{H}_5^* \cdot \hat{\boldsymbol{F}}_{\mathrm{a}}^{-1} \cdot \\ & (\hat{\boldsymbol{F}}_{\mathrm{r}}^{-1} \cdot \hat{H}_1^* \cdot \hat{\boldsymbol{F}}_{\mathrm{a}} \cdot \hat{H}_2^* \cdot \hat{\boldsymbol{F}}_{\mathrm{r}} \cdot \hat{H}_3^* \cdot \hat{\boldsymbol{F}}_{\mathrm{r}}^{-1} \cdot H_4^* \cdot \hat{\boldsymbol{F}}_{\mathrm{r}} \cdot \hat{H}_5^* \cdot \hat{\boldsymbol{F}}_{\mathrm{a}}^{-1})^{\mathrm{H}} \\ = {} & \hat{\boldsymbol{F}}_{\mathrm{r}}^{-1} \cdot \hat{H}_1^* \cdot \hat{\boldsymbol{F}}_{\mathrm{a}} \cdot \hat{H}_2^* \cdot \hat{\boldsymbol{F}}_{\mathrm{r}} \cdot \hat{H}_3^* \cdot \hat{\boldsymbol{F}}_{\mathrm{r}}^{-1} \cdot H_4^* \cdot \hat{\boldsymbol{F}}_{\mathrm{r}} \cdot \hat{H}_5^* \cdot \hat{\boldsymbol{F}}_{\mathrm{a}}^{-1} \cdot (\hat{\boldsymbol{F}}_{\mathrm{a}}^{-1})^{\mathrm{H}} \cdot (\hat{H}_5^*)^{\mathrm{H}} \cdot \\ & (\hat{\boldsymbol{F}}_{\mathrm{r}})^{\mathrm{H}} \cdot (\hat{H}_4^*)^{\mathrm{H}} \cdot (\hat{\boldsymbol{F}}_{\mathrm{r}}^{-1})^{\mathrm{H}} \cdot (\hat{H}_3^*)^{\mathrm{H}} \cdot (\hat{\boldsymbol{F}}_{\mathrm{r}})^{\mathrm{H}} \cdot (\hat{H}_2^*)^{\mathrm{H}} \cdot (\hat{\boldsymbol{F}}_{a})^{\mathrm{H}} \cdot (\hat{H}_1^*)^{\mathrm{H}} \cdot (\hat{\boldsymbol{F}}_{\mathrm{r}}^{-1})^{\mathrm{H}} \end{aligned}$$

$$=\begin{bmatrix} \sigma_1 \cdot \varepsilon_1 \cdot \varsigma_1 \cdot \xi_1 \cdot \zeta_1 & 0 & \cdots & 0 \\ 0 & \sigma_2 \cdot \varepsilon_2 \cdot \varsigma_2 \cdot \xi_2 \cdot \zeta_2 & \cdots & 0 \\ \vdots & \vdots & & \vdots \\ 0 & 0 & \cdots & \boldsymbol{\sigma}_{N_rN_a} \cdot \varepsilon_{N_rN_a} \cdot \varsigma_{N_rN_a} \cdot \xi_{N_rN_a} \cdot \zeta_{N_rN_a} \end{bmatrix} \tag{5.65}$$

因此算子 $\boldsymbol{G}$ 满足正交性，那么 $\hat{\boldsymbol{\Theta}} \cdot \boldsymbol{G}$ 满足 RIP 性质。根据上述分析，$\Gamma^{-1}(\cdot) \cdot \boldsymbol{\Theta}$ 满足 RIP 性质。那么根据压缩感知理论，通过求解下列有约束的问题即可获得观测场景的大斜视 SAR 成像结果

$$\min \|\boldsymbol{\sigma}\|_0 \quad 并使得 \quad \boldsymbol{s}_{\mathrm{rcom}}=\Gamma^{-1}(\boldsymbol{\sigma}) \cdot \boldsymbol{\Theta} \tag{5.66}$$

为了对式(5.66)进行求解，将有约束的问题转化为如下无约束的凸优化问题

$$\min_{\sigma}\left\{\frac{1}{2}\|\boldsymbol{s}_{\mathrm{rcom}}-\Gamma^{-1}(\boldsymbol{\sigma}) \cdot \boldsymbol{\Theta}\|_2^2+\lambda\|\boldsymbol{\sigma}\|_1\right\} \tag{5.67}$$

式中，λ 为正则化参数。由于 $\Gamma^{-1}(\cdot)$ 是隐性表达式，无法直接采用 ISTA 对式(5.67)的凸优化问题进行求解，需要对 ISTA 进行一定的改进。在求解的过程中，将 $\Gamma^{-1}(\cdot)$ 计算出来的结果看作一个整体，代入到下一步的迭代中。这样就避免了传统 ISTA 中矩阵相乘要求。因此构造的迭代函数如式(5.68)所示。

$$\hat{\boldsymbol{\sigma}}_k=\mathrm{soft}(\hat{\boldsymbol{\sigma}}_{k-1}+\mu \cdot \Gamma[(\boldsymbol{s}_{\mathrm{rcom}}-\Gamma^{-1}(\hat{\boldsymbol{\sigma}}_{k-1}) \cdot \boldsymbol{\Theta})\boldsymbol{\Theta}^{\mathrm{H}}],\lambda) \tag{5.68}$$

式中，$\mathrm{soft}(x,\lambda)=\mathrm{sign}(x)\max(|x|-\lambda,0)$。对于式(5.68)有两个参数需要设定，分别是 μ 和 λ。μ 控制着 ISTA 算法的收敛性，λ 平衡重构精度和稀疏度。根据 T. Blumensath 的论文[27]，μ 应满足式(5.69)的要求

$$\mu_k=\frac{\|\Gamma^{-1}(\Delta\hat{\boldsymbol{\sigma}}_k) \cdot \boldsymbol{\Theta}\|_2^2}{\|\Delta\hat{\boldsymbol{\sigma}}_k\|_2^2} \tag{5.69}$$

另外，徐宗本院士团队也给出了 λ 应满足的条件[28]

$$\lambda \in [|b_\mu(x^*)|_{I+1}/\mu, |b_\mu(x^*)|_{I+1}/\mu] \tag{5.70}$$

式中，$b_\mu(x)=x+\mu\Delta x$，$|\cdot|_I$ 表示信号的第 I 个最大值。因此在第 k 次迭代中，正则化参数 λ 为

$$\lambda_k=\frac{|\hat{\boldsymbol{\sigma}}_k+\mu_k \cdot \Delta\hat{\boldsymbol{\sigma}}_k|_I}{\mu_k} \tag{5.71}$$

式中，稀疏度 I 需要根据先验信息事先获得。

整体的 SAR 大斜视稀疏成像方法的流程如下：

输入：随机降采样的大斜视 SAR 基频回波数据 $\boldsymbol{s}_{\mathrm{rcom}}$，NCS 算子 $\Gamma(\cdot)$ 和其逆变换算子 $\Gamma^{-1}(\cdot)$ 以及降采样方式决定的降采样矩阵 $\boldsymbol{\Theta}$。

输出：观测场景的大斜视 SAR 成像结果 $\boldsymbol{\sigma}$。

Step 1　初始化 $\boldsymbol{\sigma}_0=0$，残余误差 $p_0=\boldsymbol{s}_{\mathrm{rcom}}$，迭代次数 $k=1$。

Step 2　计算匹配滤波的残余误差：$\Delta\hat{\boldsymbol{\sigma}}_k=\Gamma(p_k \cdot \boldsymbol{\Theta}^{\mathrm{H}})$。

Step 3　计算观测矩阵 $\boldsymbol{\Theta}$ 与 p_k 的相关度，并根据 $k-1$ 次的迭代结果估计第 k 次的结果，即

$$\hat{\boldsymbol{\sigma}}_k=\mathrm{soft}(\hat{\boldsymbol{\sigma}}_{k-1}+\mu_{k-1} \cdot \Delta\hat{\boldsymbol{\sigma}}_k,\lambda)$$

Step 4　更新残余误差：$p_k = \boldsymbol{s}_{\text{rcom}} - \Gamma^{-1}(\hat{\boldsymbol{\sigma}}_k)\cdot\boldsymbol{\Theta}$。

Step 5　计算 $\gamma = |\hat{\boldsymbol{\sigma}}_k - \hat{\boldsymbol{\sigma}}_{k-1}|_2 / |\hat{\boldsymbol{\sigma}}_{k-1}|_2$，若 $\gamma \leqslant \rho$ 则停止迭代并输出最终的估计值 $\hat{\boldsymbol{\sigma}}_k$，否则 $k=k+1$ 并转 Step 2。

至此完成了基于降采样数据的大斜视 SAR 成像，$\hat{\boldsymbol{\sigma}}_k$ 即为获得的最终压缩感知成像结果。

4. 仿真验证

首先采用 3 个点目标，分别为近距点 P_1，中心点 P_2 以及远距点 P_3 对提出的基于走动校正的 NCS 成像方法进行验证。3 个点目标的布置方式以及与 SAR 系统的位置关系如图 5.11 所示。SAR 系统以大斜视条带模式工作，斜视角 θ_s 为45°，中心斜距 R_B 为 14.14 km，雷达工作在 X 波段(波长为 0.03 m)，飞行速度 $v=100$ m/s。观测场景的大小为 5 km×5 km，其中心点与载机航迹的最近距离 R_0 为 10 km。发射信号为 LFM 信号，脉宽为 10 μs，带宽 B 为 50 MHz，获得的距离向分辨率为 3 m。天线孔径为 4 m。

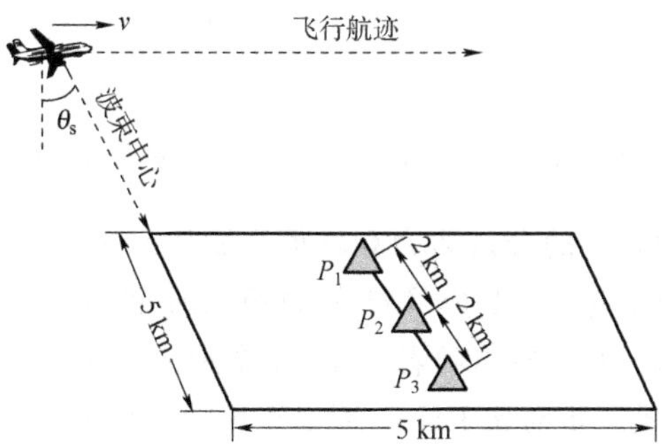

图 5.11　目标布置示意图

利用随机降采样方式对大斜视 SAR 回波信号进行降采样接收，降采样率 η 分别设为 1/3 和 1/4。利用所提的大斜视 SAR 压缩感知成像方法进行数据处理，得到的结果如图 5.12 所示。其中图 5.12(a)是传统匹配滤波 SAR 成像结果，图 5.12(b)是 η 为 1/3 时得到的 3 个点目标的成像结果；图 5.12(c)是 η 为 1/4 时得到的成像结果。可以看出，基于压缩感知方法获得成像结果的旁瓣明显低于全采样成像结果，从而说明了所提方法可以在大幅压缩回波数据情况下实现观测场景的较好成像，并且聚焦性能更好。

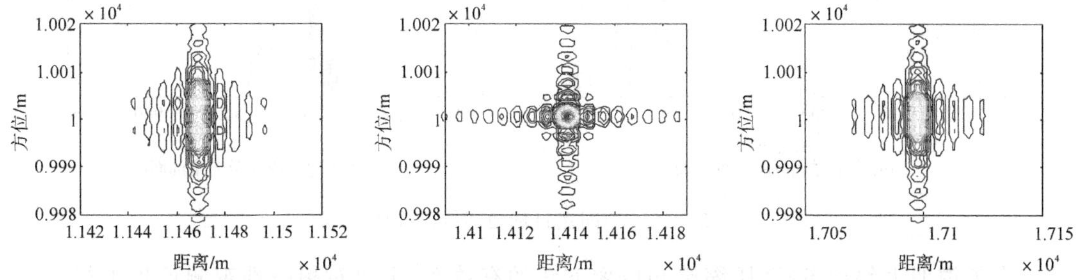

(a) 传统匹配滤波SAR成像结果

图 5.12　大斜视 SAR 压缩感知成像结果

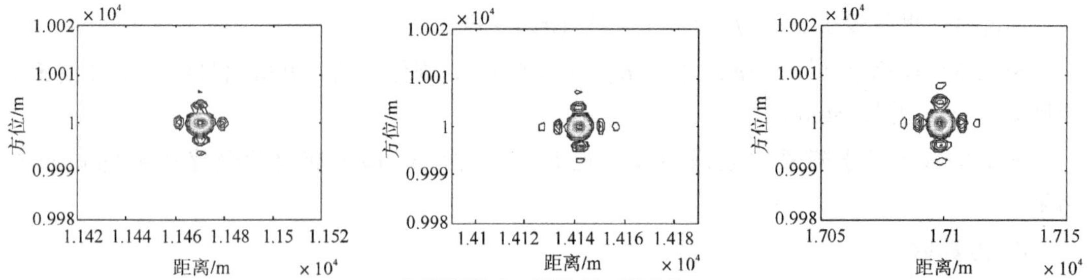

(b) 降采样比为1/3压缩感知成像结果

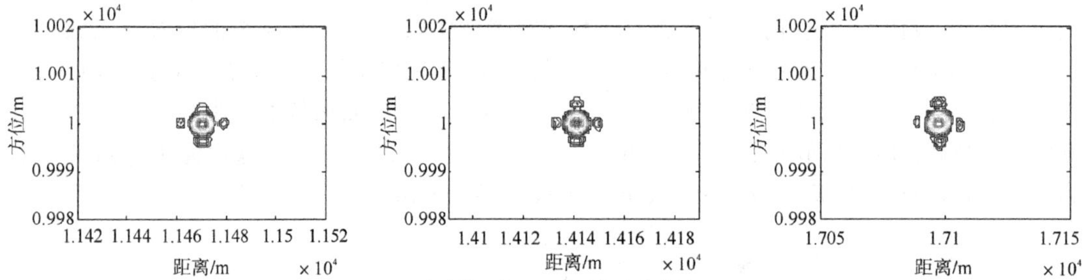

(c) 降采样比为1/4压缩感知成像结果

图 5.12　大斜视 SAR 压缩感知成像结果(续)

进一步定量比较两种方法的分辨能力和峰值旁瓣比(PSLR)。以中心点目标 P_2 为例，分析全采样成像与降采样率 $\eta=1/3$ 成像结果的距离维剖面图，得到结果如图 5.13 所示。对比成像结果的 3 dB 带宽，可以看出两者均是 14 个距离维采样单元，说明所提方法没有提高成像结果的分辨能力。进一步对比 PSLR，可以得出全采样成像结果的 PSLR 是 －13.4 dB，而压缩感知成像结果的 PSLR 是 －15.5 dB，低于全采样成像，说明了压缩感知成像能够降低旁瓣，具有更好的聚焦能力。

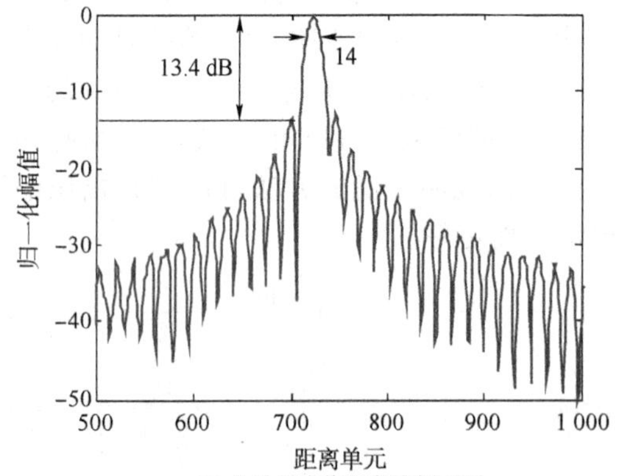

(a) 全采样成像距离维剖面图

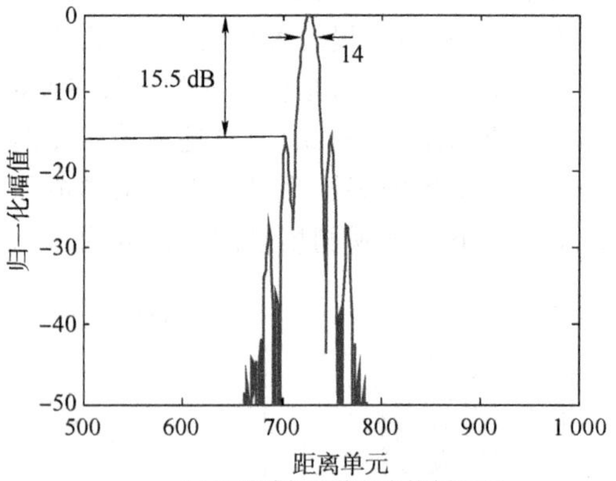

(b) 压缩感知成像距离维剖面图

图 5.13　中间点目标距离维剖面图

为了说明大斜视 SAR 压缩感知成像方法的有效性，主要对稀疏性观测场景进行成像处理。观测场景同样采用 Radarsat-1 数据成像结果中的海湾舰船目标部分进行仿真验证，雷达系统的参数设置以及成像场景与雷达的位置关系与单点目标仿真实验一致。在全采样接收回波数据的条件下，利用提出的基于走动校正的 NCS 成像方法得到的成像结果如图 5.14(b)、图 5.14(d)所示。设定大斜视 SAR 回波数据的距离维的降采样率 η 分别为 3/4、1/2 和 1/4。利用所提的压缩感知成像方法对降采样数据进行成像处理,得到的结果分别如图 5.14(e)、图 5.14(g)所示(成像结果已完成几何形变校正处理)。可以看出压缩感知

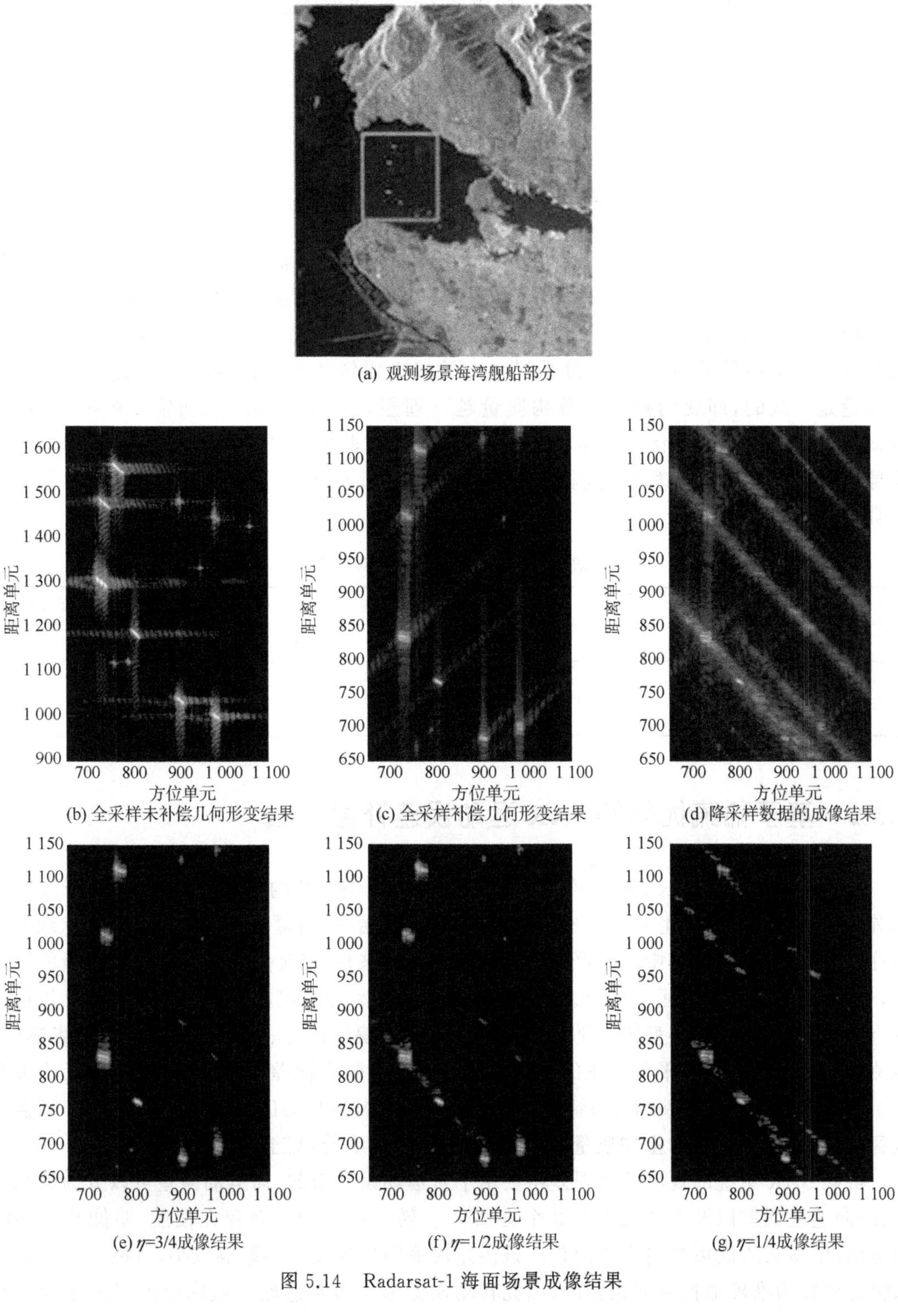

图 5.14 Radarsat-1 海面场景成像结果

成像方法的成像结果旁瓣明显低于传统匹配滤波成像结果。当降采样率 η 较小时算法重构出了部分的虚假点，但是主要的散射点不受影响，还是能够得到观测场景的主要信息。

进一步利用峰值信噪比(PSNR)和重构所需时间(以某次迭代所需要的时间为例)来分别定量比较，压缩感知成像方法与全采样成像方法的成像质量和重构效率。PSNR 的定义如下

$$\mathrm{PSNR}=10\lg\left[\frac{255^2}{\mathrm{MSE}}\right] \tag{5.72}$$

其中

$$\mathrm{MSE}=\frac{1}{MN}\sum_{i=0}^{M-1}\sum_{j=0}^{N-1}\left[I(i,j)-\hat{I}(i,j)\right]^2 \tag{5.73}$$

MSE 表示的是均方误差，$I(i,j)$、$\hat{I}(i,j)$分别表示原图像和重构图像的像素值。通常情况下，峰值信噪比越大，重构图像的质量越好。得到的数值结果如表 5.1 所示。图 5.14(e)、图 5.14(f)和图 5.14(g)的 PSNR 值分别为 43.79 dB，41.38 dB 以及 37.21 dB，数值计算结果与视觉效果是一致的，均是随着降采样率 η 的减少成像效果逐渐变差。这与压缩感知基本理论是一致的，即观测数越少重构质量越不理想。对比两种算法所需要的时间，压缩感知成像方法由于采用优化求解的方法进行处理，因此所需要的处理时间要高于全采样成像所需要的时间。但基本控制在一个数据量级，即使算上多次迭代运算，也不会超两个数据量级。

表 5.1　成像质量与时间对比表

不同方法	压缩感知成像方法			全采样成像
降采样率	$\eta=3/4$	$\eta=1/2$	$\eta=1/4$	
PSNR/dB	43.79	41.38	37.21	
时间/s	34.6	34.4	33.8	12.9

5.3.2　基于稀疏优化的 SAR 运动误差补偿方法

5.2 节中建立的 SAR 稀疏成像模型假设观测矩阵是已知的，从而利用回波信号和观测矩阵重构得到场景的散射系数。然而在实际 SAR 应用中，测量到的观测矩阵与实际观测矩阵往往存在一定误差，其中较为严重的观测矩阵误差来自 SAR 平台对观测位置测量的不准确，也就是 SAR 平台的运动误差。随着 SAR 成像技术的发展，SAR 系统已经广泛装备于低空小型机、无人机等小型机载平台。上述平台易受偏航误差、大气湍流等因素的影响，导致测量到的观测位置和平台真正的观测位置之间存在较大误差，当观测位置误差无法被载机上装备的惯导设备(Inertial Navigation Systems, INS)和 GPS 设备精确补偿时，就会导致稀疏 SAR 成像模型的重构质量下降，从而降低成像质量，甚至无法成像。

机载 SAR 系统的观测位置误差主要由平台运动误差引起，而运动误差可以分为转动误差、航向速度误差以及平动误差航 3 个方面[29]。转动误差指平台存在偏航、俯仰和滚动的角运动，使得天线波束指向产生误差。该误差对最终成像质量的影响较小，且由于天线伺服系统能够较为准确地控制波束指向，因此转动误差通常可被忽略。航向速度误差主要引起

回波方位向上的相位误差，从而导致 SAR 图像方位向散焦。平动误差是指平台偏离理想直线轨迹作非直线运动导致的误差，该误差除了会带来相位误差外，还会产生额外的距离徙动(Range Cell Migration，RCM)，同样也是影响成像质量的重要因素之一。

目前已经有大量基于匹配滤波 SAR 成像方法的 SAR 运动误差补偿(Motion Compensation，MOCO)方法，从处理方法上可以分为基于导航系统测量数据的运动误差补偿方法[30-32]和基于回波信号处理的补偿方法[33-34]，而基于回波信号处理的方法又可以分为参数化方法和非参数化方法[35]。

针对雷达平台运动误差导致的观测矩阵误差，本书介绍两种可行的 SAR 稀疏成像观测位置误差补偿方法。本书介绍的方法忽略了平台转动误差对观测矩阵造成的影响，只考虑平台航向速度误差及平动误差。首先详细分析了平台运动误差对 SAR 回波信号的影响。然后针对航向速度误差以及平动误差，在基于匹配滤波反演的二维 SAR 稀疏观测模型基础上，介绍了两种观测位置误差补偿方法。第一种方法针对载机航向速度误差引起的回波方位向相位误差，在二维观测模型基础上，通过平移相关(Shift and Correlation，SAC)算法在模型迭代过程中优化多普勒调频率参数，并采用两步迭代的优化方法分别求解场景散射系数与相位误差。该方法的优点是通过优化多普勒调频率减少了模型误差，且无须增加自聚焦等图像域操作，加快了对相位误差的估计速度。第二种方法针对载机平动误差引起的回波距离空变运动误差，首先在波束域推导了一种一步运动误差补偿方法，利用导航测量数据对空变运动误差进行“粗补偿”。然后建立距离向一方位向耦合的二维相位误差矩阵，采用两步迭代的优化方法对剩余相位误差进行“精补偿”，从而在重构过程中获得逐步聚焦的 SAR 场景图像。

1. 基于多普勒调频率估计的稀疏 SAR 观测位置误差补偿方法

图 5.15 给出了含观测位置误差时的 SAR 平台工作示意图，假设 SAR 系统工作在正侧视模式，理想条件下载机应按照速度 v 延 x 坐标轴作匀速直线运动，其理想航迹如图中虚直线所示。而实际过程中载机受平动误差航以及航向速度误差影响，不可避免地作非匀速曲线运动，其真实航迹如图中的弯曲实线所示。

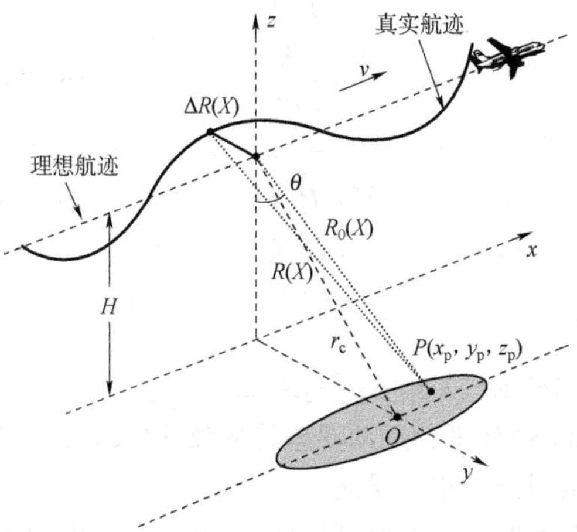

图 5.15　含观测位置误差的 SAR 工作模式图

雷达的理想天线相位中心(Antenna Phase Center,APC)位置设定为$[X,0,H]$,其中$X=vt_a$表示理想方位向位置,H为载机高度。载机的实际APC位置为$[X+\Delta x(t_m),\Delta y(t_m),H+\Delta z(t_m)]$,其中$\Delta x(t_m)$、$\Delta y(t_m)$和$\Delta z(t_m)$分别表示载机沿3个坐标轴的运动误差分量,$t_m$为雷达慢时间。对于观测场景,设定场景中心点坐标为$o$,雷达APC到场景中心的距离为$r_c$。假设观测场景中有一目标点$P$,其坐标位置为$(x_p,y_p,z_p)$,那么点$P$到雷达APC的理想斜距$R_0(X)$和实际斜距$R(X)$可以表示为

$$R_0(X)=\sqrt{(X-x_p)^2+y_p^2+(H-z_p)^2}=\sqrt{(X-x_p)^2+r^2} \tag{5.74}$$

$$R(X)=\sqrt{(X+\Delta x(t_m)-x_p)^2+(\Delta y(t_m)-y_p)^2+(H+\Delta z(t_m)-z_p)^2} \tag{5.75}$$

式中,$r=\sqrt{y_p^2+(H-z_p)^2}$表示目标到理想航迹的垂直距离。那么在雷达远场假设条件下,载机的运动误差$\Delta R(X)$可以表示为

$$\Delta R(X)=R(X)-R_0(X)\approx\frac{2X+\Delta x(t_m)-2x_p}{r}\cdot\Delta x(t_m)+\sin\theta\cdot\Delta y(t_m)+\cos\theta\cdot\Delta z(t_m) \tag{5.76}$$

式中,$\sin\theta=\sqrt{1-(H/r)^2}$,$\cos\theta=H/r$,$\theta$表示雷达视线入射角。式(5.76)中第一项表示航向速度误差,后两项表示平动误差。

下面分析载机运动误差对SAR回波带来的影响。假设SAR系统发射LFM信号,那么目标点P处的基带回波信号可以写为

$$\begin{aligned}s(\hat{t},X)=&\sigma_p\mathrm{rect}\left(\frac{\hat{t}-2R(X)/c}{T_p}\right)\mathrm{rect}\left(\frac{X+\Delta x(t_m)-x_p}{L}\right)\\&\exp\left[\mathrm{j}\pi\gamma\left(\hat{t}-\frac{2R(X)}{c}\right)^2-\frac{\mathrm{j}4\pi f_cR(X)}{c}\right]\end{aligned} \tag{5.77}$$

式中,$\hat{t}$为雷达快时间,σ_p为P点的散射系数,rect()表示回波信号的包络,L表示合成孔径长度。对式(5.77)做傅里叶变换,将回波信号转换到距离频率域,并将公式写成波束域表达形式

$$\begin{aligned}\boldsymbol{s}(K_r,X)=&\sigma_p\mathrm{rect}\left(\frac{\Delta K_r}{4\pi\gamma T_p}\right)\mathrm{rect}\left(\frac{X+\Delta x(t_m)-x_p}{L}\right)\\&\exp\left[\mathrm{j}\,\frac{(K_r-K_{rc})^2c^2}{16\pi\gamma}\right]\exp\left[-\mathrm{j}K_rR(X)\right]\end{aligned} \tag{5.78}$$

式中,$K_r=K_{rc}+\Delta K_r$表示距离波束,$K_{rc}=4\pi f_c/c$为距离波束中心,$\Delta K_r\in[-2\pi\gamma T_p/c,2\pi\gamma T_p/c]$。对式(5.78)乘以距离匹配函数$\boldsymbol{H}_r(K_r,X)=-\exp[\mathrm{j}\,(K_r-K_{rc})^2c^2/16\pi\gamma]$进行距离脉压,然后再变换回时域,此时的回波公式可以写为

$$\begin{aligned}\boldsymbol{s}(\hat{t},X)=&\sigma_p\mathrm{sinc}\left[T_p\gamma\left(\hat{t}-\frac{2(R_0(X)+\Delta R(X))}{c}\right)\right]\mathrm{rect}\left(\frac{X+\Delta x(t_m)-x_p}{L}\right)\\&\exp[-\mathrm{j}K_rR_0(X)]\exp[-\mathrm{j}K_r\Delta R(X)]\end{aligned} \tag{5.79}$$

由式(5.79)可以看出,SAR平台运动误差将导致SAR回波出现包络偏移和相位误差,其中指数项的第二项表示回波的相位误差。

此处主要考虑方位向上的相位误差,假设同一方位时间内的运动误差关于距离单元恒定。这种相位误差主要由恒定的航向速度误差引起,即假设不同距离单元对应的载机加速度相等,该假设在SAR刈宽不大时成立。方位向相位误差只与方位时间有关,主要影响稀

疏正则化 SAR 成像算法在方位向上的重构精度。具体的,在一维 SAR 稀疏观测模型基础上,方位向相位误差可以表示为对观测矩阵左乘一个相位误差矩阵 $\boldsymbol{E}$,即每一个回波采样都附加一个误差相位

$$\boldsymbol{s}=\boldsymbol{E\Phi\sigma}+\boldsymbol{n} \tag{5.80}$$

式中,$\boldsymbol{s}\in{}^{PQ\times1}$表示回波信号,$\boldsymbol{\sigma}\in\mathbb{C}^{MN\times1}$表示观测场景散射系数,$\boldsymbol{\Phi}\in\mathbb{C}^{PQ\times MN}$表示观测矩阵,$\boldsymbol{n}\in\mathbb{C}^{PQ\times1}$为噪声向量。$P$、$Q$ 分别为雷达系统在距离向和方位向的采样点数,M、N 分别为观测场景离散化后距离向和方位向的网格点数。$\boldsymbol{E}\in\mathbb{C}^{PQ\times PQ}$表示相位误差矩阵,其具体表达式可以写为

$$\boldsymbol{E}=\mathrm{diag}\left[\underbrace{\exp(\mathrm{j}\phi_1),\cdots,\exp(\mathrm{j}\phi_1)}_{P},\cdots,\underbrace{\exp(\mathrm{j}\phi_Q),\cdots,\exp(\mathrm{j}\phi_Q)}_{P}\right]_{PQ\times PQ} \tag{5.81}$$

式中,$\phi=[\phi_1,\phi_2,\cdots,\phi_i,\cdots,\phi_Q]$为相位误差向量,$\phi_i$ 表示第 i 个方位向采样点上的相位误差。

方位向相位误差将导致成像目标在方位向上出现散焦。为了求解式(5.79)中的 SAR 成像模型,采用一种两步迭代优化方法,即同时建立稀疏场景和相位误差矩阵两个迭代目标,分步交替迭代,在场景迭代重构的同时对相位误差进行估计和补偿。两步迭代优化模型可以写为

$$[\boldsymbol{E},\boldsymbol{\sigma}]=\arg\min_{\boldsymbol{E},\boldsymbol{\sigma}}\|\boldsymbol{s}-\boldsymbol{E\Phi}\cdot\boldsymbol{\sigma}\|_2^2+\lambda\|\boldsymbol{\sigma}\|_p^p \tag{5.82}$$

该模型没有对一维 SAR 观测模型进行任何假设或其他改变,只是利用迭代优化方法对方位向相位误差进行求解,其每一步迭代都要求解两次优化问题,运算量较大。另外,由于一维观测模型的观测矩阵维数很大,因此该算法将占用极高的计算机内存资源,当观测场景较大或网格化较密时,将极大增加算法的计算时间。为了提高算法的实时性,进一步采用基于匹配滤波反演的二维 SAR 观测模型,利用该模型中矩阵与矩阵相乘的优势,降低相位误差矩阵的维度。在匹配滤波算法反演过程中对多普勒调频率进行估计,降低观测模型对载机航向运动的模型误差,从而减少两步迭代优化模型的迭代次数,实现对一维观测误差矩阵的快速估计和补偿。

基于匹配滤波反演的二维 SAR 观测模型的观测场景散射系数矩阵的求解表达式为

$$\widetilde{\boldsymbol{G}}=\min_{\boldsymbol{G}}\{\|\boldsymbol{S}-\boldsymbol{M}^{-1}(\boldsymbol{G})\|_2^2+\lambda\|\boldsymbol{G}\|_p^p\} \tag{5.83}$$

式中,$\boldsymbol{S}\in\mathbb{C}^{P\times Q}$表示回波矩阵,$\boldsymbol{G}$ 为场景散射系数矩阵,$\boldsymbol{M}^{-1}$表示匹配滤波成像步骤的反演。假设采用 RD 算法,那么匹配滤波算子及其反演算子可以写为

$$\boldsymbol{M}(\boldsymbol{S})=\boldsymbol{F}_{\mathrm{a}}^{\mathrm{H}}\{\boldsymbol{P}_{\mathrm{a}}\circ\boldsymbol{P}_{\mathrm{r-RCMC}}\circ<\boldsymbol{F}_{\mathrm{a}}[\boldsymbol{P}_{\mathrm{r}}\circ(\boldsymbol{S}\,\boldsymbol{F}_{\mathrm{r}})]\boldsymbol{F}_{\mathrm{r}}^{\mathrm{H}}>\} \tag{5.84}$$

$$\boldsymbol{M}^{-1}(\boldsymbol{G})=\{\boldsymbol{P}_{\mathrm{r}}^{*}\circ<\boldsymbol{F}_{\mathrm{a}}^{\mathrm{H}}[\boldsymbol{P}_{\mathrm{a}}^{*}\circ\boldsymbol{P}_{\mathrm{r-RCMC}}^{*}(\boldsymbol{F}_{\mathrm{a}}\boldsymbol{G})]\boldsymbol{F}_{\mathrm{r}}>\}\boldsymbol{F}_{\mathrm{r}}^{\mathrm{H}} \tag{5.85}$$

式中,$\boldsymbol{F}_{\mathrm{r}}$ 和$\boldsymbol{F}_{\mathrm{r}}^{\mathrm{H}}$ 分别表示距离 FFT 和 IFFT;$\boldsymbol{F}_a$ 和$\boldsymbol{F}_a^{\mathrm{H}}$ 分别表示方位 FFT 和 IFFT;$\boldsymbol{P}_{\mathrm{r}}$ 表示距离脉压函数,$\boldsymbol{P}_{\mathrm{a}}$ 表示方位脉压函数,$\boldsymbol{P}_{\mathrm{r-RCMC}}$表示距离徙动补偿项,一般采用 sinc 函数插值的方式实现,∘表示矩阵的哈德码相乘。对于$\boldsymbol{M}^{-1}(\boldsymbol{G})$运算,FFT 运算的逆运算为 IFFT;指数相乘运算 $\boldsymbol{P}_{\mathrm{a}}$ 的逆运算为其共轭 $\boldsymbol{P}_{\mathrm{a}}^{*}$ 相乘运算。采用式(5.83)中的 SAR 观测模型,那么含有方位向相位位置误差矩阵的两步迭代优化模型可以写为

$$[\boldsymbol{E},\boldsymbol{G}]=\arg\min_{\boldsymbol{G},\boldsymbol{E}}\{\|\boldsymbol{S}-\boldsymbol{M}^{-1}(\boldsymbol{G})\cdot\boldsymbol{E}\|_2^2+\lambda\|\boldsymbol{G}\|_p^p\} \tag{5.86}$$

式中,$\boldsymbol{E}$ 的具体表达式可以写为

$$E=\mathrm{diag}\left[\exp(\mathrm{j}\phi_1),\exp(\mathrm{j}\phi_2),\cdots,\exp(\mathrm{j}\phi_Q)\right]_{Q\times Q} \tag{5.87}$$

式(5.86)同样可以采用两步迭代优化模型求解，其中场景重构的部分采用ITA算法求解，具体步骤将在后面给出。当重构得到$\boldsymbol{G}^{(i+1)}$后，相位误差矩阵的求解表达式为

$$\boldsymbol{E}^{(i+1)}=\underset{\boldsymbol{E}}{\arg\min}\left\|\boldsymbol{S}-\boldsymbol{M}^{-1}(\boldsymbol{G}^{(i+1)})\cdot\boldsymbol{E}\right\|_2^2 \tag{5.88}$$

由于方位向上第m个观测位置的相位误差只与ϕ_m有关，因此对矩阵$\boldsymbol{E}^{(i+1)}$的求解可以转化为下列优化问题

$$\phi^{(i+1)}(m)=\underset{\boldsymbol{E}}{\arg\min}\left\|\boldsymbol{S}_{(m)}-\boldsymbol{M}^{-1}(\boldsymbol{G}^{(i+1)})_{(m)}\cdot\exp(\mathrm{j}\phi(m))\right\|_2^2 \tag{5.89}$$

式中，$[\,]_{(m)}$表示矩阵的第m列，求解式(5.89)可以得到

$$\phi^{(i+1)}(m)=\mathrm{angle}(\boldsymbol{S}_{(m)}\cdot[\boldsymbol{M}^{-1}(\boldsymbol{G}^{(i+1)})]_{(m)}^{H}) \tag{5.90}$$

式中，angle 函数表示求$\boldsymbol{S}_{(m)}$和的$[\boldsymbol{M}^{-1}(\boldsymbol{G}^{i+1})]_{(m)}^{H}$的相位角。

上文给出了基于匹配滤波反演的二维SAR观测模型的方位向相位误差补偿方法，但当载机的航向速度偏差较大时，该模型需要进行多次迭代才能实现对相位误差矩阵的准确估计，这同样需要消耗大量时间。为了提升该模型的计算速度，下面给出一种基于多普勒调频率估计的方法来加快相位误差矩阵的估计速度。

多普勒调频率是实现SAR聚焦成像的重要参数。对于本节的SAR观测模型，$\boldsymbol{P}_{\mathrm{r}}$和$\boldsymbol{P}_{\mathrm{a}}$分别表示距离脉压函数和方位脉压函数，其表达式可以写为

$$\boldsymbol{P}_{\mathrm{a}}=\exp\left(\mathrm{j}\frac{\pi}{K_{\mathrm{a}}}f_{\mathrm{a}}^2\right),\boldsymbol{P}_{\mathrm{r}}=\exp\left(\mathrm{j}\frac{\pi}{K_{\mathrm{r}}}f_{\mathrm{r}}^2\right) \tag{5.91}$$

式中，f_{a}和f_{r}分别表示方位频率和距离频率，K_{a}表示多普勒调频率，其表达式可以写为

$$K_{\mathrm{a}}(t_{\mathrm{m}})=-\frac{2}{\lambda}\cdot\frac{\mathrm{d}^2R(t_{\mathrm{m}})}{\mathrm{d}t_{\mathrm{m}}^2}=\frac{2v_x^2(t_{\mathrm{m}})}{\lambda r}+\frac{2}{\lambda}a_{\mathrm{r}}(t_{\mathrm{m}}) \tag{5.92}$$

可以看出多普勒调频率K_{a}与载机在x坐标轴的速度$v_x(t_{\mathrm{m}})$与径向的加速度$a_{\mathrm{r}}(t_{\mathrm{m}})$有关。如果$K_{\mathrm{a}}$估计不准确，将导致方位向匹配滤波函数$\boldsymbol{P}_{\mathrm{a}}$与真实方位向相位不符，使得匹配滤波算子$\boldsymbol{M}^{-1}$出现误差，从而导致重构结果在方位向出现散焦和旁瓣现象。相反的，如果能够得到K_{a}的准确估计，那么方位向采样点上的相位误差$\exp(\mathrm{j}\phi(m))$就会相应减小，从而减少两步迭代优化模型的迭代次数。基于这一原则，可以在计算式(5.84)～式(5.85)时增加了多普勒调频率估计的步骤，从而降低模型$\boldsymbol{M}^{-1}$的误差。

目前有很多成熟的多普勒调频率估计方法，如子孔径相关(Map Drift, MD)算法[36]，对比度优化(Contrast Optimization, CO)算法[37]，平移相关(Shift And Correlation, SAC)算法[38]等。此处选用SAC方法对多普勒调频率进行估计。SAC算法将信号的方位频谱拆分为上下子频带，通过子频带的频谱搬移及互相关来估计多普勒调频率。相比MD算法，SAC算法无须转换到图像域，直接在回波信号域就可以处理，不需要先验速度信息，且无须迭代就可以估计出调频率，是一种计算复杂度很低，且高效的估计方法。具体的，在计算式(5.84)前，先将$\boldsymbol{P}_{\mathrm{a}}$分解为上频带与下频带

$$\begin{aligned}S_L(f_{\mathrm{a}})&=\exp\left(-\mathrm{j}\frac{\pi}{K_{\mathrm{a}}}f_{\mathrm{a}}^2\right),-\frac{B_{\mathrm{a}}}{2}<f_{\mathrm{a}}<0\\S_H(f_{\mathrm{a}})&=\exp\left(-\mathrm{j}\frac{\pi}{K_{\mathrm{a}}}f_{\mathrm{a}}^2\right),0<f_{\mathrm{a}}<\frac{B_{\mathrm{a}}}{2}\end{aligned} \tag{5.93}$$

式中，B_a 为雷达带宽。然后将下子频带频谱搬移四分之一个脉冲重复频率，即 $+\text{PRF}/4$，将上子频带频谱搬移 $-\text{PRF}/4$

$$\begin{aligned} S'_L(f_a)&=\exp\left(-\mathrm{j}\frac{\pi}{K_a}\left(f_a-\frac{\text{PRF}}{4}\right)^2\right),\ -\frac{B_a}{2}+\frac{\text{PRF}}{4}<f_a<\frac{\text{PRF}}{4} \\ S'_H(f_a)&=\exp\left(-\mathrm{j}\frac{\pi}{K_a}\left(f_a+\frac{\text{PRF}}{4}\right)^2\right),\ -\frac{\text{PRF}}{4}<f_a<\frac{B_a}{2}-\frac{\text{PRF}}{4} \end{aligned} \tag{5.94}$$

然后将 $S'_L(f_a)$ 乘以 $S'_H(f_a)$ 的共轭

$$S_C(f_a)=S'_L(f_a)S'^{*}_H(f_a)=\exp\left(-\mathrm{j}2\pi\frac{\text{PRF}}{2K_a}f_a\right) \tag{5.95}$$

通过式(5.95)可以看出，子频带信号共轭相乘后得到的信号是一个单频信号，对该单频信号作傅里叶变换得到信号的互相关，其互相关峰值将出现在 $\delta=\text{PRF}/(2K_a)$ 位置。由于 SAR 系统的 PRF 已知，因此通过峰值检测方法获得互相关峰值 δ 后，就可以估计得到多普勒调频率

$$K_a=\text{PRF}/(2\delta) \tag{5.96}$$

将估计得到的 K_a 带入 $\boldsymbol{P}_a$ 对 $\boldsymbol{M}$ 与 $\boldsymbol{M}^{-1}$ 进行更新，在获得观测场景 $\boldsymbol{G}$ 后按照式(5.88)～式(5.90)对相位误差矩阵 $\boldsymbol{E}$ 进行估计即可。

综上所述，本节的观测位置误差快速补偿方法可以总结为如下算法。

算法：基于多普勒调频率估计的观测位置误差补偿方法

输入：回波矩阵 $\boldsymbol{S}$，观测矩阵 $\boldsymbol{\Phi}$

参数：迭代次数 I，正则化参数 λ,μ，范数参数 p，终止阈值 T

初始化参数：$\boldsymbol{E}^{(0)}=1$

for $i=0:I$

Step 1：利用 ITA 算法重建观测场景，固定 $\boldsymbol{E}^{(i)}$：

计算残差：$\boldsymbol{R}^{(i)}=\boldsymbol{S}-\boldsymbol{E}^{(i)}\boldsymbol{M}^{-1(i)}(\boldsymbol{G}^{(i)})$

利用 SAC 算法计算 K_a，并更新 $\boldsymbol{M}^{(i+1)}$，$\boldsymbol{M}^{-1(i+1)}$

计算 RD 算法的残差：$\Delta\boldsymbol{G}^{(i)}=\boldsymbol{M}^{(i+1)}(\boldsymbol{R}^{(i)})$

通过阈值函数迭代更新 $\boldsymbol{G}$：

$$\begin{aligned}\boldsymbol{G}^{(i+1)}&=E_{p,\lambda\mu}(\boldsymbol{G}^{(i)}+\mu\Delta\boldsymbol{G}^{(i)}) \\ &=E_{p,\lambda\mu}(\boldsymbol{G}^{(i)}+\mu\boldsymbol{M}((\boldsymbol{S}-\boldsymbol{M}^{-1}(\boldsymbol{G}^{(i)}))))\end{aligned}$$

Step 2：相位误差矩阵估计，固定 $\boldsymbol{G}^{(i+1)}$：

按列计算 $\phi^{(i+1)}(m)=\text{angle}(\boldsymbol{S}_{(m)}\cdot[\boldsymbol{M}^{-1}(\boldsymbol{G}^{(i+1)})]^H_{(m)})$

计算全部 $[\phi_1^{(i+1)},\phi_2^{(i+1)},\cdots,\phi_Q^{(i+1)}]$，获得 $\boldsymbol{E}^{(i+1)}$

当 $\|\boldsymbol{G}^{(i+1)}-\boldsymbol{G}^{(i)}\|_2/\|\boldsymbol{G}^{(i)}\|_2<T$ 时终止

end for

输出：场景散射系数 $\boldsymbol{G}$，相位误差矩阵 $\boldsymbol{E}$

下面通过一系列仿真数据实验来验证方法的可行性和有效性。采用SAR点目标回波数据进行仿真实验，雷达系统的参数设置如表5.2所示，观测场景中包含若干静止散射点。

首先测试方法的可行性，在雷达回波的方位向采样中分别加入随机相位误差以及二次相位误差，其中二次相位误差是方位向相位误差中最影响成像质量的，若估计不准确将直接导致成像结果出现模糊和散焦。设定两种相位误差的范围为$[-\pi/2,+\pi/2]$。另外，实验还加入一定程度的高斯白噪声使得系统的输入信噪比为20 dB。

表5.2 SAR系统参数表

载频	10 GHz
带宽	300 MHz
脉冲重复频率	500 Hz
中心斜距	10 km
载机速度	110 m/s
距离向采样点	512
方位向采样点	512

图5.16给出了该方法的相位误差估计结果以及点目标成像结果。图5.16(a)是随机相位误差的估计结果，图中显示了100个方位向孔径位置的相位误差，实线是加入的随机误差，虚线是估计得到的相位误差。图5.16(b)是二次相位误差的估计结果。通过图5.16(a)、图5.16(b)可以看出，本节所提方法可以准确估计这两种相位误差，且估计精度很高。图5.16(c)、图5.16(d)分别显示了含有随机相位误差时，未进行相位误差补偿的二维观测模型成像结果以及本节所提方法的成像结果，两种方法均采用基于RD算法反演的二维SAR观测模型。可以看出本节所提方法能够准确重构散射点的位置以及散射系数幅值，而未补偿随机相位误差的方法虽然也获得了散射点的位置，但在方位向上还重构出了很多其他散射点，从而严重影响了成像质量。图5.16(e)、图5.16(f)显示了含有二次相位误差时两种方法的成像结果，本节所提方法同样获得了很好的重构结果。

2. 稀疏SAR二维观测误差补偿方法

上一节针对平台航向速度误差引起的回波方位向相位误差，给出了一种基于多普勒调频率估计的观测误差补偿方法。然而该方法只能补偿距离单元恒定的方位向相位误差，与真实情况还存在一定差距。本节除了考虑方位向相位误差外，还进一步增加了对平动误差引起的距离空变运动误差的补偿，提出一种利用导航测量信息进行“粗补偿”，再设计距离单元非恒定的相位误差矩阵，利用两步迭代优化方法进行“精补偿”的观测位置误差补偿方法。首先利用导航测量数据推导了一种基于一步运动误差补偿的SAR观测模型，并利用导航测量信息对观测位置误差进行“粗补偿”。然后建立距离向一方位向耦合的二维相位误差矩阵，采用两步迭代的优化方法对相位误差进行“精补偿”，从而在重构过程中获得准确聚焦的SAR图像。

现有的基于两步迭代优化算法的稀疏正则化SAR观测位置误差补偿方法，是在迭代过程中逐步获得聚焦的SAR图像，其原理与SAR自聚焦方法类似，可以归为基于信号处理的误差补偿方法。若要在SAR观测模型中加入INS/GPS测量信息，一维SAR观测模型可以

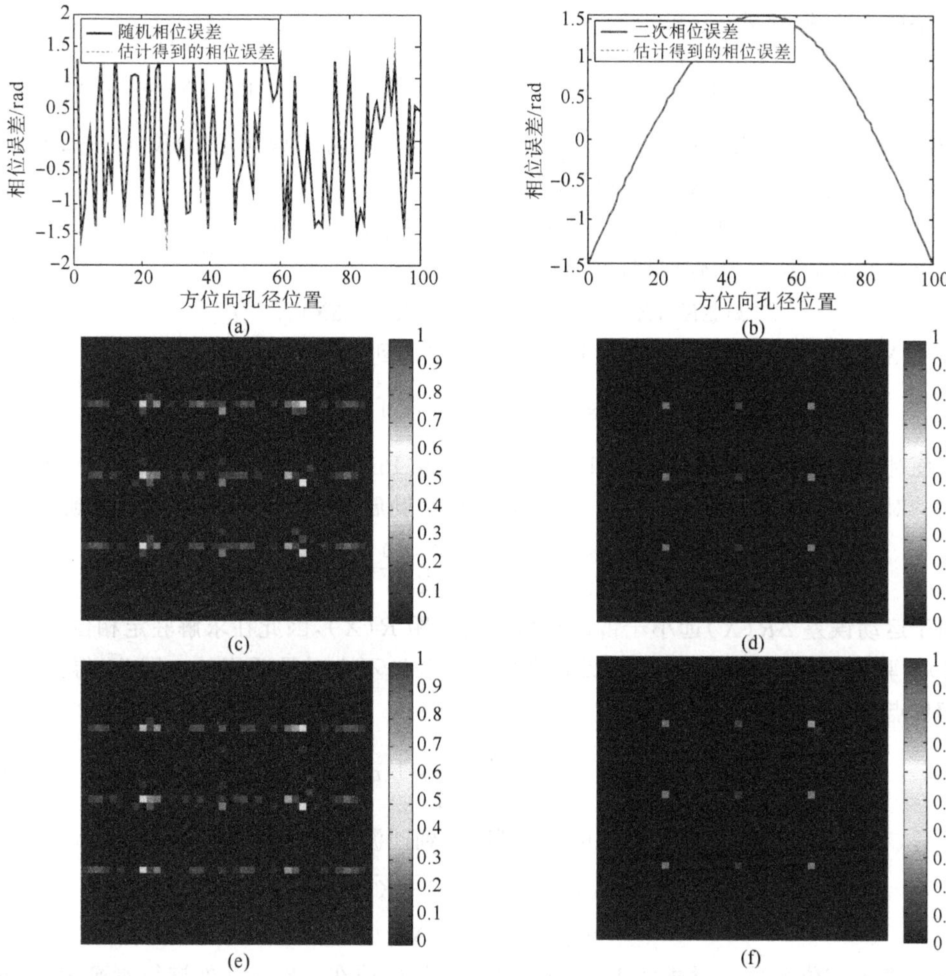

图 5.16 相位误差估计结果以及点目标成像结果

直接按照雷达方位向、距离向采样将 INS/GPS 测量信息离散化后加入观测矩阵中。而对基于匹配滤波反演的二维 SAR 观测模型而言，其观测矩阵表现为一系列矩阵相乘的形式，因此在加入导航测量数据进行运动误差"粗补偿"时，同样需要设计运动误差补偿矩阵，并将补偿矩阵按照运动误差补偿的步骤放入观测矩阵的对应位置中。

考虑运动误差的距离空变性，本节采用一步运动误差补偿的方法对模型进行修正。相比传统的两步运动误差补偿方法，一步运动误差补偿方法在距离徙动补偿(Range Cell Migration Correction，RCMC)之前补偿距离空变的运动误差，减小了残余空变运动误差引起的 RCMC 误差，提高了模型 RCMC 的精度[39]。另外，本节还推导了 RCMC 误差与距离空变运动误差的波束域表达式，并根据表达式设计了一系列补偿函数。这些补偿函数均可以直接转化为矩阵形式加入基于匹配滤波反演的 SAR 二维观测模型中，从而减小运动误差对观测模型的影响。下面在波束域内详细推导这些补偿函数的具体表达式，首先假设延航向速度误差已经被精确补偿，只分析平动误差带来的影响。为方便公式推导，在公式中只写出回波相位的表达形式。

下面在上一节的基础上继续推导，式(5.78)给出了回波在距离-频率域的表达式，下面忽略包络的表达式，将式(5.78)改写为

$$s(K_r,X)=\exp\left[j\frac{(K_r-K_{rc})^2c^2}{16\pi\gamma}\right]\exp[-jK_rR_0(X)]\cdot\exp[-jK_r\Delta R(X)] \tag{5.97}$$

式中，$K_r=K_{rc}+\Delta K_r$ 表示距离波束，$K_{rc}=4\pi f_c/c$ 为距离波束中心，$\Delta K_r\in[-2\pi\gamma T_p/c,2\pi\gamma T_p/c]$。首先进行距离脉压，距离脉压函数为

$$\boldsymbol{H}_r(K_r,X)=-\exp[j(K_r-K_{rc})^2c^2/16\pi\gamma] \tag{5.98}$$

补偿后的回波在距离-频率域的表达式为

$$s(\Delta K_r,X)=\exp(-jK_r[R_0(X)+\Delta R(X)]) \tag{5.99}$$

关于 X 做傅里叶变换(方位傅里叶变换)，可以得到

$$s(\Delta K_r,K_x)=\int s(\Delta K_r,X)\exp[-jK_xX]\mathrm{d}X \tag{5.100}$$

下面利用驻定相位原理(Principle of Stationary Phase，PoSP)推导点目标 P 的二维参考频谱。对式(5.100)的相位项在点 $X=0$ 处进行泰勒展开，保留一次项，可以得到

$$K_r\frac{(X-x_p)}{R_0(X)}+K_r\frac{\partial\Delta R(X)}{\partial X}+K_x=0 \tag{5.101}$$

由于运动误差 $\Delta R(X)$ 远小于雷达到目标的斜距 $R(X)$，因此在求解驻定相位点时忽略 $\Delta R(X)$ 对驻定相位点的影响。该假设在合成孔径长度不大时是适用的。因此，得到的理想驻定相位点为

$$X^*\approx\frac{K_x}{\sqrt{K_r^2-K_x^2}}r+x_p \tag{5.102}$$

然后，利用 X^* 替换式(5.101)中的 X，可以得到回波信号的二维频谱

$$\begin{aligned}s(\Delta K_r,K_x)=&\exp[j(r\cdot\sqrt{K_r^2-K_x^2}+K_x\cdot x_p)]\\&\exp[-jK_r\Delta R(X^*)]\end{aligned} \tag{5.103}$$

式中，K_x 表示方位波数。对式(5.103)中的第一个相位项在 $\Delta K_r=0$ 处进行泰勒展开，可以得到

$$\begin{aligned}s(\Delta K_r,K_x)=&\exp[-j(r\cdot\sqrt{K_{rc}^2-K_x^2}+K_x\cdot x_p)]\exp[-jK_r\Delta R(X^*)]\\&\cdot\exp\left[-j\frac{K_{rc}\cdot r}{\sqrt{K_{rc}^2-K_x^2}}\Delta K_r\right]\exp\left[j\frac{K_x^2\cdot r}{2(K_{rc}^2-K_x^2)^{3/2}}\Delta K_r^2\right]\end{aligned} \tag{5.104}$$

式(5.104)的第三个相位项反映了回波信号在距离向和方位向的耦合关系，即表示距离徙动，而第四项为回波的二次耦合项。这两项均需要被补偿掉。设计补偿函数为

$$H_{RCMC}=\exp\left[j\left(\frac{K_{rc}\cdot r}{\sqrt{K_{rc}^2-K_x^2}}-r\right)\Delta K_r\right] \tag{5.105}$$

$$H_{SRC}=\exp\left[-j\frac{K_x^2\cdot r}{2(K_{rc}^2-K_x^2)^{3/2}}\Delta K_r^2\right] \tag{5.106}$$

补偿掉这两项后，式(5.104)中还剩下 $\exp[-jK_r\Delta R(X^*)]$项，即 RCMC 后的剩余运动误差，该剩余误差主要由距离空变运动误差组成，会影响 RCMC 的准确度。下面对剩余运动误差与 RCMC 误差之间的关系进行分析，并设计补偿函数在 RCMC 之前补偿空变运动误差。

通过式(5.104)可以看出 $\Delta R(X^*)$是关于 ΔK_r 的函数，因此对 $\exp[-jK_r\Delta R(X^*)]$在 $\Delta K_r=0$ 处进行泰勒展开，可以得到

$$\Delta R(X^*)=e_1+e_2\Delta K_r+e_3\Delta K_r^2+\cdots \tag{5.107}$$

$$\begin{aligned} e_1&=\Delta R(X^*)\big|_{\Delta K_r=0}\\ e_2&=\frac{\partial\Delta R(X^*)}{\partial\Delta K_r}\Big|_{\Delta K_r=0}=\frac{\partial X^*}{\partial\Delta K_r}\cdot\frac{\partial\Delta R(X^*)}{\partial X^*}\\ &=\frac{K_x(K_{rc}+\Delta K_r)\cdot r}{2[(K_{rc}+\Delta K_r)^2-K_x^2]^{3/2}}\cdot\frac{\partial\Delta R(X^*)}{\partial X^*}\end{aligned} \tag{5.108}$$

由于高次项对 RCMC 的影响很小，因此在式(5.108)中只保留常数项及一次项。对补偿 RCMC 与 SRC 后的式(5.108)作方位逆傅里叶变换，可以得到

$$\begin{aligned}\boldsymbol{s}(\Delta K_r,X)&=\int\boldsymbol{s}(\Delta K_r,K_x)\cdot\exp[jK_xX]\mathrm{d}K_x\\ &=\exp[-jK_{rc}R_0(X)]\exp[\Delta R(K_x^*)\cdot(K_{rc}+\Delta K_r)]\end{aligned} \tag{5.109}$$

这里同样忽略掉 $\Delta R(K_x^*)$对驻定相位点的影响，可以得到理想的驻定相位点 K_x^* 为

$$K_x^*\approx-K_{rc}\frac{X-x_p}{\sqrt{r^2+(X-x_p)^2}}=-K_{rc}\frac{X-x_p}{R_0(X)} \tag{5.110}$$

用 K_x^* 替换式(5.108)中的 K_x，可以得到剩余运动误差在方位时域-距离频率域的表达式

$$\Delta R(X^*)=\Delta R(X)+\frac{(X-x_p)[r^2+(X-x_p)^2]}{r^2K_{rc}}\Delta K_r \tag{5.111}$$

将 $\Delta R_v(X^*)$代入式(5.109)中替换 $\Delta R(K_x^*)$，得到距离一频率域的回波表达式

$$\begin{aligned}s(\Delta K_r,X)=&\exp[-jK_{rc}R_0(X)]\\ &\cdot\exp\left[-j\left(K_{rc}\Delta R(X)+\left(\frac{(X-x_p)[r^2+(X-x_p)^2]}{r^2}+\Delta R(X)\right)\Delta K_r\right)\right]\end{aligned} \tag{5.112}$$

式(5.112)中的第二项表示由于剩余运动误差而导致的 RCMC 误差，将式(5.112)改写为如下形式

$$\begin{aligned}\boldsymbol{s}(\Delta K_r,X)=&\exp[-jK_{rc}R_0(X)]\\ &\exp[-jK_{rc}\Delta R(X)]\exp(-j[\Delta R(X)+r(X)]\Delta K_r)\end{aligned} \tag{5.113}$$

式中，$r(X)=(X-x_p)[r^2+(X-x_p)^2]/r^2$。式(5.113)中的第二个相位项表示 RCMC 误差的相位部分，第三项表示 RCMC 误差的包络部分。

下面给出一步运动误差补偿的基本步骤，先在距离-频率域补偿回波的包络误差，在脉压后的回波信号中乘以包络补偿函数

$$H_{\text{MOCO\_E}}(K_r,X)=\exp[j[\Delta R(r)+r(X)]\Delta K_r] \tag{5.114}$$

式中，$\Delta R(r_c)$的表达式为

$$\begin{aligned}\Delta R(r_c)&=\frac{X-x_p}{r}\Delta x(t_m)+\Delta y(t_m)\cdot\sin\theta+\Delta z(t_m)\cdot\cos\theta\\ &=\frac{X-x_p}{r}\Delta x(t_m)+\frac{\sqrt{r_c^2-H^2}}{r}\Delta y(t_m)+\frac{H}{r}\Delta z(t_m)\end{aligned} \tag{5.115}$$

然后在 RCMC 之前补偿相位误差，在做逆傅里叶变换变换到时域后乘以相位补偿项

$$H_{\mathrm{MOCO\_P}}(\hat{t},X)=\exp[-\mathrm{j}K_{\mathrm{rc}}\Delta R(X)] \tag{5.116}$$

之后在二维波束域进行 RCMC 操作与 SRC 补偿，再变换回时域即可完成对运动误差的补偿。本节提出的一步运动误差补偿步骤可以总结为图 5.17 的流程图，其中 FT 表示傅里叶变换。

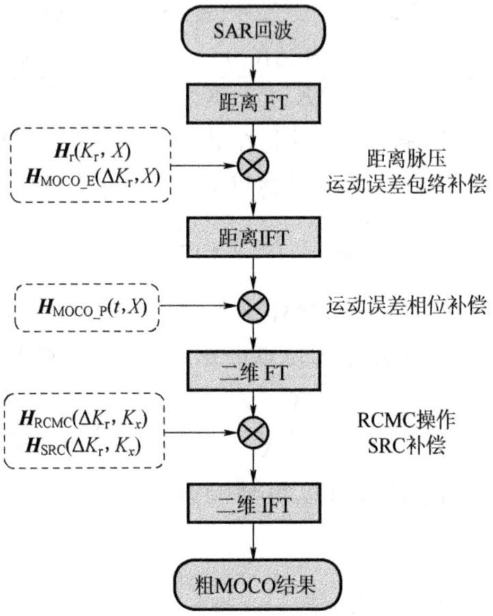

图 5.17　一步 MOCO 方法步骤流程图

下面给出基于一步运动误差补偿的二维 SAR 观测模型。基于匹配滤波反演的二维 SAR 观测模型及其参数表达式已经在上文中介绍过，下面直接按照图 5.17 中的步骤给出匹配滤波算子及其反演算子的表达式，对应的运动误差补偿矩阵需要变换为矩阵形式

$$\boldsymbol{M}(\boldsymbol{S})=\{\boldsymbol{H}_{\mathrm{RCMC}}\circ\boldsymbol{H}_{\mathrm{SRC}}\circ\{\boldsymbol{F}_{\mathrm{2D}}\{\boldsymbol{H}_{\mathrm{MOCO\_P}}\circ<[\boldsymbol{H}_{\mathrm{MOCO\_E}}\circ\boldsymbol{H}_{\mathrm{r}}\circ(\boldsymbol{S}\,\boldsymbol{F}_{\mathrm{r}})]\boldsymbol{F}_{\mathrm{r}}^{\mathrm{H}}>\}\}\}\boldsymbol{F}_{\mathrm{2D}}^{\mathrm{H}} \tag{5.117}$$

$$\boldsymbol{M}^{-1}(\boldsymbol{G})=\{\boldsymbol{H}_{\mathrm{MOCO\_E}}^{*}\circ\boldsymbol{H}_{\mathrm{r}}^{*}\circ\{\boldsymbol{H}_{\mathrm{MOCO\_P}}^{*}\circ\langle[\boldsymbol{H}_{\mathrm{RCMC}}^{*}\circ\boldsymbol{H}_{\mathrm{SRC}}^{*}\circ(\boldsymbol{S}\,\boldsymbol{F}_{\mathrm{2D}})]\boldsymbol{F}_{\mathrm{2D}}^{\mathrm{H}}\rangle\}\boldsymbol{F}_{\mathrm{r}}\}\}\boldsymbol{F}_{\mathrm{r}}^{\mathrm{H}} \tag{5.118}$$

式中，$\boldsymbol{S}\in\mathbb{C}^{P\times Q}$表示回波矩阵，$\boldsymbol{G}$ 为场景散射系数矩阵，$\boldsymbol{M}^{-1}$表示匹配滤波成像步骤的反演。式(5.117)与式(5.118)中的二维 SAR 观测模型可以按照导航测量信息对运动误差进行“粗补偿”，但当载机的 GPS/INS 信息不够准确时，经过一步运动误差补偿后的模型还可能含有残余相位误差。本节除了考虑方位向相位误差外，还考虑了电磁波在传播过程中可能产生的距离向相位误差。下面采用两步迭代优化方法对残余运动误差带来的相位误差进行“精补偿”。

与上一节建立的方位向相位误差矩阵不同，本节建立的是距离向-方位向耦合的二维相位误差矩阵，即假设雷达在距离向-方位向的每一个采样点上的相位误差是不同的，其表达式可以写为

$$\boldsymbol{E}_{\mathrm{2D}}=\begin{bmatrix}\exp(\mathrm{j}\phi_{1,1}) & \exp(\mathrm{j}\phi_{1,2}) & \cdots & \exp(\mathrm{j}\phi_{1,Q})\\ \exp(\mathrm{j}\phi_{2,1}) & \cdots & & \\ \vdots & & \cdots & \\ \exp(\mathrm{j}\phi_{P,1}) & & & \exp(\mathrm{j}\phi_{P,Q})\end{bmatrix} \tag{5.119}$$

基于该相位误差矩阵，两步迭代优化模型的代价函数可以写为

$$J(\boldsymbol{E}_{2D},\boldsymbol{G})=\min_{\boldsymbol{G},\boldsymbol{E}_{2D}}\{\left\|\boldsymbol{S}-\boldsymbol{E}_{2D}\circ\boldsymbol{M}^{-1}(\boldsymbol{G})\right\|_2^2+\lambda\|\boldsymbol{G}\|_p\} \tag{5.120}$$

图 5.18 给出了本节两步迭代优化方法求解式(5.120)的流程图，首先固定 $\boldsymbol{E}_{2D}^{(i)}$，采用 ITA 算法求解场景散射系数矩阵 $\boldsymbol{G}^{(i+1)}$

$$\boldsymbol{G}^{(i+1)}=\min_{\boldsymbol{G}}\{\left\|\boldsymbol{S}-\boldsymbol{E}_{2D}^{(i)}\circ\boldsymbol{M}^{-1}(\boldsymbol{G})\right\|_2^2+\lambda\|\boldsymbol{G}\|_p\} \tag{5.121}$$

下一步固定$\boldsymbol{G}^{(i+1)}$，求解相位误差矩阵$\boldsymbol{E}_{2D}^{(i+1)}$

$$\boldsymbol{E}_{2D}^{(i+1)}=\min_{\boldsymbol{E}_{2D}}\left\|\boldsymbol{S}-\boldsymbol{E}_{2D}\circ\boldsymbol{M}^{-1}(\boldsymbol{G}^{(i+1)})\right\|_2^2 \tag{5.122}$$

由于$\boldsymbol{E}_{2D}$中的值均不相同，因此将上式转化为下列优化问题

$$\phi_{m,n}^{(i+1)}=\underset{e}{\operatorname{argmin}}\|\boldsymbol{S}_{(m,n)}-\exp(\mathrm{j}\phi_{m,n})[\boldsymbol{M}^{-1}(\boldsymbol{G}^{(i+1)})]_{(m,n)}\|_2^2 \tag{5.123}$$

式中，$[\,]_{(m,n)}$表示矩阵第 m 行 n 列的值，求解式(5.123)可以得到

$$\phi_{m,n}^{(i+1)}=\operatorname{angle}(\boldsymbol{S}_{(m,n)}\cdot[\boldsymbol{M}^{-1}(\boldsymbol{G}^{(i+1)})]_{(m,n)}) \tag{5.124}$$

获得$\boldsymbol{E}_{2D}^{(i+1)}$后令 $i=i+1$ 进行迭代计算，直到$\|\boldsymbol{G}^{(i+1)}-\boldsymbol{G}^{(i)}\|_2/\|\boldsymbol{G}^{(i)}\|_2<T$ 时输出最终的成像结果$\boldsymbol{G}$。T 为终止阈值。

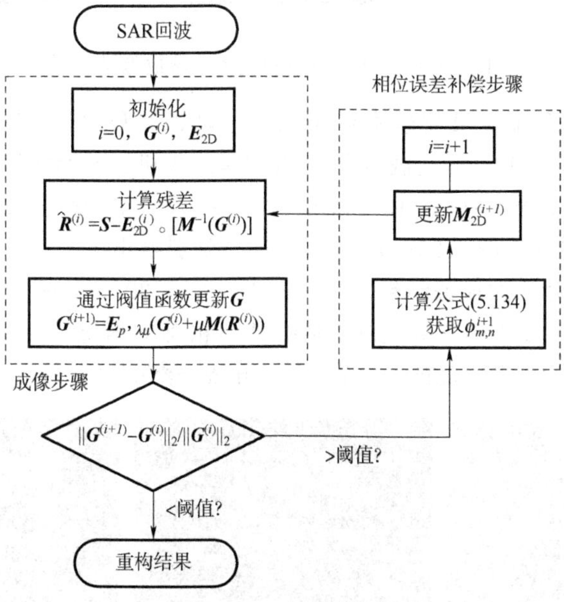

图 5.18　本节介绍的两步迭代优化成像方法流程图

下面利用机载实测数据验证所提方法的有效性。首先测试当导航测量数据较为精确时所提方法的成像效果。雷达载频位于 C 波段，成像模式为聚束模式，PRF＝2 000 Hz，信号带宽为 200 MHz，方位向分辨率约为 0.15 m。由于整幅场景的数据量较大，且为非稀疏场景，这里截取了一块较小的拥有明显强散射点的稀疏观测场景进行试验，将该场景记为场景 A。在稀疏正则化重构过程中将场景 A 离散化为 1 024×1 024 大小，设定所提算法和一维观测误差补偿方法的重构稀疏度 $K=300\ 000$，设定 ISTA 算法的迭代次数为 100。对于 PGA 算法，设定窗长为 128 方位向采样点数。图 5.19 给出了不同方法对场景 A 的成像结果，其中图 5.19(a)是 PGA 自聚焦后的成像结果，图 5.19(b)是一维观测误差补偿方法的成

像结果，图 5.19(c)是本文方法的成像结果。图 5.19(d)～图 5.19(f)给出了红色方框内一个强散射点的放大结果。通过图 5.19 可以看出，所提方法能够得到最优的成像结果，对强散射点的聚焦效果也最好。需要说明的是，一维观测误差补偿方法出现了重构位置上的偏差，即该强散射点并没有出现在方位向定标后的位置上，这也是一维观测位置误差补偿方法的缺点之一。

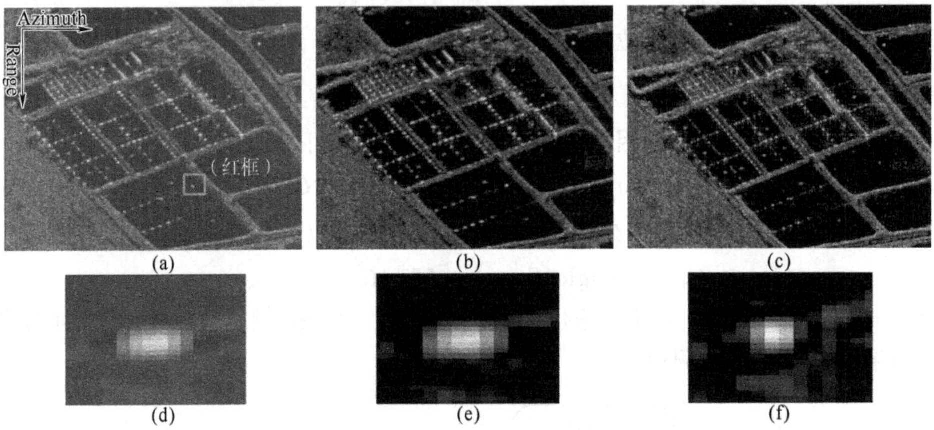

图 5.19　不同方法对港口和机场区域成像结果对比

接下来，选取一组导航测量数据并不准确的 SAR 回波数据进行试验。同样选取一个较为稀疏的场景，记为场景 B。雷达载频位于 X 波段，载机速度大约为 200 m/s，高度约为 11 000 m。重构过程中同样将场景 B 离散化为 1 024×1 024 大小，设定重构稀疏度 $K=300\ 000$，迭代次数为 100。图 5.20(a)～图 5.20(c)分别给出了 PGA、一维观测位置误差补偿方法以及所提方法对 B 的成像结果，图 5.20(d)～图 5.20(f)分别给出了红色方框内某建筑目标的放大结果。可以看出在导航测量数据并不精确的情况下，一维观测位置误差补偿方法的重构结果出现了一定程度的形变，而所提方法仍然能够获得较好的聚焦效果。

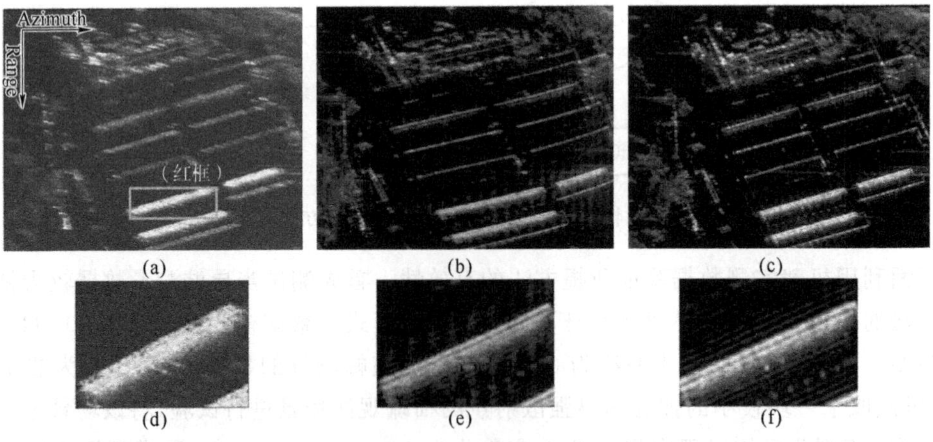

图 5.20　不同方法对港口和机场区域成像结果对比

表 5.3 列出了 3 种成像方法成像结果的图像熵以及成像时间对比。与对比算法相比，所提方法的成像结果拥有最小的图像熵。在成像速度方面，由于 PGA 算法经过数百次迭

代后才得出自聚焦结果，因此耗时较长。本节所提方法的成像时间略长于一维观测误差补偿方法，这主要是因为所提方法在匹配滤波反演算子中加入了一步运动误差补偿矩阵，进而增加了矩阵直接相乘的运算。

综上所述，实验证明了所提方法能够较为精确的补偿因载机平动误差而引起的二维观测位置误差，成像效果优于普通一维观测位置误差补偿方法，成像结果的旁瓣明显低于传统自聚焦方法。

表 5.3 不同方法成像结果的图像熵及运行时间(s)对比

	图像熵		Running time/s	
	场景 A	场景 B	场景 A	场景 B
PGA	11.808 3	12.423 3	1 104.5	1 766.5
一维观测误差补偿	10.643 3	11.380 7	635.4	638.8
本节方法	10.094 4	11.013 3	675.1	680.3

5.3.3 SAR 图像稀疏特征增强方法

相比匹配滤波 SAR 成像方法，稀疏 SAR 成像方法能够获得高分辨率、高对比度、低旁瓣、低背景噪声的成像结果，上述特性对后续的 SAR 图像解译，特别是 SAR 图像目标检测是十分有帮助的。然而，稀疏 SAR 成像方法需要经过降采样矩阵选取、观测模型构建、稀疏重构算法设计等多个步骤才能重构得到 SAR 成像结果，其成像过程复杂、占用内存量大、重构速度缓慢。这些缺点在很大程度上限制了稀疏正则化 SAR 成像的应用。为了获得低背景噪声、低旁瓣的 SAR 图像，除了针对 SAR 回波数据直接采用稀疏成像方法外，另一种可行的方案是直接在传统 SAR 图像上进行稀疏处理，也称为 SAR 图像稀疏特征增强。SAR 图像稀疏增强方法以传统匹配滤波 SAR 图像作为输入，通过稀疏处理能够获得与基于回波数据的 SAR 稀疏成像方法相似的重构结果，且处理速度明显更快。下面简单介绍一种基于 L_p 范数的 SAR 图像稀疏特征增强方法。

基于回波数据的 SAR 稀疏成像方法需要建立雷达观测模型，并按照雷达发射波形及系统参数构建观测矩阵，过程相对复杂。而 SAR 图像稀疏特征增强模型可以直接写为矩阵相加的形式

$$\boldsymbol{Y}_{\mathrm{MF}}=\boldsymbol{X}_{\mathrm{R}}+\boldsymbol{N} \tag{5.125}$$

式中，$\boldsymbol{Y}_{\mathrm{MF}}$ 表示已知的匹配滤波成像结果，可以为复数 SAR 图像矩阵或实数幅度矩阵，$\boldsymbol{X}_{\mathrm{R}}$ 表示稀疏特征增强后的输出图像，矩阵 $\boldsymbol{N}$ 表示特征增强结果与原始图像的不同，包含背景噪声、目标旁瓣等。为了获取与 SAR 稀疏成像方法类似的特征增强结果，同样选取 L_p $(0<p\leqslant 1)$ 范数对 $\boldsymbol{X}_{\mathrm{R}}$ 进行约束，并通过求解稀疏优化问题得到

$$\hat{\boldsymbol{X}}_{\mathrm{R}}=\underset{\boldsymbol{X}_{\mathrm{R}}}{\operatorname{argmin}}\{\|\boldsymbol{Y}_{\mathrm{MF}}-\boldsymbol{X}_{\mathrm{R}}\|_F^2+\lambda\|\boldsymbol{X}_{\mathrm{R}}\|_p^p\} \tag{5.126}$$

式中，$\|\cdot\|_F$ 表示矩阵的 F 范数，λ 表示正则化参数。式(5.126)可以选用多种稀疏优化算法求解。这里仍然以 ISTA 算法为例，在 ISTA 算法中，$\boldsymbol{X}_{\mathrm{R}}$ 的值可以通过式(5.127)迭代获得

$$\boldsymbol{X}_{\mathrm{R}}^{(n+1)}=E_{p,\lambda^{(n)},\mu^{(n)}}(\boldsymbol{X}_{\mathrm{R}}^{(n)}+\mu(\boldsymbol{Y}_{\mathrm{MF}}-\boldsymbol{X}_{\mathrm{R}}^{(n)})) \tag{5.127}$$

式中，μ 为归一化参数，控制着 ISTA 算法的收敛速度。$E(\cdot)$为阈值函数，其表达式根据 p 值的不同而不同，理论上 p 越接近于 0，模型的输出结果越稀疏。当 $p=1$ 时，阈值 Thresh 及阈值函数可以写为

$$\begin{aligned} &\text{Thresh}=\lambda\mu \\ &E_{1,\lambda^{(n)},\mu^{(n)}}(x)=\text{sgn}(x) \end{aligned} \tag{5.128}$$

当 $p=1/2$ 时

$$\begin{aligned} &\text{Thresh}=\frac{\sqrt[3]{54}}{4}(\lambda\mu)^{2/3} \\ &E_{1/2,\lambda^{(n)},\mu^{(n)}}(x)=\frac{2}{3}x\left(1+\cos\left(\frac{2\pi}{3}-\frac{2}{3}\arccos\left(\frac{\lambda\mu}{8}\left(\frac{|x|}{3}\right)^{-\frac{3}{2}}\right)\right)\right) \end{aligned} \tag{5.129}$$

当 $p=2/3$ 时

$$\begin{aligned} &\text{Thresh}=\frac{2}{3}[3\cdot(\lambda\mu)^{3}]^{1/4} \\ &E_{2/3,\lambda^{(n)},\mu^{(n)}}(x)=\frac{\sqrt{3}}{2}(\lambda\mu)^{\frac{1}{4}}\cdot\cos\left(\frac{1}{3}\arccos\left(\frac{27\,(\lambda\mu)^{-\frac{3}{2}}}{16}\cdot|x|^{2}\right)\right)^{1/2} \end{aligned} \tag{5.130}$$

因此，基于 ISTA 算法的 L_p 范数的 SAR 图像稀疏特征增强方法可以总结为

算法：基于 ISTA 算法的 L_p 范数 SAR 图像稀疏特征增强方法

输入：匹配滤波 SAR 图像 $\boldsymbol{Y}_{\text{MF}}$

参数：迭代次数 I、λ、μ，范数参数 p，终止阈值 T

初始化：$\boldsymbol{X}_{\text{R}}^{(0)}=0$

for $i=0:I$

① 梯度下降操作：$\boldsymbol{G}^{(n)}=\boldsymbol{X}_{\text{R}}^{(n)}+\mu(\boldsymbol{Y}_{\text{MF}}-\boldsymbol{X}_{\text{R}}^{(n)})$

② 阈值操作：$\boldsymbol{G}^{(n)}=\begin{cases}\boldsymbol{G}^{(n)}, & |\boldsymbol{G}^{(n)}|\geqslant\text{Thresh}\\ 0, & \text{其他}\end{cases}$

③ 迭代更新：$\boldsymbol{X}_{\text{R}}^{(n+1)}=E_{p,\lambda^{(n)},\mu^{(n)}}(\boldsymbol{G}^{(n)})$

当 $\|\boldsymbol{X}_{\text{R}}^{(n+1)}-\boldsymbol{X}_{\text{R}}^{(n)}\|_F/\|\boldsymbol{X}_{\text{R}}^{(n)}\|_F<T$ 时终止

end for

输出：特征增强结果 $\boldsymbol{X}_{\text{R}}$

上述算法的运算量主要体现在矩阵相加操作以及阈值操作上，其计算复杂度为 $O(IP_{\text{Total}})$，其中 P_{Total} 表示 $\boldsymbol{Y}_{\text{MF}}$ 中像素点的个数。而基于回波数据的 SAR 稀疏成像方法的计算复杂度为 $O(I\beta NS)$，其中 N 为观测场景散射点个数（即图像的像素个数），β 为雷达距离向一方位向采样个数，S 为发射信号带宽的采样率。可以看出 SAR 图像稀疏特征增强模型的计算复杂度要远小于基于回波数据的稀疏正则化 SAR 成像方法。此外，在算法中，正则化参数 λ 是一个非常重要的参数，负责平衡重构结果的稀疏性与准确性（与传统 SAR 图像是否相同），且在每一轮迭代中都可以改变 λ 的值从而获得不同的重构结果。因此对正则化参数 λ 的选取和优化将直接决定 SAR 图像稀疏特征增强方法的性能。

5.4 SAR 稀疏学习成像

Donoho 等人于 2006 年首次提出了压缩感知 CS 的概念，即从稀疏的低维观测信号中准确重构原始信号。雷达稀疏成像是一种利用 CS 理论实现雷达图像稀疏重构的成像技术，其研究主要集中在雷达信号的稀疏表征、采样矩阵的设计以及稀疏重建算法的构建等方面。以稀疏 SAR 成像为例，稀疏表示是使用 CS 理论的前提，采样矩阵是构建数据的手段，稀疏重建是获取 SAR 图像的关键，三者关系密切。因此，完整的稀疏 SAR 成像技术往往针对这三部分内容进行研究与分析。现有的基于迭代优化算法的稀疏雷达成像方法在降低系统复杂度、减小数据传输与存储压力、提升成像性能等方面具有重要优势，但也还存在一些问题和技术亟待解决。稀疏成像技术将图像恢复问题转化为在线迭代优化问题，通过 ISTA、ADMM 和 AMP 算法等迭代算法求解。这种求解方式主要存在两个问题：首先，迭代算法的最优参数难以确定；其次，迭代算法复杂且耗时的求解过程将导致计算复杂度较高、存储负担较重。这两个问题也一直制约着稀疏成像技术的发展和应用。此外，尽管基于二维观测模型的稀疏成像算法可以在一定程度上减轻存储负担，但它仍然无法改变在线迭代优化的求解模式，稀疏 SAR 学习成像的出现有效地解决了这些问题。

近年来，深度学习(Deep Learning, DL)技术具有出色的特征学习以及拟合表征能力，目前已经在光学视频图像处理、自然语言处理等领域得到了广泛研究与应用。近年来，DL 技术的不断成熟引发了众多学者对雷达信号和图像处理领域的进一步探索，主要集中于基于 DL 的 SAR 和 ISAR 图像识别与解译[40]，而基于 DL 的 SAR 学习成像研究目前仍处于起步阶段，且在近两年得到快速发展。对于 SAR 学习成像技术而言，DL 为突破传统 SAR 成像方法的局限性提供了一种新的解决手段，即采用离线训练来代替在线优化[41]。这种新颖的学习成像方法利用网络训练的方式探索输入数据到高精度成像结果的精确映射，其中网络输入数据既可以是聚焦效果不理想的图像数据，也可以是雷达观测获得的回波数据。前者在图像域实现目标散射场景的去噪优化、特征增强和分辨率提升，称为增强成像，通常采用基于数据驱动的学习成像技术；后者在回波域与图像域之间建立映射，实现观测数据到散射分布的高质量实时重构，称为端到端成像，包括数据驱动的学习成像技术以及模型驱动与数据驱动相结合的学习成像技术。

数据驱动的思路是利用海量数据寻找并建立内部特征关系，进而完成模型拟合与问题求解。深度神经网络(Deep Neural Network，DNN) 作为一种以数据驱动为主的网络结构，由输入层、多级隐藏层、输出层等组成，通过隐藏层的特征学习实现输入与输出的实时转换。目前，已经开发了许多 DNN 架构，包括卷积神经网络(Convolutional Neural Network，CNN)、循环神经网络(Recurrent Neural Network，RNN)、生成对抗网络(Generative Adversarial Network，GAN) 等。基于数据驱动的 DL 网络可应用于增强成像以及端到端成像研究，这种方法不考虑雷达成像模型，而是将 DNN 视作黑盒，通过大量数据实现非线性拟合，进而学习从散焦图像或观测回波到成像结果的直接映射。除此之外，在端到端成像领域还存在另一种将模型驱动与数据驱动相结合的学习成像技术。与传统基于模型驱动的 MF 和 CS 成像算法不同，这种方法将 MF 和 CS 成像模型中的图像重构和参数优化等计算压力转移到数据驱动层面，训练完成的网络仅需要一次前馈运算便可实时成像。该学习成像方法弱化了模型失配的影响，同时避免了复杂的成像机制和参数选取过程。综上所述，学习成像技术具有改善聚焦性能、提升分辨率、提高计算效率等优势，近年来已经成为雷达成像领域的研究热点，也是未来 SAR 成像技术的重要发展方向之一[42-44]。

本书重点研究了 SAR 稀疏学习成像方法中的一些关键技术和典型方法，主要包括 SAR 静止目标学习成像和 SAR 运动目标(Ground Moving Target，GMT)学习成像，介绍了多种基于深度神经网络的 SAR 稀疏学习成像方法。本书介绍的稀疏雷达学习成像技术有效拓展了 SAR 成像的应用范围，为解决 SAR 学习成像领域中的技术难点提供了新思路、新方法。

5.4.1 SAR 静止目标学习成像

SAR 学习成像能够克服传统匹配滤波成像和稀疏成像方法的缺点，按照应用场景可划分为 SAR 静止目标学习成像和 SAR 运动目标学习成像。SAR 静止目标学习成像按照成像目的又可划分为增强成像和端到端成像。对于这些研究而言，尽管针对的 SAR 成像问题各不相同，但其成像机制均围绕数据驱动学习成像技术以及模型驱动与数据驱动相结合的学习成像技术进行设计。考虑到增强成像属于图像处理技术，不属于稀疏 SAR 学习成像的研究范畴，因此后续内容主要围绕端到端成像展开讨论。

对于数据驱动的 SAR 学习成像而言，已有研究表明，DNN 能够表示包括 CS 优化问题在内的许多凸/非凸数学模型以及非线性数学模型。基于这一研究结果，越来越多的研究引入 DNN 来求解逆问题，取代了传统的凸优化和贪婪算法。2015 年，Mousavi 等人首次采用 DL 技术从相应的欠采样测量中恢复结构化信号[45]；2017 年，Chang 等人通过 DNN 学习近端算子来解决线性逆问题[46]；除此之外，还包括 DeepInverse[47]、深度残差重构网络[48]、基于生成模型的 CS[49]等具有代表性的数据驱动 DL 方法。

上述研究通过大量实验证明了神经网络框架可以有效求解端到端成像问题，但是现阶段的数据驱动学习成像技术在解决雷达成像问题时还存在一些局限性。一方面，其可解释性和可移植性较差。数据驱动方法对于一般的图像处理而言，简单高效且性能优越。但是，雷达成像系统包含复杂的雷达参数、目标运动轨迹、回波相位信息等，任意一种因素的改变都会影响成像结果，尤其是相位信息，对于目标重构结果的准确性起着至关重要的作用。由于数据驱动成像方法忽略了成像模型对相位等信息的保护和恢复，且没有考虑场景的稀疏性，因此该方法缺乏可解释性。此外，尽管经过训练的 DNN 可以实现雷达回波到重构图像的映射，但是这种离线成像网络仅适用于特定成像场景，并不具备传统在线成像算法的普适性，算法可移植性差。另一方面，雷达数据集完备性较弱。对于雷达系统而言，非合作目标数据获取困难，目前支撑 SAR/ISAR 成像研究的公开数据集还相对较少，尤其是回波数据和带标注的清晰场景图像更加稀缺。常见的公开回波数据包括“RADARSAT-1 回波(静止目标)”“GF-3 星载 SAR 回波(包含动目标)”“高分辨毫米波雷达回波数据(三维成像)”等。为解决缺乏实测数据所造成的局限性，现有研究大多采用仿真数据代替实测数据，但其与真实雷达数据差异明显，以动目标成像为例，仿真数据难以保证目标在运动轨迹和运动参数等方面的完备性。因此，当前数据驱动方法面临特征学习的小样本难题，且数据集的收集和标注会大幅提升研究成本，严重约束数据驱动学习成像技术在雷达成像中的应用。

相比之下,模型驱动和数据驱动相结合的学习成像技术能够有改善上述问题。这种学习成像技术利用数据驱动的概念实现成像模型中的参数优化、自适应去噪、稀疏表示等子程序,提升网络可解释性的同时避免了大量的样本需求。目前,该研究主要集中于深度展开网络(Deep Unfolded Network,DUN)[50]。

基于 DUN 的 SAR 学习成像方法将传统的模型驱动成像方法扩展为深度网络,仅利用少量训练样本学习模型中可调参数的最优值,通过训练好的网络输出未知目标的聚焦图像。这种方法利用有限的层次结构实现了模型驱动方法的大量迭代运算,有效解决了以下困难:①为模型驱动方法寻找最优参数;②为深度网络的成像机制提供可解释性;③避免数据集的约束和数据驱动方法的过拟合。2017 年,美国伦斯勒理工学院 Mason 等人首次在雷达成像研究中引入这种模型驱动与数据驱动结合的思想[51],该团队基于 ISTA 将雷达成像模型嵌入到 DUN 结构中,通过网络训练实现了对回波信号的高精度成像。大量的实验结果表明,相比于传统的迭代重构方法,DUN 在 SAR 成像问题中具有优越的重建性能。而且,对于 DUN 而言,其迭代过程由预设的网络层数控制,而不是传统迭代步骤中的收敛条件或最大迭代步长,这避免了因大量迭代所导致的算法复杂性,提升了计算效率。

下面介绍一种基于 DUN 和 ISTA 算法的 SAR 稀疏静止目标学习成像方法[52]。

1. 网络结构

具体而言,ISTA 在求解式(5.25)中的优化问题时,可以分为两个步骤:算子更新和非线性变换,这两个步骤可表示为

$$\boldsymbol{r}_l=\hat{\boldsymbol{\sigma}}_{l-1}+\mu\cdot(\boldsymbol{\Psi\Phi})^{\mathrm{H}}(\boldsymbol{s}-\boldsymbol{\Psi\Phi\sigma}_{l-1}) \tag{5.131}$$

$$\hat{\boldsymbol{\sigma}}_l=\mathrm{soft}(\boldsymbol{r}_l;T)=\mathrm{sign}(\boldsymbol{r}_l)\max[(|\boldsymbol{r}_l|-T);0] \tag{5.132}$$

式中,l 表示迭代索引,μ 表示影响 ISTA 收敛的步长参数,$\boldsymbol{r}_l$ 为第 l 次迭代中算子更新阶段的运算结果,$(\cdot)^{\mathrm{H}}$ 表示共轭转置运算,$\mathrm{soft}(\cdot;\cdot)$表示与基于 L_1 范数正则化器相对应的非线性函数,$\mathrm{sign}(\cdot)$表示符号函数,T 为由 λ 和 μ 组合构成的阈值参数,即 $T=\lambda\mu$。为了获得满意的重构结果,ISTA 通常需要进行数百次迭代,同时还需要选择合适的迭代参数。因此,基于 ISTA 的 CS-SAR 成像方法存在成像速度慢、稳健性差、参数难以确定等缺点。

将 ISTA 迭代过程展开为深度网络可以构建一维 SAR 学习成像方法,称为 ISTA-Net,该方法可以有效克服传统 CS-SAR 成像算法存在的缺点,并通过数据映射关系学习网络迭代参数。ISTA-Net 的拓扑结构如图 5.21 所示。该网络由固定数量的 L 层网络结构组成,其中每一层网络对应 ISTA 的一次迭代优化过程。ISTA-Net 的第 l 层包含两个模块:线性模块 $\boldsymbol{L}$ 和非线性模块 $\boldsymbol{N}$,具体可表示为

$$\boldsymbol{L}:\boldsymbol{r}^{(l)}=\hat{\boldsymbol{\sigma}}^{(l-1)}+\mu^{(l)}\cdot(\boldsymbol{\Psi\Phi})^{\mathrm{H}}(\boldsymbol{s}-\boldsymbol{\Psi\Phi\sigma}^{(l-1)}) \tag{5.133}$$

$$\begin{aligned}\boldsymbol{N}:\hat{\boldsymbol{\sigma}}^{(l)}&=\mathrm{soft}(\boldsymbol{r}^{(l)};T^{(l)})\\&=\mathrm{sign}(\boldsymbol{r}^{(l)})\max[(|\boldsymbol{r}^{(l)}|-T^{(l)});0]\end{aligned} \tag{5.134}$$

式中,$\boldsymbol{r}^{(l)}$表示第 l 层的线性重构结果,$\mu^{(l)}$ 和 $T^{(l)}$表示第 l 层中的可学习参数,这些参数在传统 ISTA 中往往是预先设定的且难以确定最优值。

ISTA-Net 通过反向传播训练和网络前馈运算可以有效 ISTA 算法优化问题。作为一种代表性的基于 DUN 的 SAR 学习成像方法,ISTA-Net 的核心思路在于:将传统 ISTA 求解过程映射到由上述两个更新模块组成的网络单层拓扑结构中。与传统 ISTA 需要手动调优参数相比,ISTA-Net 中的各层非共享参数$\{\mu^{(l)}\}_{l=1}^{L}$和$\{T^{(l)}\}_{l=1}^{L}$具有可学习性。具体的线

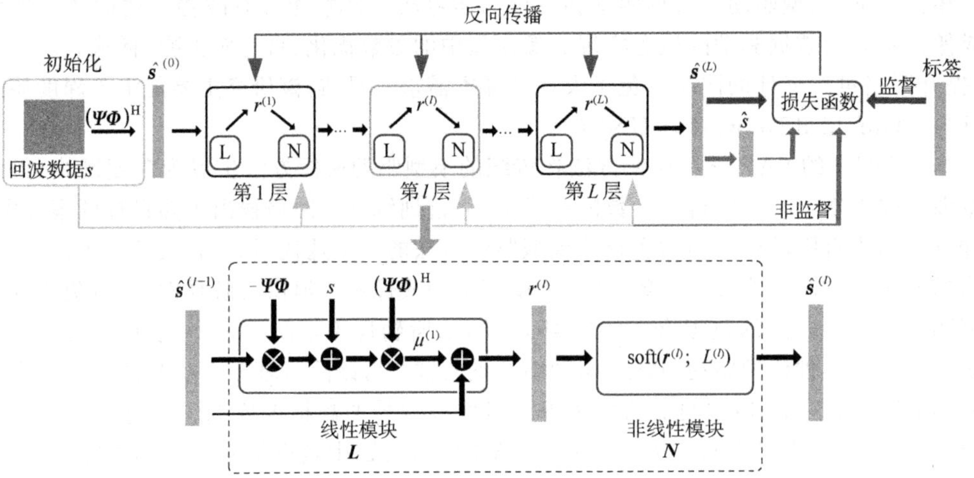

图 5.21　ISTA-Net 拓扑结构

性模块 $\boldsymbol{L}$ 和非线性模块 $\boldsymbol{N}$ 组成如下：

线性模块 $\boldsymbol{L}$：考虑到雷达信号为复值信号，ISTA-Net 在处理式(5.133)时，将信号分解为实部和虚部，并按照复数运算规则进行计算。因此，线性模块 $\boldsymbol{L}$ 为双路径结构，输出的线性重构结果 $\boldsymbol{r}^{(l)}$ 表示为 $\boldsymbol{r}^{(l)}=\mathbf{Re}(\boldsymbol{r}^{(l)})+\mathrm{j}\mathbf{Im}(\boldsymbol{r}^{(l)})$，其中 $\mathbf{Re}(\cdot)$表示信号的实部，$\mathbf{Im}(\cdot)$表示信号的虚部，j 为虚数单位。$\boldsymbol{r}^{(l)}$ 的实部和虚部分别为

$$\mathbf{Re}(\boldsymbol{r}^{(l)})=\mathbf{Re}(\boldsymbol{\sigma}^{(l-1)})+\mu^{(l)}\cdot\mathbf{Re}((\boldsymbol{\Psi\Phi})^{\mathrm{H}}\boldsymbol{s})-\mu^{(l)}\cdot\mathbf{Re}((\boldsymbol{\Psi\Phi})^{\mathrm{H}}(\boldsymbol{\Psi\Phi})\boldsymbol{\sigma}^{(l-1)}) \tag{5.135}$$

$$\mathbf{Im}(\boldsymbol{r}^{(l)})=\mathbf{Im}(\boldsymbol{\sigma}^{(l-1)})+\mu^{(l)}\cdot\mathbf{Im}((\boldsymbol{\Psi\Phi})^{\mathrm{H}}\boldsymbol{s})-\mu^{(l)}\cdot\mathbf{Im}((\boldsymbol{\Psi\Phi})^{\mathrm{H}}(\boldsymbol{\Psi\Phi})\boldsymbol{\sigma}^{(l-1)}) \tag{5.136}$$

式中

$$\begin{cases}\mathbf{Re}((\boldsymbol{\Psi\Phi})^{\mathrm{H}}\boldsymbol{s})=\mathbf{Re}(\boldsymbol{\Psi\Phi})^{\mathrm{H}}\mathbf{Re}(\boldsymbol{s})-\mathbf{Im}(\boldsymbol{\Psi\Phi})^{\mathrm{H}}\mathbf{Im}(\boldsymbol{s})\\ \mathbf{Im}((\boldsymbol{\Psi\Phi})^{\mathrm{H}}\boldsymbol{s})=\mathbf{Re}(\boldsymbol{\Psi\Phi})^{\mathrm{H}}\mathbf{Im}(\boldsymbol{s})+\mathbf{Im}(\boldsymbol{\Psi\Phi})^{\mathrm{H}}\mathbf{Re}(\boldsymbol{s})\end{cases} \tag{5.137}$$

$$\begin{cases}\mathbf{Re}((\boldsymbol{\Psi\Phi})^{\mathrm{H}}(\boldsymbol{\Psi\Phi})\boldsymbol{\sigma}^{(l-1)})=\mathbf{Re}((\boldsymbol{\Psi\Phi})^{\mathrm{H}}(\boldsymbol{\Psi\Phi}))\mathbf{Re}(\boldsymbol{\sigma}^{(l-1)})-\mathbf{Im}((\boldsymbol{\Psi\Phi})^{\mathrm{H}}(\boldsymbol{\Psi\Phi}))\mathbf{Im}(\boldsymbol{\sigma}^{(l-1)})\\ \mathbf{Im}((\boldsymbol{\Psi\Phi})^{\mathrm{H}}(\boldsymbol{\Psi\Phi})\boldsymbol{\sigma}^{(l-1)})=\mathbf{Re}((\boldsymbol{\Psi\Phi})^{\mathrm{H}}(\boldsymbol{\Psi\Phi}))\mathbf{Im}(\boldsymbol{\sigma}^{(l-1)})+\mathbf{Im}((\boldsymbol{\Psi\Phi})^{\mathrm{H}}(\boldsymbol{\Psi\Phi}))\mathbf{Re}(\boldsymbol{\sigma}^{(l-1)})\end{cases} \tag{5.138}$$

因此，模块 $\boldsymbol{L}$ 的线性重构结果可表示为

$$\begin{aligned}\mathbf{Re}(\boldsymbol{r}^{(l)})&=\mathbf{Re}(\boldsymbol{\sigma}^{(l-1)})+\mu^{(l)}\cdot\mathbf{Re}((\boldsymbol{\Psi\Phi})^{\mathrm{H}}\boldsymbol{s})-\mu^{(l)}\cdot\mathbf{Re}((\boldsymbol{\Psi\Phi})^{\mathrm{H}}(\boldsymbol{\Psi\Phi})\boldsymbol{\sigma}^{(l-1)})\\&=\mathbf{Re}(\boldsymbol{\sigma}^{(l-1)})+\mu^{(l)}\cdot\{\mathbf{Re}\,(\boldsymbol{\Psi\Phi})^{\mathrm{H}}\mathbf{Re}(\boldsymbol{s})-\mathbf{Im}\,(\boldsymbol{\Psi\Phi})^{\mathrm{H}}\mathbf{Im}(\boldsymbol{s})\}\\&\quad-\mu^{(l)}\cdot\{\mathbf{Re}((\boldsymbol{\Psi\Phi})^{\mathrm{H}}(\boldsymbol{\Psi\Phi}))\mathbf{Re}(\boldsymbol{\sigma}^{(l-1)})-\mathbf{Im}((\boldsymbol{\Psi\Phi})^{\mathrm{H}}(\boldsymbol{\Psi\Phi}))\mathbf{Im}(\boldsymbol{\sigma}^{(l-1)})\}\end{aligned} \tag{5.139}$$

$$\begin{aligned}\mathbf{Im}(\boldsymbol{r}^{(l)})&=\mathbf{Im}(\boldsymbol{\sigma}^{(l-1)})+\mu^{(l)}\cdot\mathbf{Im}((\boldsymbol{\Psi\Phi})^{\mathrm{H}}\boldsymbol{s})-\mu^{(l)}\cdot\mathbf{Im}((\boldsymbol{\Psi\Phi})^{\mathrm{H}}(\boldsymbol{\Psi\Phi})\boldsymbol{\sigma}^{(l-1)})\\&=\mathbf{Im}(\boldsymbol{\sigma}^{(l-1)})+\mu^{(l)}\cdot\{\mathbf{Re}\,(\boldsymbol{\Psi\Phi})^{\mathrm{H}}\mathbf{Im}(\boldsymbol{s})+\mathbf{Im}\,(\boldsymbol{\Psi\Phi})^{\mathrm{H}}\mathbf{Re}(\boldsymbol{s})\}\\&\quad-\mu^{(l)}\cdot\{\mathbf{Re}((\boldsymbol{\Psi\Phi})^{\mathrm{H}}(\boldsymbol{\Psi\Phi}))\mathbf{Im}(\boldsymbol{\sigma}^{(l-1)})+\mathbf{Im}((\boldsymbol{\Psi\Phi})^{\mathrm{H}}(\boldsymbol{\Psi\Phi}))\mathbf{Re}(\boldsymbol{\sigma}^{(l-1)})\}\end{aligned} \tag{5.140}$$

式中，μ 为可学习参数，且在每一层中各不相同。

非线性模块 $\boldsymbol{N}$：ISTA-Net 采用非线性变换函数 $F(\cdot)$对散射系数向量 $\boldsymbol{\sigma}$ 稀疏化，而不

是使用传统的变换域算法。受稀疏表示函数对称结构的约束，$F(\cdot)$与其左逆函数 $\widetilde{F}(\cdot)$之间需要满足 $\widetilde{F}(\cdot)\times F(\cdot)=I$，其中 I 为单位算子。未知的 $\hat{\boldsymbol{\sigma}}^{(l)}$ 可以表示为如下闭合形式

$$\hat{\boldsymbol{\sigma}}^{(l)}=\widetilde{F}\{\text{soft}[F(\boldsymbol{r}^{(l)});T^{(l)}]\} \tag{5.141}$$

在此基础上，引入跳跃连接和线性函数 $\Pi(\cdot)$对 $\boldsymbol{r}^{(l)}$ 中缺失的高频分量$\boldsymbol{\varpi}^{(l)}$进行恢复，该高频分量可以从式(5.141)的重构结果 $\hat{\boldsymbol{\sigma}}^{(l)}$ 中提取

$$\boldsymbol{\varpi}^{(l)}=\Pi(\hat{\boldsymbol{\sigma}}^{(l)})=\Pi\langle\widetilde{F}\{\text{soft}[F(\boldsymbol{r}^{(l)});T^{(l)}]\}\rangle \tag{5.142}$$

考虑到 CNN 强大的表征性能及其通用的逼近特性，在 SR-ISTA-Net 中，将式(5.142)中的函数 $F(\cdot)$、$\widetilde{F}(\cdot)$和 $\Pi(\cdot)$表示为卷积和非线性激活相结合的运算符。具体来说，将函数 $\Pi(\cdot)$设计为两个卷积算子的组合：$\Pi(\cdot)=G(\cdot)\times D(\cdot)$。类似地，函数 $F(\cdot)$和 $\widetilde{F}(\cdot)$设计为卷积算子与激活函数的组合，表达式为 $F(\cdot)=C_2\{\text{ReLU}[C_1(\cdot)]\}$ 和 $\widetilde{F}(\cdot)=\widetilde{C}_2\{\text{ReLU}[\widetilde{C}_1(\cdot)]\}$，其中 $C_i(\cdot)$和 $\widetilde{C}_i(\cdot)$表示卷积算子，ReLU$(\cdot)$表示修正线性单元(Rectified Linear Unit，ReLU)。在上述卷积算子中，$D(\cdot)$对应于 N_f 个尺寸为 $\omega_f\times\omega_f$的滤波器，$G(\cdot)$对应于 1 个尺寸为 $\omega_f\times\omega_f\times N_f$ 的滤波器，而 $C_i(\cdot)$和 $\widetilde{C}_i(\cdot)$均对应于 N_f 个尺寸为 $\omega_f\times\omega_f\times N_f$ 的滤波器。

由于线性模块 $\boldsymbol{L}$ 将输出结果 $\boldsymbol{r}^{(l)}$ 分为实部和虚部，因此 ISTA-Net 的非线性模块 $\mathbf{N}$ 同样设计为双路径结构。在处理复值信号时，对于非零复值向量 $\boldsymbol{x}$，存在符号函数 $\text{sign}(\boldsymbol{x})=\boldsymbol{x}./|\boldsymbol{x}|$。此时，模块 $\mathbf{N}$ 中的 soft$(\cdot;\cdot)$定义为包含归一化运算的非线性函数，将式(5.134)重写为

$$\begin{cases}\text{soft}[\mathbf{Re}(\boldsymbol{r});T]=\text{sign}(\mathbf{Re}(\boldsymbol{r}))\max[(|\boldsymbol{r}|-T);0]\\ \qquad=(\mathbf{Re}(\boldsymbol{r})./|\boldsymbol{r}|)\max[(|\boldsymbol{r}|-T);0]\\ \text{soft}[\mathbf{Im}(\boldsymbol{r});T]=\text{sign}(\mathbf{Im}(\boldsymbol{r}))\max[(|\boldsymbol{r}|-T);0]\\ \qquad=(\mathbf{Im}(\boldsymbol{r})./|\boldsymbol{r}|)\max[(|\boldsymbol{r}|-T);0]\end{cases} \tag{5.143}$$

式中，$|\boldsymbol{r}|=\text{abs}(\mathbf{Re}(\boldsymbol{r}),\mathbf{Im}(\boldsymbol{r}))$表示计算复值信号 $\boldsymbol{r}$ 的绝对值，$\mathbf{Re}(\boldsymbol{r})./|\boldsymbol{r}|$和 $\mathbf{Im}(\boldsymbol{r})./|\boldsymbol{r}|$分别表示对实部和虚部归一化。soft$(\cdot;\cdot)$函数的结构如图 5.22 所示。

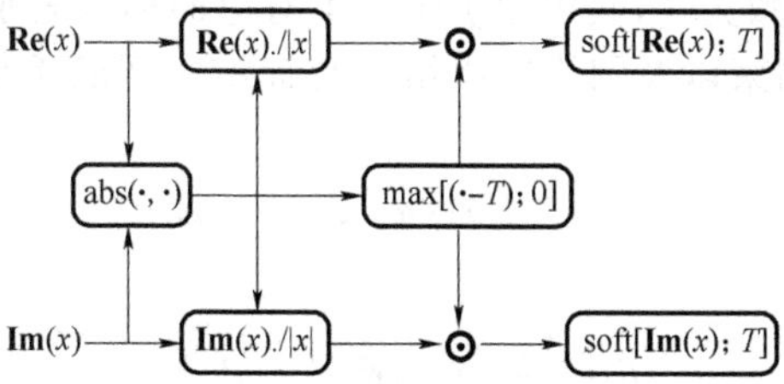

图 5.22 处理复值信号时软阈值函数 soft(·;·)的网络结构

式中，∘表示 Hadamard 积，./表示矩阵点除运算。基于上述分析，非线性模块 $\mathbf{N}$ 的数学表达式为

$$\begin{aligned}\mathbf{Re}(\hat{\boldsymbol{\sigma}}^{(l)})&=\mathbf{Re}(\boldsymbol{r}^{(l)})+\Pi^{(l)}\langle\widetilde{F}^{(l)}\{\text{soft}[F^{(l)}(\mathbf{Re}(\boldsymbol{r}^{(l)}));T^{(l)}]\}\rangle\\ &=\mathbf{Re}(\boldsymbol{r}^{(l)})+G^{(l)}\langle\widetilde{F}^{(l)}\{\text{soft}[F^{(l)}(D^{(l)}(\mathbf{Re}(\boldsymbol{r}^{(l)})));T^{(l)}]\}\rangle\end{aligned} \tag{5.144}$$

$$\begin{aligned}\mathbf{Im}(\hat{\boldsymbol{\sigma}}^{(l)})&=\mathbf{Im}(\boldsymbol{r}^{(l)})+\Pi^{(l)}\langle\widetilde{F}^{(l)}\{\mathrm{soft}[F^{(l)}(\mathbf{Im}(\boldsymbol{r}^{(l)}));T^{(l)}]\}\rangle\\&=\mathbf{Im}(\boldsymbol{r}^{(l)})+G^{(l)}\langle\widetilde{F}^{(l)}\{\mathrm{soft}[F^{(l)}(D^{(l)}(\mathbf{Im}(\boldsymbol{r}^{(l)})));T^{(l)}]\}\rangle\end{aligned}\tag{5.145}$$

式中，T、$F(\cdot)$、$\widetilde{F}(\cdot)$和$\Pi(\cdot)$均为随网络层变化的可学习参数。

2. 网络训练

现有的基于 DUN 的 SAR 成像网络多采用非监督学习方法，这些网络往往在非线性模块后增加一个从图像域到回波域的正演模型，并构建输入回波与输出回波之间的误差损失函数。这种非监督学习方法虽然避免了构建样本标签，可以直接利用回波数据进行网络训练，但同时也因输入回波的质量而限制了网络的成像性能。因此，所提网络采用有监督的训练方法对 ISTA-Net 的参数集 $\boldsymbol{\Gamma}=\{\mu^{(l)},T^{(l)},D^{(l)},G^{(l)},F^{(l)},\widetilde{F}^{(l)}\}_{l=1}^{L}$进行学习，所有参数均采用有监督训练方法来学习，并使用小批量梯度下降(Mini-batch Gradient Descent, MBGD) 算法与反向传播算法进行梯度更新。图 5.23 为关于 SAR 学习成像方法监督训练和非监督训练的工作流程图。

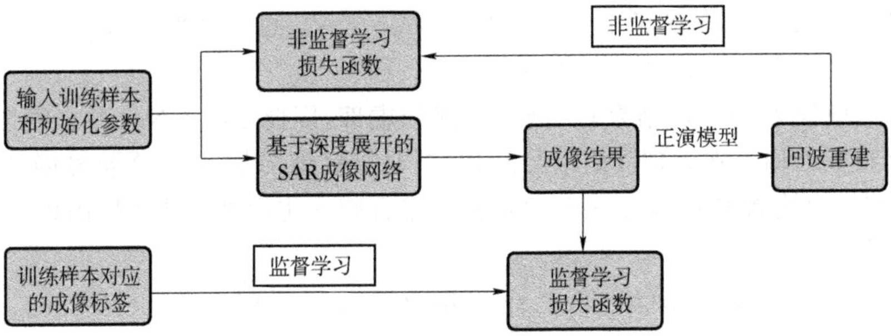

图 5.23　监督学习和非监督学习流程图

网络训练的初始化阶段，散射系数向量初始化为 $\hat{\boldsymbol{\sigma}}^{(0)}=0$；观测矩阵 $\boldsymbol{\Phi}$ 按照式(5.14)并通过已知的雷达系统参数进行初始化；网络各层迭代参数 λ、μ 和 T 初始化为 $\lambda=0.15$，$\mu=0.99|\boldsymbol{\Phi}|^{-2}$，$T=\lambda\mu$。

假设网络训练样本总数为 J，其中第 j 个样本对应的标签表示为向量 $\boldsymbol{d}_j$，综合考虑非线性模块 $\mathbf{N}$ 中的镜像对称约束以及网络输出结果与标签之间的重构误差，将 ISTA-Net 的损失函数定义为

$$\mathcal{L}_{\mathrm{total}}(\boldsymbol{\Gamma})=\alpha_1\mathcal{L}_1+\alpha_2\mathcal{L}_2\tag{5.146}$$

式中

$$\mathcal{L}_1=\frac{1}{2J}\sum_{j=1}^{J}\|\hat{\boldsymbol{\sigma}}_j^{(L)}-\boldsymbol{d}_j\|_2^2\tag{5.147}$$

$$\mathcal{L}_2=\frac{1}{2J}\sum_{j=1}^{J}\sum_{l=1}^{L}\|\widetilde{F}^{(l)}[F^{(l)}(\boldsymbol{r}_j^{(l)})]-\boldsymbol{r}_j^{(l)}\|_2^2\tag{5.148}$$

$\hat{\boldsymbol{\sigma}}_j^{(L)}$ 表示第 j 个训练样本对应的网络重构结果，$\mathcal{L}_1$ 为度量网络输出与标签之间逼近程度的欧氏距离函数，而$\mathcal{L}_2$函数用于满足结构对称约束 $F(\cdot)\times\widetilde{F}(\cdot)=I$，$\alpha_1$ 和 α_2 表示两种损失函数的权重参数，分别设定为 1 和 0.1。

3. 实测数据实验

下面基于 RADARSAT-1 卫星的实测数据进行相关实验。将真实测量的回波数据分为

600 个切片以形成训练集，其中每个切片的大小为 256×256，同样在回波中添加 10 dB 的 AWGN。采用匹配滤波算法和基于变换域的 CS 算法进行对比实验。图 5.24 和图 5.25 分别展示了将采样率为 $\eta=100\%$ 和 $\eta=50\%$ 时成像算法的重构结果。

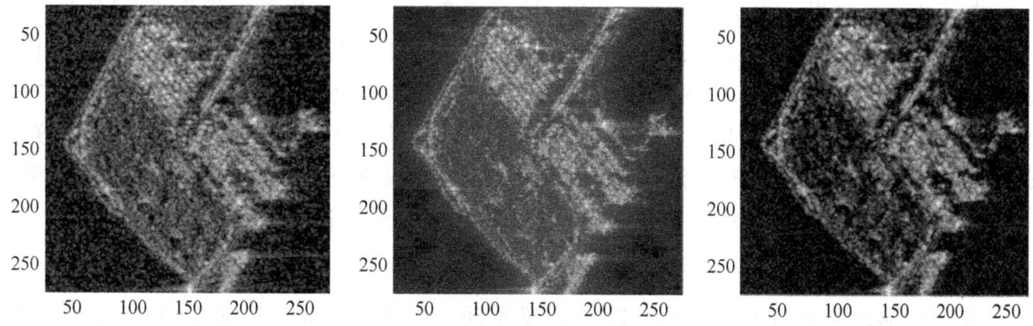

(a) 匹配滤波　(b) 变换域CS算法　(c) ISTA-Net

图 5.24　DSR=100%时，不同成像算法的实测成像结果对比

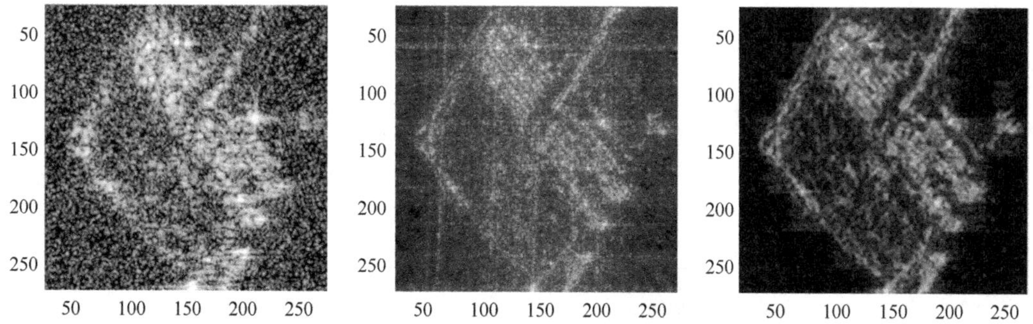

(a) 匹配滤波　(b) 变换域CS算法　(c) ISTA-Net

图 5.25　DSR= 50%时，不同成像算法的实测成像结果对比

对于实测数据，ISTA-Net 可以获得最优的重构结果，并且当 DSR 为 50%时，成像性能明显优于 MF 算法和基于变换域的 CS 算法。值得强调的是，尽管 ISTA-Net 可以获得高质量的重构图像，但散射系数较小的元素在 ISTA-Net 训练过程中可能被看作噪声或杂波，这将影响网络重建的精度。

5.4.2　SAR 运动目标学习成像

高质量的 SAR 运动目标（Ground Moving Target，GMT）成像对于指示和提取民事和军事应用中的目标状态至关重要。GMT 运动参数引起的多普勒频移和方位调制频率变化将分别导致成像结果的方位位置偏移和散焦。因此，传统针对静止目标的 SAR 成像方法难以获得 GMT 聚焦图像。GMT 成像（GMT Imaging，GMTIm）需要解决的关键技术问题是补偿由非合作 GMT 运动参数引起的残余相位误差，精确估计运动参数并补偿相位误差可以实现散焦 GMT 的重新聚焦[53]。现有的 GMTIm 方法主要有穷举搜索（Exhaustive Search Method，ESM）法、迭代最小熵算法（Iterative Minimum Entropy Algorithm，IMEA）以及最近基于稀疏优化理论的 GMTIm 算法等[54-56]。但上述算法普遍面临速度慢、旁瓣干扰明显、计算复杂度高等问题。

基于数据驱动的 SAR-GMT 成像方法可以利用 DNN 来完成“从散焦图像到聚焦图像”这一关键步骤，避免了运动参数估计和相位补偿[57]，同时缩短了成像时间并降低了算法复杂度，因此，针对 SAR-GMT 的学习成像方法受到了广泛关注[58]。

本节介绍一种基于可训练 Omega-KA(即前文中 ωK 算法)和稀疏优化的 SAR 运动目标学习成像网络，称为 Omega-KA-Net[59]。与以往通过 ESM、最小熵算法或稀疏性约束来估计运动参数的工作不同，本节介绍的方法通过网络训练实现运动参数的精确估计。首先，基于 Omega-KA 推导出适用于 GMTIm 的二维近似观测模型；然后，利用二维 SAR 观测模型和 ISTA 构建 GMT 稀疏成像框架，并设计基于 DUN 的 SAR 运动目标学习成像网络 Omega-KA-Net；采用基于增量训练的有监督训练方法来学习网络的可训练参数。

1. SAR-GMT 回波信号模型

图 5.26 显示了机载 SAR 和 GMT 在二维平面上的几何关系。事实上，在实际场景中，SAR 目标范围内有许多目标，为便于表述和理解，本节只考虑单个点目标来推导 SAR-GMT 回波方程。

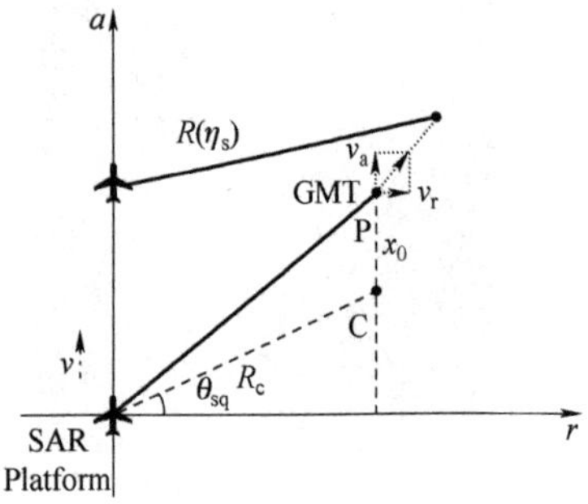

图 5.26　SAR-GMTIm 系统的几何结构

假设 SAR 平台沿方位向(a 轴)以恒定速度 v 飞行，斜视角为 θ_{sq}。P 是雷达波束照射区域的 GMT，其距离和方位速度为 v_r和 v_a。SAR 平台到目标 P 的距离为 $R(\eta)$，随方位时间 η 的变化而变化。

为构建目标斜距模型，假设当 $\eta=0$ 时，SAR 投影在地面场景中的坐标为(0,0)，此时雷达波束中心和目标 P 的方位向在位置 C 相交。位置 C 位于($R_c\cos\theta_{sq}$,$R_c\sin\theta_{sq}$)，从目标 P 到位置 C 的距离为 x_0。当 $\eta=\eta_s$ 时，SAR 平台在地面场景中的坐标为($0,v\eta_s$)，此时 SAR 平台到目标 P 的距离为

$$R(\eta_s)=\sqrt{(v\eta_s-(x_0+R_c\sin\theta_{sq}+v_x\eta_s))^2+(v_r\eta_s+R_c\cos\theta_{sq})^2} \tag{5.149}$$

假设发射的波形是线性调频信号，基于上述距离模型，可以推导出目标 P 的基带回波信号表达式(为了便于分析，省略信号中的距离和方位包络)，它可以表示为

$$s_r(\tau,\eta_s)=\exp\{-j4\pi f_c R(\eta_s)/c+j\pi K_r[\tau-2R(\eta_s)/c]^2\} \tag{5.150}$$

式中，τ 是测距时间，f_c是载波频率，c 是光速，K_r表示距离脉冲的调频率，且回波信号为复值信号。

2. 基于 Omega-KA 的 SAR-GMTIm 方法

Omega-KA 在二维频域中执行信号处理，在 SAR-GMTIm 中已经具有成熟的应用。通过 FFT 将回波表达式变换到二维频域中，通过驻定相位原理可以获得信号的表达式

$$S_{\mathrm{r}}(f_{\mathrm{r}},f_{\mathrm{a}})=\exp\left\{\mathrm{j}\cdot\left[-2\pi f_{\mathrm{a}}\frac{\alpha}{v_{\mathrm{e}}^{2}}-\pi\frac{f_{\mathrm{r}}^{2}}{K_{\mathrm{r}}}-\frac{4\pi R_{\mathrm{e}}\cos\theta_{\mathrm{sq}}}{c}\sqrt{(f_{\mathrm{c}}+f_{\mathrm{r}})^{2}-\frac{c^{2}}{4v_{\mathrm{e}}^{2}}f_{\mathrm{a}}^{2}}\right]\right\} \tag{5.151}$$

式中，f_{r} 和 f_{a} 分别是距离频率和方位频率，v_{e}、R_{e} 和 α 是与运动参数有关的 3 个未知数。因此，可以得到一个由 3 个方程和 3 个未知数组成的方程组，方程组的解如下

$$\begin{cases}v_{\mathrm{e}}=\sqrt{(v-v_{x})^{2}+v_{\mathrm{r}}^{2}}\\ R_{\mathrm{e}}=\dfrac{(x_{0}+R_{\mathrm{c}}\sin\theta_{\mathrm{sq}})v_{\mathrm{r}}\cos\theta_{\mathrm{sq}}+R_{\mathrm{c}}(v-v_{x})}{v_{\mathrm{e}}}\\ \alpha=(x_{0}+R_{\mathrm{c}}\sin\theta_{\mathrm{sq}})(v-v_{x})-R_{\mathrm{c}}v_{\mathrm{r}}\cos\theta_{\mathrm{sq}}\end{cases} \tag{5.152}$$

为了减少距离频率调制、距离偏移、距离方位耦合和方位频率调制的影响，二维频域中的一致压缩因子由式(5.153)给出

$$H_{1}(f_{\mathrm{r}},f_{\mathrm{a}})=\exp\left\{\mathrm{j}\cdot\left[-\frac{2\pi R_{\mathrm{ref}}\sin\theta_{\mathrm{sq}}}{v}f_{\mathrm{a}}+\pi\frac{f_{\mathrm{r}}^{2}}{K_{\mathrm{r}}}+\frac{4\pi R_{\mathrm{ref}}\cos\theta_{\mathrm{sq}}}{c}\sqrt{(f_{\mathrm{c}}+f_{\mathrm{r}})^{2}-\frac{c^{2}}{4v^{2}}f_{\mathrm{a}}^{2}}\right]\right\} \tag{5.153}$$

式中，R_{ref}是参考距离。将式(5.151)与式(5.153)相乘，补偿后的信号表示为

$$\begin{aligned}S_{1}(f_{\mathrm{r}},f_{\mathrm{a}})&=S_{\mathrm{r}}(f_{\mathrm{r}},f_{\mathrm{a}})\cdot H_{1}(f_{\mathrm{r}},f_{\mathrm{a}})\\&=\exp\left\{\mathrm{j}\cdot\left[-2\pi f_{\mathrm{a}}\left(\frac{\alpha}{v_{\mathrm{e}}^{2}}+\frac{R_{\mathrm{ref}}\sin\theta_{\mathrm{sq}}}{v}\right)-\frac{4\pi R_{\mathrm{e}}\cos\theta_{\mathrm{sq}}}{c}\sqrt{(f_{\mathrm{c}}+f_{\mathrm{r}})^{2}-\frac{c^{2}}{4v_{\mathrm{e}}^{2}}f_{\mathrm{a}}^{2}}\right.\right.\\&\quad\left.\left.+\frac{4\pi R_{\mathrm{ref}}\cos\theta_{\mathrm{sq}}}{c}\sqrt{(f_{\mathrm{c}}+f_{\mathrm{r}})^{2}-\frac{c^{2}}{4v^{2}}f_{\mathrm{a}}^{2}}\right]\right\}\end{aligned} \tag{5.154}$$

由式(5.154)可知，GMT 的聚焦质量受到 GMT 速度以及 GMT 与参考位置之间距离的影响。精确的 Stolt 插值可以消除由距离引起的散焦，而由速度引起的散焦则需要通过补偿由速度产生的残余相位来解决。在式(5.154)中，第二个指数项包含 GMT 未知速度 v_{e}，因此图像的散焦主要来自未知运动参数 $\Lambda=1/v_{\mathrm{e}}^{2}$ 的影响，该参数必须在补偿之前进行估计，且估计后的运动参数定义为 $\hat{\Lambda}$。

为了补偿未知速度产生的残余相位，根据 $\hat{\Lambda}$ 建立相位补偿因子，由式(5.155)给出

$$H_{2(\hat{\Lambda})}(f_{\mathrm{r}},f_{\mathrm{a}})=\exp\left\{\mathrm{j}\cdot\left[\frac{4\pi R_{\mathrm{ref}}\cos\theta_{\mathrm{sq}}}{c}\left(\sqrt{(f_{\mathrm{c}}+f_{\mathrm{r}})^{2}-\frac{c^{2}f_{\mathrm{a}}^{2}}{4}\hat{\Lambda}}\right)-\sqrt{(f_{\mathrm{c}}+f_{\mathrm{r}})^{2}-\frac{c^{2}}{4v^{2}}f_{\mathrm{a}}^{2}}\right]\right\} \tag{5.155}$$

在补偿由未知速度产生的残余相位之后，信号表示为

$$\begin{aligned}S_{2}(f_{\mathrm{r}},f_{\mathrm{a}})&=S_{1}(f_{\mathrm{r}},f_{\mathrm{a}})\cdot H_{2(\hat{\Lambda})}(f_{\mathrm{r}},f_{\mathrm{a}})\\&=\exp\left\{\mathrm{j}\cdot\left[-2\pi f_{\mathrm{a}}\left(\alpha\Lambda+\frac{R_{\mathrm{ref}}\sin\theta_{\mathrm{sq}}}{v}\right)\right.\right.\\&\quad\left.\left.-\frac{4\pi(R_{\mathrm{e}}-R_{\mathrm{ref}})\cos\theta_{\mathrm{sq}}}{c}\sqrt{(f_{\mathrm{c}}+f_{\mathrm{r}})^{2}-\frac{c^{2}f_{\mathrm{a}}^{2}}{4}\hat{\Lambda}}\right]\right\}\end{aligned} \tag{5.156}$$

然后，为实现差分聚焦，引入 Stolt 插值函数，由式(5.157)给出

$$\sqrt{(f_{\mathrm{c}}+f_{\mathrm{r}})^{2}-\frac{c^{2}f_{\mathrm{a}}^{2}}{4}\hat{\Lambda}}=(\overline{f_{\mathrm{c}}+f_{\mathrm{r}}}) \tag{5.157}$$

完成 Stolt 插值后的信号可以表示为

$$S_{2\_\text{Stolt}}(f_r, f_a) = \exp\left\{ j \cdot \left[-2\pi f_a \left(\alpha \hat{\Lambda} + \frac{R_{\text{ref}} \sin\theta_{\text{sq}}}{v} \right) - \frac{4\pi (R_e - R_{\text{ref}}) \cos\theta_{\text{sq}}}{c} \overline{(f_c + f_r)} \right] \right\} \tag{5.158}$$

最后，对完成相位补偿的信号应用 IFFT 可实现 GMT 聚焦成像。图 5.27 所示为基于 Omega-KA 的 SAR-GMTIm 方法流程图。

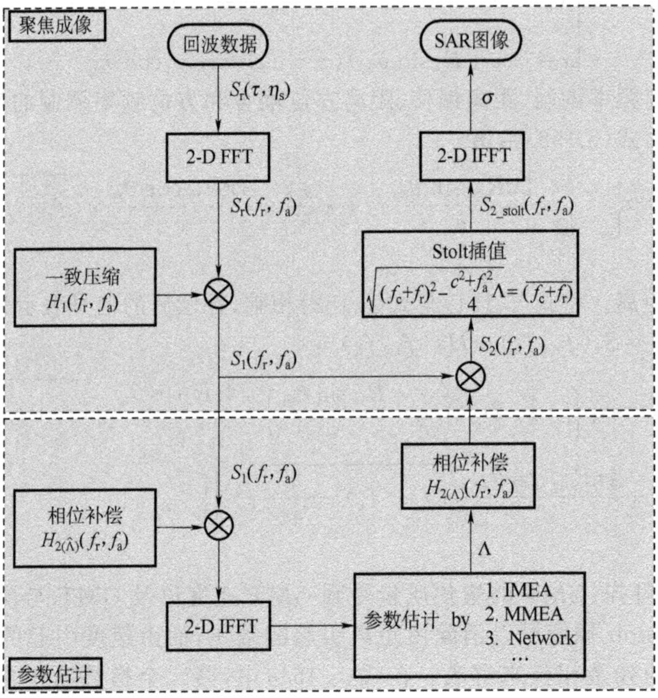

图 5.27　基于 Omega-KA 的 SAR-GMTIm 方法流程图

3. SAR-GMTIm 方法的二维稀疏成像模型

在后续介绍中，散射系数向量由粗体希腊小写字母 $\boldsymbol{\sigma}$ 表示，散射系数矩阵由 $\boldsymbol{\Xi}$ 表示，$\boldsymbol{A}^{\text{T}}$、$\boldsymbol{A}^{*}$ 和 $\boldsymbol{A}^{\text{H}}$ 分别表示矩阵 $\boldsymbol{A}$ 的转置、共轭和 Hermitian 转置。

假设沿距离向和方位向的采样点数量分别为 M 和 N，一致压缩后的 SAR 信号可以描述为一般矩阵形式，如下所示

$$\boldsymbol{S}_1 = \boldsymbol{F}_r \boldsymbol{S}_r \boldsymbol{F}_a \circ \boldsymbol{H}_1 \tag{5.159}$$

式中，$\boldsymbol{H}_1 \in \mathbb{C}^{M \times N}$ 是由一致压缩因子 $H_1(f_r, f_a)$ 所定义的一致压缩矩阵，$\boldsymbol{S}_r \in \mathbb{C}^{M \times N}$ 是由基带回波信号 $s_r(\tau, \eta_s)$ 定义的回波矩阵，$\boldsymbol{F}_r \in \mathbb{C}^{M \times M}$ 和 $\boldsymbol{F}_a \in \mathbb{C}^{N \times N}$ 分别是距离和方位 FFT 矩阵，并且 $(\boldsymbol{a} \circ \boldsymbol{b})$ 表示 $\boldsymbol{a}$ 和 $\boldsymbol{b}$ 的 Hadamard 积。

将包含 GMT 运动参数的相位补偿因子 $H_{2(\hat{\Lambda})}(f_r, f_a)$ 定义为相位补偿矩阵 $\boldsymbol{H}_{2(\hat{\Lambda})} \in \mathbb{C}^{M \times N}$。补偿残余相位后的信号可以描述为一般矩阵形式，如下所示

$$\boldsymbol{S}_2 = \boldsymbol{S}_1 \circ \boldsymbol{H}_{2(\hat{\Lambda})} \tag{5.160}$$

然后,我们假设 Stolt 插值算子表示为 $\boldsymbol{H}_{\text{Stolt}}$,它可以用来描述式(5.157)中的函数。实现 Stolt 插值后的信号矩阵可以描述为

$$\boldsymbol{S}_{2\_\text{Stolt}}=\boldsymbol{H}_{\text{Stolt}}(\boldsymbol{S}_2) \tag{5.161}$$

因此,重建的散射系数可以通过对式(5.161)进行二维 IFFT 变换来获得,可得如下推导过程

$$\begin{aligned}\hat{\boldsymbol{\Xi}}&=M(\boldsymbol{S}_{\text{r}})\\&=\boldsymbol{F}_{\text{r}}^{\text{H}}\boldsymbol{S}_{2\_\text{Stolt}}\boldsymbol{F}_{\text{a}}^{\text{H}}\\&=\boldsymbol{F}_{\text{r}}^{\text{H}}H_{\text{Stolt}}(\boldsymbol{S}_2)\boldsymbol{F}_{\text{a}}^{\text{H}}\\&=\boldsymbol{F}_{\text{r}}^{\text{H}}H_{\text{Stolt}}(\boldsymbol{S}_1\circ\boldsymbol{H}_{2(\hat{\Lambda})})\boldsymbol{F}_{\text{a}}^{\text{H}}\\&=\boldsymbol{F}_{\text{r}}^{\text{H}}H_{\text{Stolt}}[(\boldsymbol{F}_{\text{r}}\boldsymbol{S}_{\text{r}}\boldsymbol{F}_{\text{a}}\circ\boldsymbol{H}_1)\circ\boldsymbol{H}_{2(\hat{\Lambda})}]\boldsymbol{F}_{\text{a}}^{\text{H}}\end{aligned} \tag{5.162}$$

式中,$M(\cdot)$表示成像算子,而$\boldsymbol{F}_{\text{r}}^{\text{H}}\in\mathbb{C}^{M\times M}$和$\boldsymbol{F}_{\text{a}}^{\text{H}}\in\mathbb{C}^{N\times N}$分别是距离 IFFT 矩阵和方位 IFFT 矩阵。基于 Omega-KA 推导出的二维近似回波数据$\hat{\boldsymbol{S}}_{\text{r}}\in\mathbb{C}^{M\times N}$可以表示为

$$\begin{aligned}\hat{\boldsymbol{S}}_{\text{r}}&=G(\boldsymbol{\Xi})\\&=\boldsymbol{F}_{\text{r}}^{\text{H}}\{[H_{\text{Stolt}}^{*}(\boldsymbol{F}_{\text{r}}\sigma\boldsymbol{F}_{\text{a}})\circ\boldsymbol{H}_{2(\hat{\Lambda})}^{*}]\circ\boldsymbol{H}_1^{*}\}\boldsymbol{F}_{\text{a}}^{\text{H}}\end{aligned} \tag{5.163}$$

式中,$G(\cdot)$表示观测算子,$H_{\text{Stolt}}^{*}(\cdot)$是插值算子 $H_{\text{Stolt}}(\cdot)$的逆运算。

$\hat{\boldsymbol{\Xi}}$ 和 $\hat{\boldsymbol{S}}_{\text{r}}$ 的向量形式分别表示为 $\hat{\boldsymbol{\sigma}}=\text{vec}(\hat{\boldsymbol{\Xi}})\in\mathbb{C}^{MN\times 1}$和$\hat{\boldsymbol{s}}_{\text{r}}=\text{vec}(\hat{\boldsymbol{S}}_{\text{r}})\in\mathbb{C}^{MN\times 1}$。基于上述公式,向量可以表示为 $\hat{\boldsymbol{\sigma}}=\boldsymbol{M}\cdot\boldsymbol{s}_{\text{r}}$ 和$\hat{\boldsymbol{s}}_{\text{r}}=\boldsymbol{G}\cdot\boldsymbol{\sigma}$,其中 $\boldsymbol{M}\in\mathbb{C}^{MN\times MN}$ 和 $\boldsymbol{G}\in\mathbb{C}^{MN\times MN}$ 分别是成像算子和观测算子的矩阵形式。

基于以上公式可以构建 5.2.2 节中的 SAR 二维稀疏观测模型

$$\hat{\boldsymbol{\Xi}}=\arg\min_{\Xi}\|\hat{\boldsymbol{S}}_r-\text{G}(\boldsymbol{\Xi})\|_{\text{F}}+\lambda\|\boldsymbol{\Xi}\|_1 \tag{5.164}$$

式中,λ 是正则化参数,$\lambda\|\boldsymbol{\Xi}\|_1$ 是 L_1正则化约束项,通过先验信息约束模型。

为了提高矩阵计算效率并节约计算机存储空间,提取$\boldsymbol{S}_1$ 的感兴趣区域(Region of Interest,ROI)数据,并表示为$\boldsymbol{S}_{1_\text{ROI}}\in\mathbb{C}^{M_1\times N_1}$。这种方法在不丢失 GMT 信息的情况下显著减少了要处理的数据量。在此基础上,提取 ROI 数据还可以在后续的 GMT 聚焦过程中抑制背景杂波,同时减少噪声干扰。基于提取的 ROI 数据,式(5.162)和式(5.163)可以重写为

$$\begin{cases}\hat{\boldsymbol{\Xi}}=\hat{M}(\boldsymbol{S}_{1\_\text{ROI}})=\boldsymbol{F}_{\text{r}}^{\text{H}}H_{\text{Stolt}}(\boldsymbol{S}_{1\_\text{ROI}}\circ\boldsymbol{H}_{2(\hat{\Lambda})})\boldsymbol{F}_{\text{a}}^{\text{H}}\\\hat{\boldsymbol{S}}_{1\_\text{ROI}}=\hat{G}(\Xi)=H_{\text{Stolt}}^{*}(\boldsymbol{F}_{\text{r}}\Xi\boldsymbol{F}_a)\circ\boldsymbol{H}_{2(\hat{\Lambda})}^{*}\end{cases} \tag{5.165}$$

式中,$\hat{M}(\cdot)$和 $\hat{\text{G}}(\cdot)$分别是基于$\boldsymbol{S}_{1_\text{ROI}}$运算所对应的成像和观测算子。式(5.164)可以重写为

$$\hat{\boldsymbol{\Xi}}=\arg\min_{\Xi}\|\boldsymbol{S}_{1\_\text{ROI}}-\hat{G}(\boldsymbol{\Xi})\|_{\text{F}}+\lambda\|\boldsymbol{\Xi}\|_1 \tag{5.166}$$

下面进一步基于 ROI 数据和 ISTA 构建 SAR-GMT 学习成像网络。

4. 学习成像网络 Omega-KA-Net 构建

在 SAR-GMTIm 中,准确估计 GMT 的未知速度具有重要意义。与传统方法相比,网络训练方法在未知运动参数估计方面具有更好的效率和准确性。此外,它更适用于存在速度误差和低 SNR 的情况。

通过对坐标点的仿真,可以得到理想的点目标图像和点目标回波数据,进而构建得到网络训练和测试集。目前,有许多关于 DL 算法的研究,其中有监督和无监督学习是两种常见的学习方法。由于运动参数未知,仅利用回波数据进行无监督学习难以实现 GMT 聚焦。因此,Omega-KA-Net 采用了有监督训练方法,利用理想成像结果作为标签,对运动参数 $\hat{\Lambda}$ 进行准确估计,进而实现 GMT 的精确聚焦成像。Omega-KA-Net 算法的实现过程如图 5.28 所示。

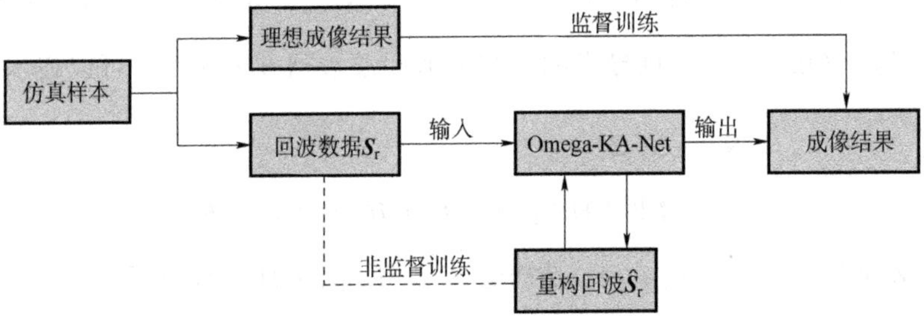

图 5.28 Omega-KA-Net 实现流程图

通过迭代算法可以获得 GMT 重构结果,第 l 次迭代的表达式为 $\hat{\boldsymbol{\Xi}}_l=f(\hat{\boldsymbol{\Xi}}_{l-1},\boldsymbol{S}_{1\_\mathrm{ROI}},\boldsymbol{\Gamma})$,其中 $\boldsymbol{\Gamma}$ 是参数集,迭代算法可以展开为具有 L 层的 DUN。更具体地说,数据与权重向量的内积加上偏置被馈送到每个神经元作为输入,并且 DUN 第 l 层的输出可以被表示为 $\hat{\boldsymbol{\Xi}}^{(l)}=F^{(l)}(\boldsymbol{W}(\boldsymbol{\Gamma})^{(l)}\cdot(\hat{\boldsymbol{\Xi}}^{(l-1)})+\boldsymbol{b}(\boldsymbol{\Gamma})^{(l)})$,其中 $\boldsymbol{W}(\boldsymbol{\Gamma})$ 是权重项,$\boldsymbol{b}(\boldsymbol{\Gamma})$ 是包含 ROI 数据的偏置,$F(\cdot)$ 表示非线性函数,参数集 $\boldsymbol{\Gamma}=\{\boldsymbol{H}_{2(\hat{\Lambda})},\hat{\Lambda},\lambda,\cdots\}$ 包括未知运动参数 $\hat{\Lambda}$、相位补偿矩阵 $\boldsymbol{H}_{2(\hat{\Lambda})}$,正则化参数 λ 等可学习参数。L 层 DUN 获得的最终输出如下所示

$$\begin{aligned}Y_{\mathrm{RNN}}(\boldsymbol{S}_{1\_\mathrm{ROI}})=&F^{(L)}(\boldsymbol{W}(\boldsymbol{\Gamma})^{(L)}\cdot\cdots\cdot F^{(2)}(\boldsymbol{W}(\boldsymbol{\Gamma})^{(2)}\cdot \mathrm{F}^{(1)}(\boldsymbol{W}(\boldsymbol{\Gamma})^{(1)}\cdot\hat{\boldsymbol{\Xi}}^{(0)}\\&+\boldsymbol{b}(\boldsymbol{\Gamma})^{(1)})+\boldsymbol{b}(\boldsymbol{\Gamma})^{(2)})\cdots+\boldsymbol{b}(\boldsymbol{\Gamma})^{(L)})\end{aligned}\tag{5.167}$$

ISTA 可以表示为 3 个步骤:计算残差、更新算子和非线性变换,由以下递归公式表示

$$\boldsymbol{\Upsilon}_l=\boldsymbol{S}_{1\_\mathrm{ROI}}-\hat{G}(\hat{\boldsymbol{\Xi}}_{l-1})\tag{5.168}$$

$$\boldsymbol{X}_l=\hat{\boldsymbol{\Xi}}_{l-1}+\beta\cdot\hat{M}(\boldsymbol{\Upsilon}_l)\tag{5.169}$$

$$\begin{aligned}\hat{\boldsymbol{\Xi}}_l&=\mathrm{soft}(\boldsymbol{X}_l;T_l)\\&=\mathrm{sign}(\boldsymbol{X})\max\{|\boldsymbol{X}|-T_l,0\}\end{aligned}\tag{5.170}$$

式中，$\boldsymbol{\Upsilon}_l\in\mathbb{C}^{M_1\times N_1}$表示频域中的残差，$\boldsymbol{X}_l\in\mathbb{C}^{M_1\times N_1}$表示算子更新结果，即线性重构结果，$\beta$表示步长，$\mathrm{soft}(\cdot\,;T_l)$是非线性软阈值函数，参数$T_l=\lambda_l\beta$表示阈值。

在第l层中建立3个子层来对应ISTA的3个步骤。第一个子层是由R表示的残差层，由式(5.171)给出

$$\begin{aligned}\boldsymbol{\Upsilon}^{(l)}&=\boldsymbol{S}_{1\_\mathrm{ROI}}-\hat{G}(\hat{\boldsymbol{\Xi}}^{(l-1)})\\&=\boldsymbol{S}_{1\_\mathrm{ROI}}-H^{*}_{\mathrm{Stolt}}(\boldsymbol{F}_{\mathrm{r}}\hat{\boldsymbol{\Xi}}^{(l-1)}\boldsymbol{F}_{\mathrm{a}})\circ\boldsymbol{H}^{*}_{2(\hat{\Lambda})}\end{aligned}\tag{5.171}$$

式中，$\boldsymbol{H}_{2(\hat{\Lambda})}$是可学习矩阵而不是固定矩阵。第二个子层是由$X$表示的算子更新层，更新后的算子由式(5.172)给出

$$\begin{aligned}\boldsymbol{X}^{(l)}&=\hat{\boldsymbol{\Xi}}^{(l-1)}+\beta\cdot\hat{M}(\boldsymbol{\Upsilon}^{(l)})\\&=\hat{\boldsymbol{\Xi}}^{(l-1)}+\beta\cdot[\boldsymbol{F}^{\mathrm{H}}_{\mathrm{r}}H_{\mathrm{Stolt}}(\boldsymbol{\Upsilon}^{(l)}\circ\boldsymbol{H}_{2(\hat{\Lambda})})\boldsymbol{F}^{\mathrm{H}}_{\mathrm{a}}]\end{aligned}\tag{5.172}$$

式中，β是可学习的参数，且在各层中共享。第三个子层是由P表示的非线性层，利用非线性函数输出散射系数的重构结果。因此，第l层的输出为$\hat{\boldsymbol{\Xi}}^{(l)}=\mathrm{soft}(\boldsymbol{X}^{(l)};T^{(l)})$，其中$T^{(l)}=\lambda^{(l)}\beta$也是该子层中的可学习参数，各层中非共享。

DUN包含具有相同拓扑的L层，每一层又由R、X和P三个子层组成，网络可学习参数为$\boldsymbol{\Gamma}_{\mathrm{net}}=\{\boldsymbol{H}_{2(\hat{\Lambda})},\hat{\Lambda},\beta,\{T^{(l)}\}_{l=1}^{L}\}$，第$L$层的最终输出结果为$\hat{\boldsymbol{\Xi}}^{(L)}$。为了减少可学习参数的数据大小，将补偿矩阵$\boldsymbol{H}_{2(\hat{\Lambda})}$和运动参数$\hat{\Lambda}$设置为在所有层上共享，并在每一轮反向传播训练后更新。基于L层DUN的Omega-KA-Net采用有监督的方式进行训练，实现了ROI回波数据到散射系数的映射，获得了高质量的GMT图像。Omega-KA-Net的拓扑结构如图5.29所示。

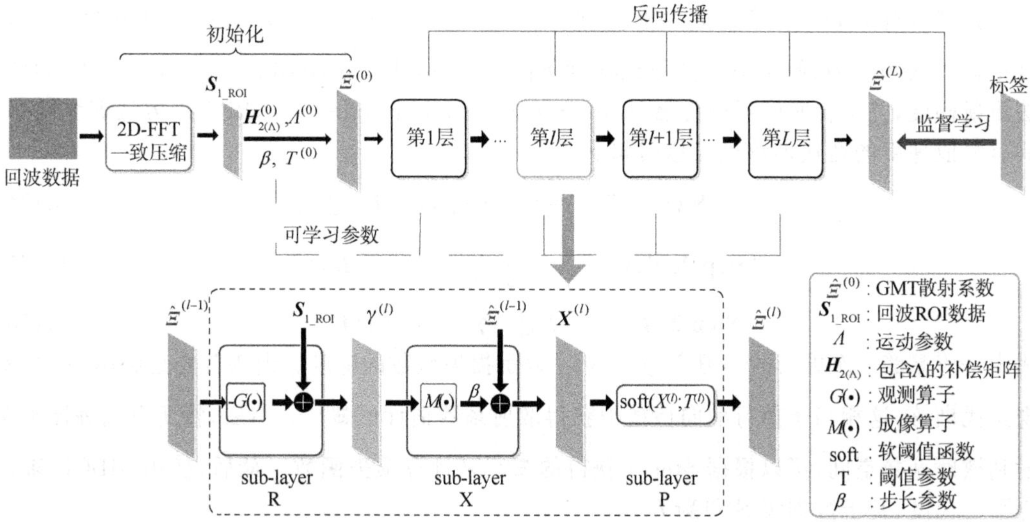

图5.29 Omega-KA-Net的拓扑结构

5. 学习成像网络 Omega-KA-Net 训练

实验的训练样本通过随机降采样、添加不同 SNR 的系统噪声以及混合干扰相位来生成。此外，为了使网络输出更加接近雷达真实的成像结果，训练样本的标签通过传统的最小熵算法在理想条件下生成，并利用稀疏增强算法进行特征增强。

具体而言，可以通过将 SAR 回波左乘采样矩阵 $\boldsymbol{\Psi}_{\mathrm{r}} \in \mathbb{R}^{M_1' \times M_1}$，$M_1' < M_1$ 和右乘采样矩阵 $\boldsymbol{\Psi}_{\mathrm{a}} \in \mathbb{R}^{N_1 \times N_1'}$，$N_1' < N_1$ 来实现随机降采样，其中 $M_1' = \eta_{\mathrm{r}} M_1$ 和 $N_1' = \eta_{\mathrm{a}} N_1$ 是降采样后在距离和方位向上的采样点数量，降采样率(DSR)定义为 $\eta = \eta_{\mathrm{r}} \cdot \eta_{\mathrm{a}}$，$\eta_{\mathrm{r}}$ 和 η_{a} 分别表示距离维和方位维的降采样率(DSR)，本章设定 $\eta_{\mathrm{r}} = \eta_{\mathrm{a}}$。

向 SAR 回波中添加噪声是生成训练样本的另一种常见方法。例如，可以添加具有不同 SNR 的 AWGN 或由相位扰动引起的乘性噪声。由于 GMT 的速度误差会导致 SAR 回波的相位扰动，因此可以通过混合扰动相位来生成训练样本，扰动相位由 GMT 的速度偏差决定。

基于上述方法，可以生成带标签的训练样本，假设训练集由 $S = \{\boldsymbol{S}_{1\_\mathrm{ROI}\_1}, \cdots, \boldsymbol{S}_{1\_\mathrm{ROI}\_\phi}, \cdots, S_{1\_\mathrm{ROI}\_\Phi}\}$ 给出，Φ 是样本总数，其中第 ϕ 个样本为 $\boldsymbol{S}_{1\_\mathrm{ROI}\_\phi} = \{\boldsymbol{\Psi}_{\mathrm{r}}^{\mathrm{T}}[\boldsymbol{F}_{\mathrm{r}}(\boldsymbol{\Psi}_{\mathrm{r}} \boldsymbol{S}_{\mathrm{r}\phi} \boldsymbol{\Psi}_{\mathrm{a}}) \boldsymbol{F}_{\mathrm{a}}] \boldsymbol{\Psi}_{\mathrm{a}}^{\mathrm{T}} \circ \boldsymbol{H}_1\}_{\mathrm{ROI}} + \boldsymbol{N}_0$。每个样本都是在相同的雷达参数下收集的，这意味着训练集 S 中样本的区别是由速度变化、噪声变化以及无法解释的相位误差所造成的。

利用标签数据集 $D = \{\boldsymbol{D}_1, \cdots, \boldsymbol{D}_\phi, \cdots, \boldsymbol{D}_\Phi\}$ 和 Omega-KA-Net 输出的散射系数 $\hat{\boldsymbol{\Xi}}^{(L)}$ 来建立监督损失函数。Omega-KA-Net 的训练过程可以看作在包含运动参数的相位补偿矩阵 $\boldsymbol{H}_{2(\hat{\Lambda})}$ 中学习最优的运动参数，使得补偿矩阵更加精确。网络损失函数通过最小化所有训练样本的欧式距离来构建，由式(5.173)给出

$$
\begin{gathered}
\mathcal{L}_S(\boldsymbol{\Gamma}_{\mathrm{net}}) = \frac{1}{2\Phi} \sum_{\phi=1}^{\Phi} \| \hat{\boldsymbol{\Xi}}_{\phi}^{(L)} [\boldsymbol{\Gamma}_{\mathrm{net}}, \boldsymbol{S}_{1\_\mathrm{ROI}\_\phi}] - \boldsymbol{D}_\phi \|_2^2 \\
\hat{\boldsymbol{\Gamma}}_{\mathrm{net}} = \underset{\boldsymbol{\Gamma}_{\mathrm{net}}}{\operatorname{argmin}}\, \mathcal{L}_S(\boldsymbol{\Gamma}_{\mathrm{net}})
\end{gathered}
\tag{5.173}
$$

许多现有的 DL 训练方法为解决优化问题 $\hat{\boldsymbol{\Gamma}}_{\mathrm{net}} = \underset{\boldsymbol{\Gamma}_{\mathrm{net}}}{\operatorname{argmin}} \mathcal{L}_S(\boldsymbol{\Gamma}_{\mathrm{net}})$ 提供了可能性。在 Omega-KA-Net 中，使用小批量随机梯度下降法(Mini-batch Gradient Descent，MBGD)算法更新梯度，并结合时间反向传播(Backpropagation-Through-Time，BPTT)方法训练网络。具有复值梯度的迭代训练过程总结如下

$$
\textbf{Step 1.}\ \hat{\boldsymbol{\Xi}}_{\phi}^{(L)} = Y_{\mathrm{RNN}}[\boldsymbol{S}_{1\_\mathrm{ROI}\_\phi}, \boldsymbol{\Gamma}_{\mathrm{net}}^{(i)}] \tag{5.174}
$$

$$
\textbf{Step 2.}\ \mathcal{L}_S(\boldsymbol{\Gamma}_{\mathrm{net}}^{(i)}) = \frac{1}{2\Phi} \sum_{\phi=1}^{\Phi} \| \hat{\boldsymbol{\Xi}}_{\phi}^{(L)} - \boldsymbol{D}_\phi \|_2^2 \tag{5.175}
$$

$$
\textbf{Step 3.}\ \boldsymbol{\Gamma}_{\mathrm{net}}^{(i+1)} = \boldsymbol{\Gamma}_{\mathrm{net}}^{(i)} - \gamma^{(i)} \nabla_{\Gamma_{\mathrm{net}}} \mathcal{L}_S(\boldsymbol{\Gamma}_{\mathrm{net}}^{(i)}) \tag{5.176}
$$

式中，$\gamma^{(i)}$ 是第 i 次更新的学习率，并且 $\nabla_{\Gamma_{\mathrm{net}}}$ 表示损失函数的梯度。训练首先是利用 DUN 实现迭代训练，这相当于执行前向传播来获得散射系数估计值 $\hat{\boldsymbol{\Xi}}^{(L)}$。然后，将所有训练样本映射到散射系数空间，可以根据 Step 1 获得的 $\hat{\boldsymbol{\Xi}}^{(L)}$ 来计算损失函数。最后，使用 MBGD 来计算平均梯度，基于数据集 S 更新 $\boldsymbol{\Gamma}_{\mathrm{net}}$。

由于每层的补偿矩阵相同，因此会遇到梯度消失问题，这使得网络的一次性训练变得困难。增量训练可以减少消失梯度的影响，并提供适当的可学习参数值。优化器在第 i 轮增量训练中通过调整 $\boldsymbol{\Gamma}_{\mathrm{net}}^{(i)}$ 来最小化 $\mathcal{L}_S(\boldsymbol{\Gamma}_{\mathrm{net}}^{(i)})$，在这种情况下，DUN 层数 L 的数值与训练所处

的轮次相同，即在第 i 轮训练中 $L=i$。假设 batch-size 和 epoch 的数量分别由 Ψ 和 Ω 表示，每个 epoch 将执行 Φ/Ψ 轮反向传播训练，在处理完 Ω 个 epoch 后，表示第 i 轮增量训练完成，优化器的目标函数变为 $\mathcal{L}_S(\boldsymbol{\Gamma}_{\text{net}}^{(i+1)})$。更确切地说，在完成第 1 层到第 i 层的训练之后，将新的第$(i+1)$层增加到 DUN，然后再次处理 Ω 个 epoch 来训练整个网络。总之，通过在每一轮增量训练中添加一个新的网络层的方式来依次更新 $\boldsymbol{\Gamma}_{\text{net}}$，其中前一轮的变量更新值被视为新一轮的初始值。值得注意的是，当使用 MBGD 算法学习网络参数时，相位补偿矩阵 $\boldsymbol{H}_{2(\hat{\Lambda})}\in\mathbb{C}^{M\times N}$ 被扩展到三维张量$\boldsymbol{H}_{2(\hat{\Lambda})}\in\mathbb{C}^{\Psi\times M\times N}$。在完成对 Omega-KA-Net 的训练后，测试阶段利用张量$\boldsymbol{H}_{2(\hat{\Lambda})}$ 和其他网络参数，通过一次网络前馈运算获得 GMT 聚焦图像。

初始的参数设定为 $\beta^{(0)}=0.1, \Lambda^{(0)}=1/(150)^2, T^{(0)}=0.5$, epoch$=50$, $\boldsymbol{H}_{2(\Lambda)}^{(0)}$ 由 Omega-KA 进行初始化。在反向传播中，采用增量训练来减少梯度消失的影响，初始学习率设置为 $1\times e^{-4}$，在网络层数 L 增量到 $L>5$ 后变更为 $5\times e^{-5}$。

6. 实测数据实验结果

利用星载 SAR 卫星 GF-3 的正侧视实测数据验证 Omega-KA-Net 的性能。通常情况下，舰船的航行速度在一定范围内，这保证了 Omega-KA-Net 在聚焦舰船 GMT 时具有良好的鲁棒性。本实验采用中的 OpenSARShip 数据集和 GF-3 雷达参数制作训练集，其中 GMT 的距离速度 v_r 从 5 m/s 到 10 m/s 随机分布，方位速度 v_a 从 10 m/s 到 20 m/s 随机分布。OpenSARShip 数据集由中国上海智能传感与识别重点实验室构建，专门用于舰船图像解译研究[60]。

在测试阶段，采用 GF-3 星载 SAR 采集的舰船目标实测数据作为测试集。通过固定目标的常规成像方法获得的原始海面图像如图 5.30 所示，其中 3 个黄色方框表示舰船的散焦图像。可以看出，海面波浪被很好地重建，但由于目标散焦，导致无法进一步识别舰船目标。为了使结果更加客观可靠，本实验分析了图 5.30 中 3 个名为 T_1、T_2 和 T_3 的舰船目标，分别从实测数据中提取相应的目标 ROI 数据进行实验。

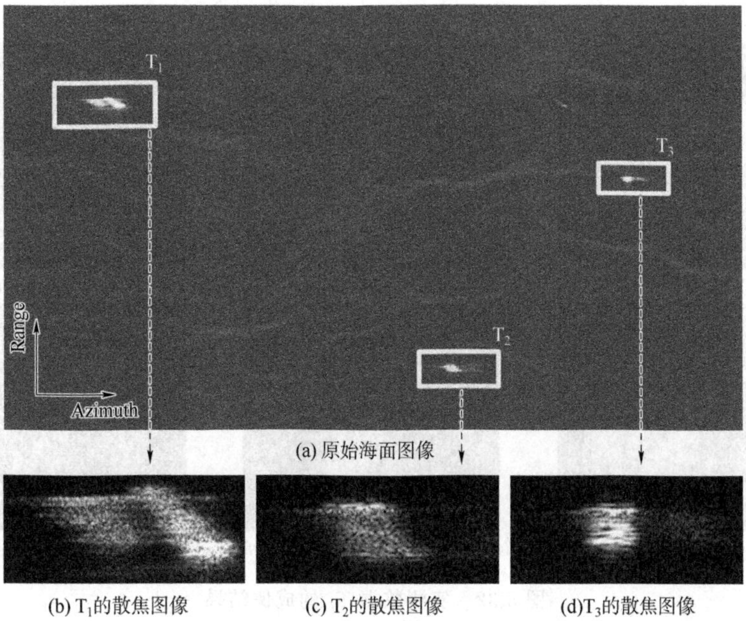

图 5.30　GF-3 卫星实测数据的成像结果

分别使用 ESM、IMEA 和提出的 Omega-KA-Net 处理 $T_1 \sim T_3$ 的数据，成像结果如图 5.31～图 5.33 所示，将上述方法获得的聚焦图像与图 5.30 中的散焦图像进行了对比。如图 5.31～图 5.33 所示，ESM、IMEA 和 Omega-KA-Net 可以成功地实现相位补偿和 GMT 图像聚焦。实验结果还表明，与 ESM 和 IMEA 相比，Omega-KA-Net 可以显著抑制旁瓣。为了进一步比较不同算法的成像性能，表 5.4 列出了成像结果的图像熵(ENT)和成像时间。可以得出结论，当 $L=3$ 时，Omega-KA-Net 的成像质量比 IMEA 差，但当 $L=7$ 时，Omega-KA-Net 的成像性能明显优于 IMEA。此外，$L=7$ 时，Omega-KA-Net 成像结果具有最小的 ENT 值，明显提高了成像质量和计算效率。

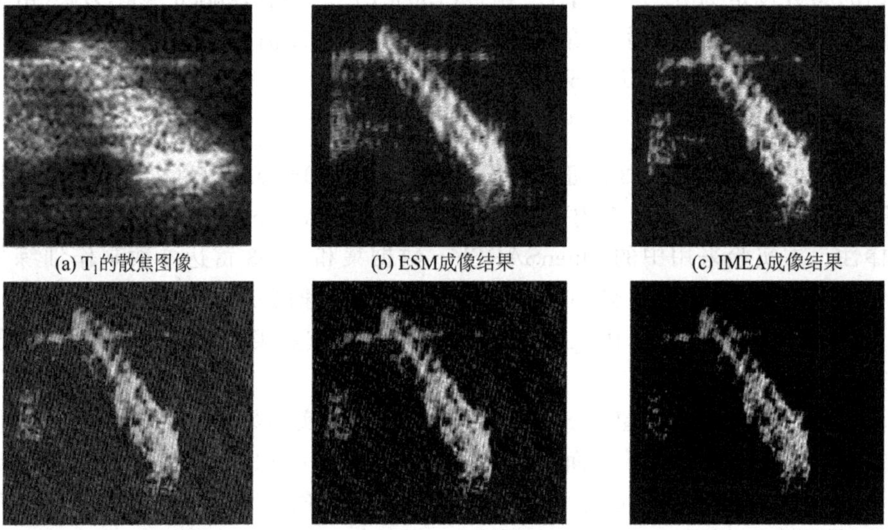

(a) T_1的散焦图像　(b) ESM成像结果　(c) IMEA成像结果

(d) Omega-KA-Net成像结果，L=3　(e) Omega-KA-Net成像结果，L=5　(f) Omega-KA-Net成像结果，L=7

图 5.31　实测数据 T_1 的成像结果

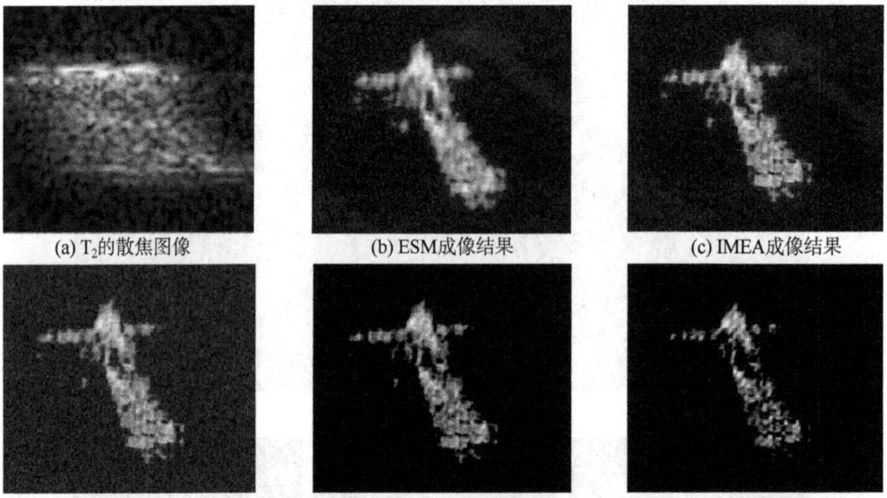

(a) T_2的散焦图像　(b) ESM成像结果　(c) IMEA成像结果

(d) Omega-KA-Net成像结果，L=3　(e) Omega-KA-Net成像结果，L=5　(f) Omega-KA-Net成像结果，L=7

图 5.32　实测数据 T_2 的成像结果

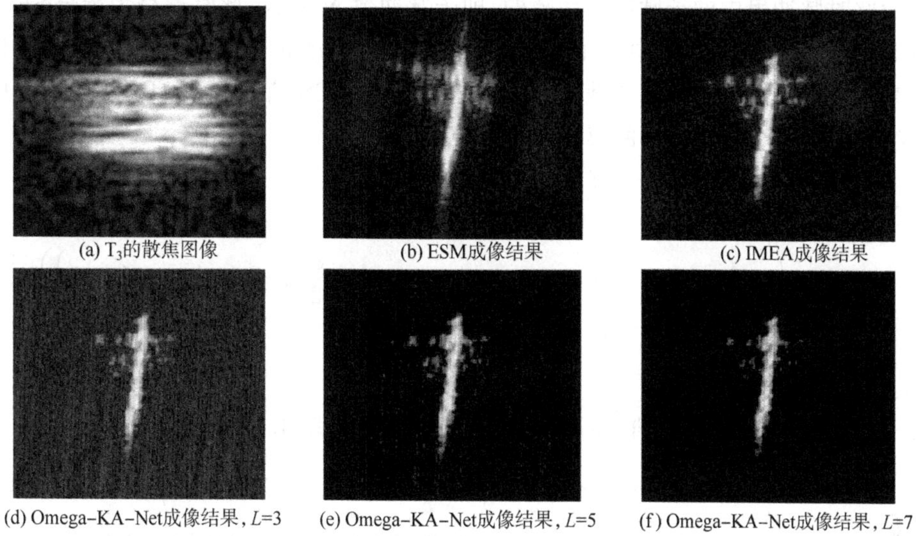

图 5.33 实测数据 T_3 的成像结果

表 5.4 实测数据成像质量评估指标对比

算法	T_1		T_2		T_3	
	ENT	成像时间/s	ENT	成像时间	ENT	成像时间
ESM	5.077 8	7 346.12	4.584 7	7 238.67	3.449 8	7 335.98
IMEA	4.963 1	137.66	4.506 9	128.91	3.425 2	98.67
Omega-KA-net with $L=3$	6.346 0	0.89	5.642 0	0.84	5.179 0	0.87
Omega-KA-net with $L=5$	4.136 8	0.89	2.595 5	0.84	2.181 0	0.87
Omega-KA-net with $L=7$	2.554 1	0.89	2.217 9	0.84	1.705 8	0.87

5.5 ISAR 稀疏成像

本节基于压缩感知理论，采用稀疏贝叶斯学习（Sparse Bayesian Learning，SBL）方法[61，62]对稀疏信号重建问题进行研究，以各脉冲串中的子脉冲是稀疏的 SFCS 信号为例，将 SBL 用于实现 ISAR 二维成像。基于 SBL 稀疏信号重构方法主要具有以下优点：①当观测矩阵的列与列之间的相关性较强时，大部分重构算法会受到影响，而基于 SBL 的算法仍具有良好的性能[63]。②大部分的稀疏重建算法在计算过程中需要设置参数（比如稀疏信号的稀疏度等），而基于 SBL 的方法不需要人工预先确定参数，同时对噪声也具有较好的适应能力。

1. 目标回波信号稀疏模型

设 SFCS 信号的时频表示如图 4.15 所示，其表达式与式(4.14)相同，同样，设 SFCS 信号每个脉冲串包含 N 个子脉冲，脉冲间频率步进值为 Δf，子脉冲宽度为 T_p，子脉冲重复间隔为 T_r。假设成像时间为 T，则在成像过程中雷达应该发射 $M_B=\lceil T/(T_r \cdot N)\rceil$个脉冲串（或脉冲簇），其中，$\lceil\ \rceil$表示向上取整。

假设此时脉冲串中的子脉冲是稀疏的，即子脉冲数 $N'<N$，此时信号为稀疏 SFCS。对于稀疏 SFCS 信号，其脉冲串中的相邻子脉冲载频按照 Δf 的任意整数倍步进。假设脉冲串中的第一个和最后一个子脉冲载频不变，与传统的 SFCS 信号形式一致。雷达发射稀疏 SFCS 信号的第 m 个脉冲串中的第 i' 个子脉冲为

$$\begin{aligned}s'_t(t,i';m)=&\operatorname{rect}\left(\frac{t-mN'T_r-i'T_r}{T_p}\right)\\&\cdot\exp\left(j2\pi\left((f_c+L_{i'}\Delta f)(t-mMT_r-i'T_r)+\frac{\mu}{2}(t-mN'T_r-i'T_r)^2\right)\right)\\&i'=0,1,\cdots,N'-1\quad L_{i'}\in[0,N-1]\end{aligned}\tag{5.177}$$

式中，$L_{i'}$ 为整数。

进一步，由式(4.21)可得到 CRRP 在频率域采样后的结果如下

$$S'_{\mathrm{CRRP}}(i';m)=\sigma_k T_p\exp\left(-j\frac{4\pi}{c}(f_c+L_{i'}\Delta f)R_\Delta(m)\right)\tag{5.178}$$

为了在稀疏 SFCS 信号下，对目标 HRRP 进行重构，根据压缩感知理论，构造 $N'\times N$ 维随机单位矩阵作为观测矩阵 $\boldsymbol{\Phi}$，DFT 矩阵为稀疏变换矩阵 $\boldsymbol{\Psi}$。$\boldsymbol{\Phi}$ 的具体构造如下

$$\boldsymbol{\Phi}=\{\phi_{i',i}\}=\begin{cases}1, & \{(i',i)\mid L_{i'}=i\}\\0, & \text{其他}\end{cases}\tag{5.179}$$

$\boldsymbol{\Psi}$ 的具体表达式为

$$\boldsymbol{\Psi}=\frac{1}{N}\begin{bmatrix}1 & 1 & 1 & \cdots & 1\\1 & W_N^1 & W_N^2 & \cdots & W_N^{(N-1)}\\1 & W_N^2 & W_N^4 & \cdots & W_N^{2(N-1)}\\\vdots & \vdots & \vdots & & \vdots\\1 & W_N^{(N-1)} & W_N^{2(N-1)} & \cdots & W_N^{(N-1)^2}\end{bmatrix},\ W_N=\exp\left(-j\frac{2\pi}{N}\right)\tag{5.180}$$

若 $\boldsymbol{\Phi\Psi}$ 符合 RIP 准则，则实现目标散射点的 HRRP 重构需要求解如下最优化模型

$$\begin{gathered}\min\|\boldsymbol{\Psi}^{\mathrm H}\boldsymbol{\Phi}^{\mathrm H}S'_{\mathrm{CRRP}}(i';m)\|_0\\\text{并使得 } S'_{\mathrm{CRRP}}(i';m)=\boldsymbol{\Phi}S_{\mathrm{CRRP}}(i;m)=\boldsymbol{\Phi\Psi}S'(k_x;m)+\boldsymbol{n}\end{gathered}\tag{5.181}$$

式中，$\boldsymbol{n}$ 为噪声向量。

2. 稀疏信号重建算法

对于式(5.181)的求解，本节采用 SBL 方法，重构目标散射点的高分辨距离像，从而在稀疏 SFCS 信号条件下获得二维 ISAR 图像。首先令 $\boldsymbol{Y}_l=S'_{\mathrm{CRRP}}(i';m)$，$\boldsymbol{X}_l=S'(k_x;m)$，$\boldsymbol{A}=\boldsymbol{\Phi\Psi}$，式(5.181)可改写为

$$\min\|\boldsymbol{X}_l\|_0\quad\text{并使得}\quad\boldsymbol{Y}_l=\boldsymbol{A}\boldsymbol{X}_l+\boldsymbol{n}\tag{5.182}$$

式中，$\boldsymbol{n}$ 是均值为 0，方差为 σ^2 的高斯噪声，$\boldsymbol{Y}_l$ 的似然函数为

$$\rho(\boldsymbol{Y}_l\mid\boldsymbol{X}_l,\sigma^2)=(2\pi\sigma^2)^{-\frac{M}{2}}\exp\left(-\frac{1}{2\sigma^2}\|\boldsymbol{Y}_l-\boldsymbol{A}\boldsymbol{X}_l\|^2\right)\tag{5.183}$$

对 $\boldsymbol{X}_l$ 赋予先验条件概率分布为

$$\rho(\boldsymbol{X}_l;\boldsymbol{\xi})=\prod_{i=1}^{N}(2\pi\xi_i)^{-\frac{1}{2}}\exp\left(-\frac{X_{li}^2}{2\xi_i}\right)\tag{5.184}$$

式中，$\boldsymbol{\xi}=[\xi_1,\cdots,\xi_N]^{\mathrm{T}}$ 是一个 N 维向量。为获得 $\boldsymbol{\xi}$，需最小化如下代价函数

$$L(\boldsymbol{\xi})=-\log\int p(\boldsymbol{Y}_l\,|\,\boldsymbol{X}_l)p(\boldsymbol{X}_l;\boldsymbol{\xi})\propto\log|\boldsymbol{\Omega}|+\boldsymbol{Y}_l^{\mathrm{T}}\boldsymbol{\Omega}^{-1}\boldsymbol{Y}_l \tag{5.185}$$

式中，$\boldsymbol{\Omega}=\sigma^2\boldsymbol{I}+\boldsymbol{A\Gamma A}^{\mathrm{T}}$，$\boldsymbol{\Gamma}=\mathrm{diag}(\boldsymbol{\xi})$，可得到迭代公式为

$$\boldsymbol{X}_l(s+1)=(\sigma^2\boldsymbol{\Gamma}_s^{-1}+\boldsymbol{A}^{\mathrm{T}}\boldsymbol{A})^{-1}\boldsymbol{A}^{\mathrm{T}}\boldsymbol{Y}_l \tag{5.186}$$

$$\boldsymbol{\xi}_{s+1}=\mathrm{diag}(\boldsymbol{X}_l\boldsymbol{X}_l^{\mathrm{T}})+\mathrm{diag}\,(\sigma^{-2}\boldsymbol{A}^{\mathrm{T}}\boldsymbol{A}+\boldsymbol{\Gamma}_s^{-1})^{-1} \tag{5.187}$$

式中，s 为迭代计算步数。当 $\sigma^2\to 0$ 时，迭代公式为[62]

$$\boldsymbol{X}_l(s+1)=\boldsymbol{\Gamma}_s^{1/2}\,(\boldsymbol{\Gamma}_s^{1/2})^{+}\boldsymbol{Y}_l \tag{5.188}$$

$$\boldsymbol{\xi}_{s+1}=\mathrm{diag}(\boldsymbol{X}_l(s)\boldsymbol{X}_l^{\mathrm{T}}(s))+\mathrm{diag}((\boldsymbol{I}-\boldsymbol{\Gamma}_s^{1/2}\,(\boldsymbol{A\Gamma}_s^{1/2})^{+}\boldsymbol{A})\boldsymbol{\Gamma}_s) \tag{5.189}$$

由于代价函数需要求解矩阵的逆，为了降低计算量和运算复杂度，利用重构得到的相邻两次回波数据的相似度 c_{r} 作为停止迭代计算的阈值，相似度 c_{r} 表达式为

$$c_{\mathrm{r}}=\frac{\int|\boldsymbol{X}_l(s)|\cdot|\boldsymbol{X}_l(s+1)|\,\mathrm{d}s}{\sqrt{\int|\boldsymbol{X}_l(s)|^2\mathrm{d}s\cdot\int|\boldsymbol{X}_l(s+1)|^2\mathrm{d}s}} \tag{5.190}$$

当重构结果越接近真实值时，其相似度越大，因此，当相似度 c_{r} 大于某一给定值时，可停止迭代计算。由于 CS 理论只能保证以高概率重构信号，难以完全避免重构误差，为了避免这类误差给相邻数据之间的相关性判定造成影响，可采取相邻多次回波数据的平均值代替单个数据来进行相关运算。

则重构所有 HRRP 后，按照前文中的 SFCS 信号处理方法进一步做方位向压缩，即可获得目标散射点的二维 ISAR 像。

3. 仿真实验与分析

假设雷达系统发射 SFCS 信号载频为 10 GHz，带宽为 300 MHz，调频率为 $9.6\times10^{11}\ \mathrm{s}^{-2}$，频率步进值 Δf 为 4.69 MHz，每个脉冲串中的子脉冲数 N 为 64，脉冲串重复周期(Pulse Repetition Time，PRT)为 0.0025 s，距离分辨率为 0.5 m。

目标散射点模型如图 5.34(a)所示。目标与雷达间的距离为 5 km，运动速度为 300 m/s，成像时间为 1 s，横向距离分辨率为 0.5 m。利用传统方法得到的 HRRP 和 ISAR 图像如图 5.34(b)和图 5.34(c)所示。

当雷达发射稀疏 SFCS 信号，脉冲串的子脉冲数 N' 为 48 时，利用所提方法重构的目标散射点 HRRP 如图 5.35(a)所示，ISAR 像如图 5.35(b)所示。脉冲串的子脉冲数 N' 为 32 时，重构得到的目标散射点 HRRP 和 ISAR 图像分别如图 5.36(a)和图 5.36(b)所示。由仿真实验结果可知，利用所提方法在稀疏 SFCS 信号条件下，可准确重构目标散射点 HRRP 和 ISAR 图像。

当 SNR 为 0 dB 时，利用所提方法重构得到的 ISAR 图像如图 5.37(a)所示。基于稀疏基矩阵 $\boldsymbol{\Psi}$ 建立目标回波信号稀疏模型，采用正交匹配追踪算法重构得到目标 ISAR 图像如图 5.37(b)所示，所提方法和 OMP 算法均可在低 SNR 条件下准确重构目标 ISAR 像。利用所提方法重构计算时间为 34.53 s，利用 OMP 算法重构计算时间为 11.67 s。由仿真实验

结果可知，所提方法基于贝叶斯估计，在低 SNR 条件下能够重构稀疏信号，获得较好的结果，但仍存在计算量较大的缺点。

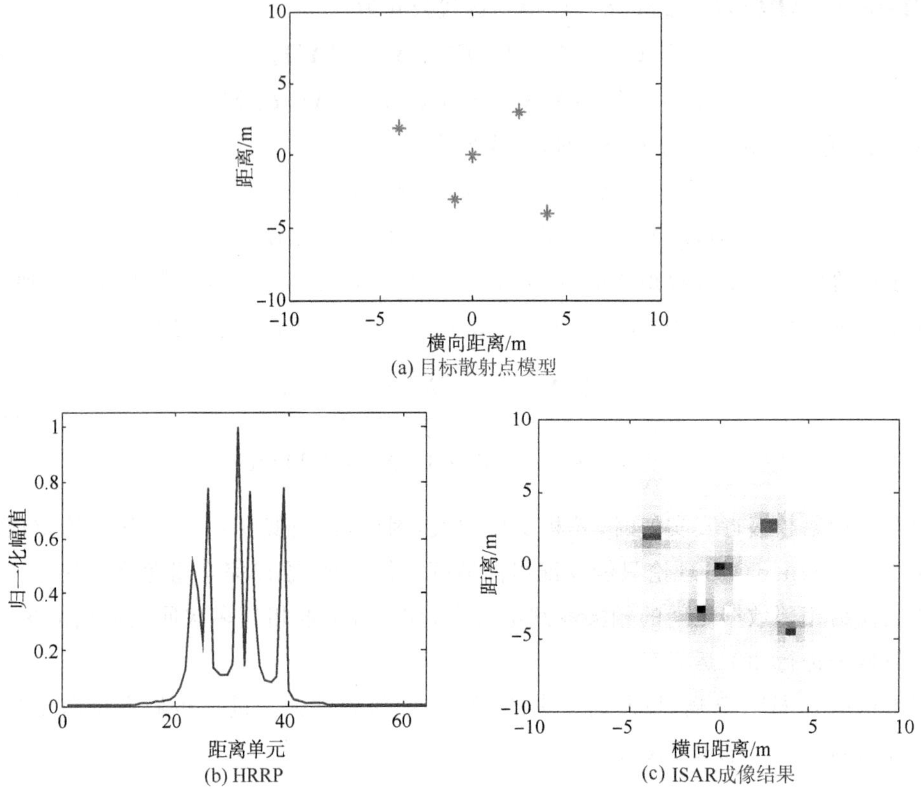

(a) 目标散射点模型

(b) HRRP

(c) ISAR成像结果

图 5.34 目标散射点模型及成像结果

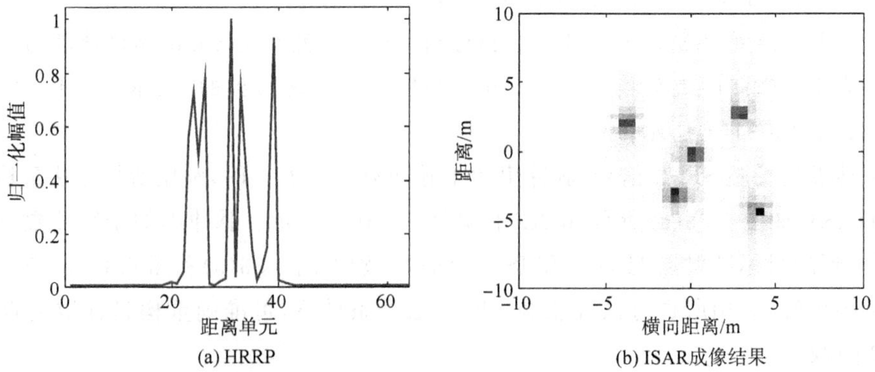

(a) HRRP

(b) ISAR成像结果

图 5.35 N' 为 48 时，所提方法的重构结果

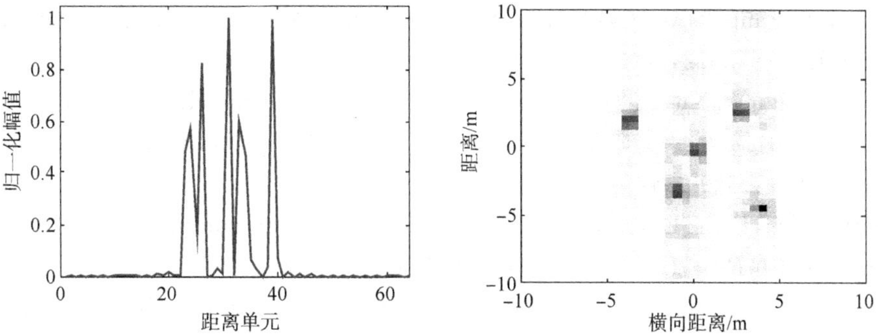

(a) HRRP (b) ISAR成像结果

图 5.36 N' 为 32 时，所提方法的重构结果

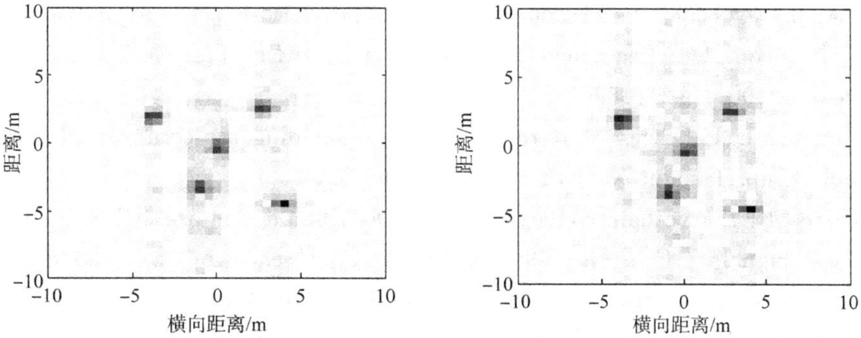

(a) 所提方法的重构结果 (b) OMP算法重构结果

图 5.37 N' 为 32，SNR 为 0 dB 时，两种算法的重构结果

本章参考文献

[1] Soumekh M. Synthetic aperture radar signal processing with MATLAB algorithms [M]. John Wiley & Sons, Inc., 1999.

[2] Henderson F M, Anthony J L. principles and applications of imaging radar. Manual of remote sensing [M]. John Wiley & Sons, Inc., 1998.

[3] 吴一戎，洪文，张冰尘，等. 稀疏微波成像研究进展(科普类)[J]. 雷达学报，2014，3(4)：383-395.

[4] 邢孟道. 基于实测数据的雷达成像方法研究[D]. 西安：西安电子科技大学博士学位论文，2002.

[5] 皮亦鸣，杨建宇，付毓生，等. 合成孔径雷达成像原理[M]. 成都：电子科技大学出版社，2007.

[6] 焦李成，杨淑媛，刘芳，等. 压缩感知回顾与展望[J]. 电子学报，2011，39(7)：1651-1662.

[7] 徐刚. 高分辨雷达成像稀疏信号处理技术研究[D]. 西安：西安电子科技大学博士学位论文，2014.

[8] Zeng J S, Fang J, Xu Z B. Sparse SAR imaging based on $L_{1/2}$ regularization [J]. Sci China Inf Sci, 2012, 55(8): 1755-1775.

[9] Cao W, Sun J, Xu Z, "Fast image deconvolution using closed form thresholding formulas of Lq ($q=1/2, 2/3$) regularization[J]. J. Vis. Commun. Image Represent., 2013, 24(1): 1529-1542.

[10] Potter L C, Ertin E, Parker J T, Çetin M. Sparsity and compressed sensing in radar imaging[C]. *Proc. IEEE*, Jun. 2010, 98(6): 1006-1020.

[11] Donoho D L. Compressed sensing [J]. IEEE Transaction on Information Theory, 2006, 52(4): 1289-1306.

[12] Candes E. Compressive sampling [C]. Proceedings of the International Congress of Mathematicians, Madrid, Spain, 2006, 3: 1433-1452.

[13] Canaes E, Romberg J, Tao T. Robust uncertainty principies: Exact signal reconstruction from highly incomplete fiequency informations [J]. IEEE Transaction on Information Theory, 2006, 52(2): 489-509.

[14] Blumensath T, Davies M. Iterative hard thresholding for compressed sensing [J]. Appl. Comp. Harmon Anal., 2009, 27(3): 265-274.

[15] Duarte M F, Sarvotham S, Baron D, et al. Distributed Compressed Sensing of jointly sparse signals [C]. The 39th Asilomar Conference on Signals, Systems and Computers, pacific grove, CA USA, November, 2005: 1537-1541.

[16] Boufounos P T, Baraniuk R G. 1-Bit Compressed Sensing [C]. The 42nd Annual Conference Information Sciences and Systems, Princeton, NJ, 2008: 16-21.

[17] Wu J, Liu F, Jiao L C, et al. Compressed Sensing SAR image reconstruction based on Bayesian framework and evolutionary computation [J]. IEEE Transaction on Image Processing, 2011, 20(7): 1904-1911.

[18] Adcock B, Hansen C. A Generalized sampling and infinite-dimensional compressed sensing [R]. DAMTP Tech. Rep. 2011/NA02.

[19] Canaes E, Tao T. Decoding by linear programming [J]. IEEE Transaction on Information Theory, 2005, 51(12): 4203-4215.

[20] Baraniuk R, Davenport M, DeVote R, et al. A simple proof of the restricted Isometry property for random matrices [J]. Constructive Approximation, 2008, 28(3), 253-263.

[21] Needell D, Tropp J A. CoSaMP: Iterative Signal Recovery from Incomplete and Inaccurate Samples [J]. Appl. Comp. Harmonic Anal., 2009, 26(3): 301-321.

[22] Neff R, Zakbor A. Very low bit rate videro coding based on matching pursuits [J]. IEEE Transaction on Circuits and Systems for Video Technology, 1997, 7(1): 158-171.

[23] Chen S. Basis Pursuit [D]. Stanford University, 1995.

[24] Gilbert A, Strauss M, Tropp J, Algorithmic linear dimension reduction in the norm for sparse vectors [OL]. http://www.math.uedavis.edu/vershynin/papers/algorithmic-dim-reduction.pdf.

[25] Tropp J A, Wright S J. Computational Methods for Sparse Solution of Linear Inverse Problems [J]. Proceedings of the IEEE, 2010, 98(6): 948-958.

[26] Candes E, Tao T. Decoding by linear programming [J]. IEEE Transaction on Information Theory, 2005, 51(12): 4203-4215.

[27] Blumensath T, Davies M E. Normalized iterative hard thresholding: Guaranteed stability and performance [J]. IEEE Journal of Selected Topics in Signal processing, 2010, 4(2): 298-309.

[28] Xu Z B, Chang X Y, Xu F M, et al. Regularization: A thresholding representation theory and a fast solver [J]. IEEE Transaction on Neural Network and Learning System, 2012, 23(7): 1013-1027.

[29] 周峰.机载 SAR 运动补偿和窄带干扰抑制及其单通道 GMTI 的研究[D].西安:西安电子科技大学博士学位论文,2007.

[30] Moreira A, Yonghong H. Airborne SAR processing of highly squinted Data using a chirp scaling approach with integrated motion compensation [J], IEEE Trans. on GRS, 1994, 32(5): 1029-1040.

[31] Kenndy T A. The design of SAR motion compensation systems[M]. Incorporating Strapdown Inertial Measurement Units. 1998.

[32] 曹福祥,保铮,等.GPS 辅助的飞机主惯导与 SAR 捷联导航仪的动基座传递对准[C]. Proceedings of the 3d world Confress on Intelligent control and antomation, 2000.

[33] Wahl D E, Eichel P H, Ghiglia D C, et al, Jr. Phase gradient autofocus-A robust tool for high resolution SAR phase correction[J]. IEEE Trans. Aerosp. Electron. Syst, 1994, 30(3): 827-835.

[34] Morrison R L, Jr, Do M N, et al. SAR image autofocus by sharpness optimization: A theoretical study[J]. IEEE Trans. Image Process, 2007, 16(9): 2309-2321.

[35] Chen Y C, Li G, Zhang Q, et al. Motion compensation for airborn SAR via parametric sparse representation[J]. IEEE Trans on GRS, 2016, 54(1): 1-12.

[36] Samczynski P, Kulpa K. Concept of the coherent autofocus map-drift technique[C]. International Radar Symposium(IRS), 2006: 1-4.

[37] Berizzi F, Corsini G. Autofocusing of inverse synthetic aperture radar images using contrast optimization[J]. IEEE Transactions on Aerospace and Electronic Systems, 1996, 32(3): 1185-1191.

[38] Jorgen D. A new frequency domain autofocus algorithm for SAR[C]. IGARSS Espoo, Finland, 1991: 1069-1072.

[39] Meng D, Hu D, Ding C. Precise focusing of airborne SAR data with wide apertures large trajectory deviations: a chirp modulated backprojection approach [J]. IEEE Trans. Geosci. Remote Sens., 2015, 53(5): 2510-2519.

[40] 王俊,郑彤,雷鹏,等.深度学习在雷达中的研究综述[J].雷达学报,2018,7(4): 395-411.

[41] 焦李成,张向荣,侯彪.智能 SAR 图像处理与解译[M].北京:科学出版社,2008.

[42] 罗迎,倪嘉成,张群.基于“数据驱动+智能学习”的合成孔径雷达学习成像[J].雷达学报,2020,9(1):107-122.

[43] 张群,张宏伟,倪嘉成,等.合成孔径雷达深度学习成像研究综述[J].信号处理,2023,39(9):1521-1551.

[44] 张云,穆慧琳,姜义成,等.基于深度学习的雷达成像技术研究进展[J].雷达科学与技术,2021,19(5):467-478.

[45] Mousavi A,Patel A B,Baraniuk R G.A deep learning approach to structured signal recovery[C].//2015 53rd Annual Allerton Conference on Communication,Control,and Computing(Allerton).Monticello,IL,USA.IEEE,2016:1336-1343.

[46] Chang J H R,Li C,Póczos B,et al.One network to solve them all-solving linear inverse problems using deep projection models[C]. // 2017 IEEE International Conference on Computer Vision(ICCV).Venice,Italy.IEEE,2017:5889-5898.

[47] Mousavi A and Baraniuk R G.Learning to invert: Signal recovery via deep convolutional networks[C].2017 IEEE International Conference on Acoustics,Speech and Signal Processing(ICASSP).New Orleans,LA,USA.IEEE,2017:2272-2276.

[48] Yao H,Dai F,Zhang S,et al.DR2-Net: Deep residual reconstruction network for image compressive sensing[J].Neurocomputing,2019,359(C):483-493.

[49] Bora A,Jalal A,Price E,et al.Compressed sensing using generative models[C].//Proceedingsof the 34th International Conference on Machine Learning - Volume 70.Sydney,NSW,Australia.New York:ACM,2017:537-546.

[50] Wang M,Wei S,Liang J,et al.Lightweight FISTA-inspired sparse reconstruction network for mmW 3-D holography[J]. IEEE Transactions on Geoscience and Remote Sensing,2022,60:1-20.

[51] Mason E,Yonel B,Yazici B.Deep learning for radar[C].2017 IEEE Radar Conference (RadarConf).Seattle,WA,USA.IEEE,2017:1703-1708.

[52] Zhang Hongwei,Ni Jiacheng,Xiong Shichao,et al.SR-ISTA-Net: Sparse Representation-Based Deep Learning Approach for SAR Imaging[J].IEEE Geoscience and Remote Sensing Letters,2022,19:1-5.

[53] Wang G,Zhang L,Li J,et al.Precise aperture-dependent motion compensation for high-resolution synthetic aperture radar imaging[J]. IET Radar Sonar and Navigation,2017,11:204-211.

[54] Zhang Y,Sun J,Lei P,et al.High-resolution SAR-based ground moving target imaging with defocused ROI data[J].IEEE Transactions on Geoscience and Remote Sensing,2016,54:1062-1073.

[55] Xiong S,Ni J,Zhang Q,et al.Ground moving target imaging for highly squint SAR by modified minimum entropy algorithm and spectrum rotation[J]. Remote Sensing,2021,13,4373:1-14.

[56] Chen Y,Li G,Zhang Q,Sun J.Refocusing of moving targets in SAR images via parametric sparse representation[J].Remote Sensing,2017,9:795-990.

[57] Lu Z,Qin Q,Shi H,et al.SAR moving target imaging based on convolutional neural network[J].Digital Signal Processing,2020,106:102832.1-15.

[58] 高二芳.基于深度学习的机载 SAR 运动目标成像技术研究[D].秦皇岛:燕山大学硕士学位论文,2021.

[59] Zhang Hongwei,Ni Jiacheng,Xiong Shichao,et al.Omega-KA-Net:A SAR Ground Moving Target Imaging Network Based on Trainable Omega-K Algorithm[J]. Remote Sensing.2022,14(7):1664.1-15.

[60] Li Z,Chen J,Du W,et al.Focusing of maneuvering high-squint-mode SAR data based on equivalent range model and wavenumber-domain imaging algorithm[J]. IEEE Journal of Selected Topics in Applied Earth Observations and Remote Sensing,2020,13:2419-2433.1-16.

[61] Figueiredo M.Adaptive sparseness for supervised learning [J].IEEE Trans.on Pattern Analysis and Machine Intelligence,2003,25(9):1150-1159.

[62] 成萍,司锡才,姜义成,等.基于稀疏贝叶斯学习的稀疏信号表示 ISAR 成像方法[J],电子学报,2008,36(3):547-550.

[63] Zhang Z,Rao B.Extension of SBL algorithms for the recovery of block sparse signals with intra-block correlation [J].IEEE Transactions on Signal Processing,2013,61(8):2009-2015.

第6章

雷达目标微多普勒效应及微动特征提取

在自然界中，旋转、振动、进动等都是雷达目标典型的微动模式。典型的旋转有直升机螺旋桨的旋转、旋翼无人机叶片的转动、通信天线或雷达的旋转、涡轮发动机叶片的高速转动等；典型的振动有发动机引起的车身振动、桥梁的振动等；自旋和进动（自旋加锥旋）是弹道导弹在中段飞行时的主要运动形式。这些微动会对雷达回波产生调制，为目标的分类识别提供了独有的特征信息。

本章结合雷达目标典型的微动形式（如三维旋转、进动等），介绍微多普勒特征的分析和提取方法，简要介绍窄带雷达、宽带雷达微多普勒效应及相应的微动特征提取方法，包括时频分析（Time-Frequency Analysis）方法、图像处理（Image Processing）方法、动态模态分解方法等，为后续的微多普勒特征分析与微动特征重构研究提供参考借鉴。

6.1 微多普勒效应

2000年，美国海军实验室的V. C. Chen将目标或目标的组成部分除质心平动以外的振动、转动、加速等微小运动统称为微动[1-3]。微动会对目标回波产生附加的频率调制，使其多普勒谱展宽，这种现象称为微多普勒效应[4-6]。微动特征是雷达目标独有的特征，近年来基于微动特征的目标分类识别技术被认为是雷达目标识别领域的研究热点之一，受到国内外研究人员的广泛关注。

6.1.1 窄带雷达中目标微多普勒效应

本节简要回顾窄带雷达和宽带雷达中目标的微多普勒效应，限于篇幅，主要对旋转、振动、进动等微动引起的微多普勒效应进行简要分析。首先以旋转目标为例，为了便于描述目标相对于雷达的空间三维旋转运动，需要建立3个坐标系，分别为雷达坐标系（也称为全局坐标系）、参考坐标系和目标本地坐标系，其中雷达坐标系以雷达位置为坐标原点，不随目标姿态变化而变化；目标本地坐标系以目标中心为坐标原点，随着目标在雷达坐标系中的运动而运动；参考坐标系以目标中心为坐标原点，但坐标轴分别与雷达坐标系的坐标轴平行，随着目标中心的平动而整体平动。

如图6.1所示，坐标系(U,V,W)为雷达坐标系，雷达静止于坐标原点Q。坐标系$(X,$

Y,Z)为参考坐标系,初始时刻其坐标原点 O 在雷达坐标系中的方位角和仰角分别为 α 和 β,O 点到雷达的位移矢量为 $\boldsymbol{R}_0$。假设目标为刚体,相对于雷达的平动速度为 v。目标本地坐标系为(x,y,z),原点为目标中心 O,与参考坐标系相同。目标在平动的同时以角速度 ω_x、ω_y 和 ω_z 绕本地坐标系的 x 轴、y 轴和 z 轴作旋转运动,该旋转运动既可以用本地坐标系中的角速度向量 $\boldsymbol{\omega}=(\omega_x,\omega_y,\omega_z)^{\mathrm{T}}$(上标"T"表示转置)来描述,也可以用参考坐标系中角速度向量 $\hat{\boldsymbol{\omega}}=(\omega_X,\omega_Y,\omega_Z)^{\mathrm{T}}$ 来描述。P 为目标上的一个散射点,起始时刻其在本地坐标系中对应的坐标向量为 $\boldsymbol{r}_0=(r_{x0},r_{y0},r_{z0})^{\mathrm{T}}$,在参考坐标系中对应的坐标向量为 $\hat{\boldsymbol{r}}_0=(r_{X0},r_{Y0},r_{Z0})^{\mathrm{T}}$,它们之间的关系由欧拉(Euler)旋转矩阵确定,如图 6.2 所示。

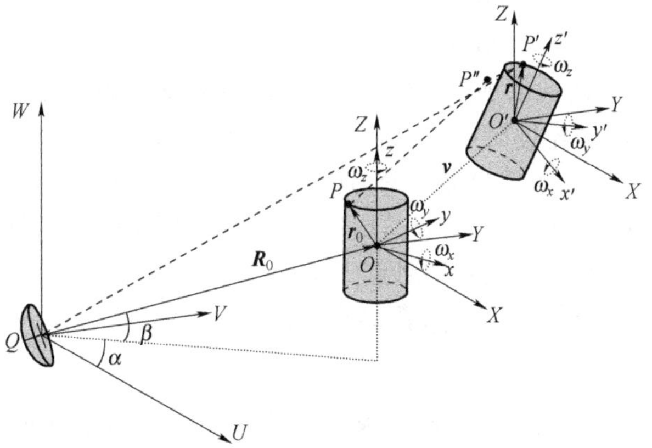

图 6.1 雷达与三维旋转目标几何关系图

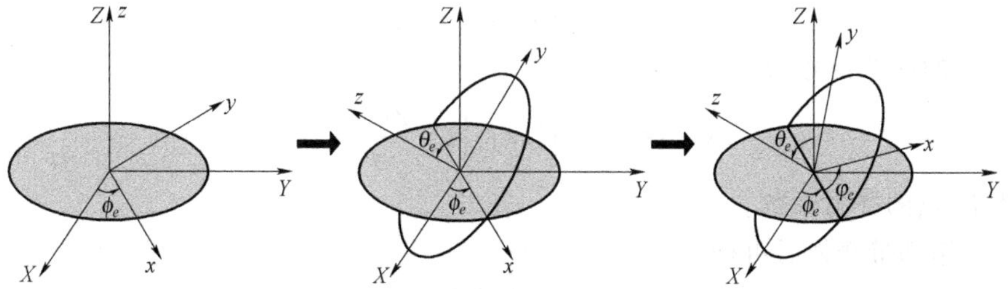

图 6.2 旋转欧拉角($\phi_e,\theta_e,\varphi_e$)的几何示意图

Euler 旋转矩阵为目标本地坐标系到参考坐标系的变换矩阵,由初始欧拉角($\phi_e,\theta_e,\varphi_e$)确定。对于空间运动目标,通常采用 zxz 顺规[1-3]。即本地坐标系(x,y,z)分别围绕 z 轴旋转 ϕ_e,围绕 x 轴旋转 θ_e,再围绕 z 轴旋转 φ_e,就变换为参考坐标系(X,Y,Z)。

记 $\boldsymbol{R}_{\text{init}}$ 为 Euler 旋转矩阵,其表达式为

$$\boldsymbol{R}_{\text{init}}=\begin{bmatrix}\cos\phi_e & -\sin\phi_e & 0\\ \sin\phi_e & \cos\phi_e & 0\\ 0 & 0 & 1\end{bmatrix}\begin{bmatrix}1 & 0 & 0\\ 0 & \cos\theta_e & -\sin\theta_e\\ 0 & \sin\theta_e & \cos\theta_e\end{bmatrix}\begin{bmatrix}\cos\varphi_e & -\sin\varphi_e & 0\\ \sin\varphi_e & \cos\varphi_e & 0\\ 0 & 0 & 1\end{bmatrix}$$

$$=\begin{bmatrix}a_{11} & a_{12} & a_{13}\\ a_{21} & a_{22} & a_{23}\\ a_{31} & a_{32} & a_{33}\end{bmatrix} \tag{6.1}$$

式中

$$
\begin{cases}
a_{11}=\cos\phi_e\cos\varphi_e-\sin\phi_e\cos\theta_e\sin\varphi_e \\
a_{12}=-\cos\phi_e\sin\varphi_e-\sin\phi_e\cos\theta_e\cos\varphi_e \\
a_{13}=\sin\phi_e\sin\theta_e \\
a_{21}=\sin\phi_e\cos\varphi_e+\cos\phi_e\cos\theta_e\sin\varphi_e \\
a_{22}=-\sin\phi_e\sin\varphi_e+\cos\phi_e\cos\theta_e\cos\varphi_e \\
a_{23}=-\cos\phi_e\sin\theta_e \\
a_{31}=\sin\theta_e\sin\varphi_e \\
a_{32}=\sin\theta_e\cos\varphi_e \\
a_{33}=\cos\theta_e
\end{cases}
\tag{6.2}
$$

这样，本地坐标系中的向量乘以旋转矩阵$\boldsymbol{R}_{\text{init}}$就可以变换为参考坐标系中的向量，即有$\widehat{\boldsymbol{\omega}}=\boldsymbol{R}_{\text{init}}\boldsymbol{\omega}$ 和 $\widehat{\boldsymbol{r}}_0=\boldsymbol{R}_{\text{init}}\boldsymbol{r}_0$。经过时间 t 的运动，目标中心由 O 点运动到O'点，参考坐标系(X,Y,Z)作相应平移，目标本地坐标系变为(x',y',z')，P 点运动到P'的位置，在本地坐标系中坐标对应的向量变为 $\boldsymbol{r}=(r_x,r_y,r_z)^{\mathrm{T}}$，在参考坐标系中坐标对应的向量为$\widehat{\boldsymbol{r}}=(r_X,r_Y,r_Z)^{\mathrm{T}}=\boldsymbol{R}_{\text{init}}\boldsymbol{r}$。因此，雷达到散射点 P'的位移向量为

$$
\overrightarrow{QP'}=\overrightarrow{QO}+\overrightarrow{OO'}+\overrightarrow{O'P'}=\boldsymbol{R}_0+\boldsymbol{v}t+\boldsymbol{R}_{\text{rotating}}\widehat{\boldsymbol{r}}_0 \tag{6.3}
$$

对应的距离为

$$
r(t)=\|\boldsymbol{R}_0+\boldsymbol{v}t+\boldsymbol{R}_{\text{rotating}}\widehat{\boldsymbol{r}}_0\|=\sqrt{(\boldsymbol{R}_0+\boldsymbol{v}t+\boldsymbol{R}_{\text{rotating}}\widehat{\boldsymbol{r}}_0)^{\mathrm{T}}(\boldsymbol{R}_0+\boldsymbol{v}t+\boldsymbol{R}_{\text{rotating}}\widehat{\boldsymbol{r}}_0)} \tag{6.4}
$$

式中，$\|\cdot\|$表示欧几里得范数。

假设雷达发射载频为 f_c 的单频连续波信号，其表达式为

$$
p(t)=\exp(\mathrm{j}2\pi f_c t) \tag{6.5}
$$

则散射点 P'的回波信号为

$$
s(t)=\sigma\exp\left(\mathrm{j}2\pi f_c\left(t-\frac{2r(t)}{c}\right)\right) \tag{6.6}
$$

式中，σ 为 P'点的散射系数。

对 $s(t)$作基带变换后可得

$$
s_b(t)=\sigma\exp\left(\mathrm{j}2\pi f_c\frac{2r(t)}{c}\right)=\sigma\exp(\mathrm{j}\Phi(t)) \tag{6.7}
$$

式中，相位项 $\Phi(t)=2\pi f_c\cdot(2r(t)/c)$。

对相位项关于时间 t 求导，可以得到回波的多普勒频率为

$$
\begin{aligned}
f_d&=\frac{1}{2\pi}\frac{\mathrm{d}\Phi(t)}{\mathrm{d}t}=\frac{2f_c}{c}\frac{\mathrm{d}}{\mathrm{d}t}r(t)\\
&=\frac{2f_c}{c}\frac{1}{2r(t)}\frac{\mathrm{d}}{\mathrm{d}t}[(\boldsymbol{R}_0+\boldsymbol{v}t+\boldsymbol{R}_{\text{rotating}}\widehat{\boldsymbol{r}}_0)^{\mathrm{T}}(\boldsymbol{R}_0+\boldsymbol{v}t+\boldsymbol{R}_{\text{rotating}}\widehat{\boldsymbol{r}}_0)]\\
&=\frac{2f_c}{c}\frac{1}{2r(t)}\cdot 2\left(v+\frac{\mathrm{d}}{\mathrm{d}t}(\boldsymbol{R}_{\text{rotating}}\widehat{\boldsymbol{r}}_0)\right)^{\mathrm{T}}(\boldsymbol{R}_0+\boldsymbol{v}t+\boldsymbol{R}_{\text{rotating}}\widehat{\boldsymbol{r}}_0)\\
&=\frac{2f_c}{c}\left[v+\frac{\mathrm{d}}{\mathrm{d}t}(\boldsymbol{R}_{\text{rotating}}\widehat{\boldsymbol{r}}_0)\right]^{\mathrm{T}}\boldsymbol{n}
\end{aligned}
\tag{6.8}
$$

式中，$\boldsymbol{n}=(\boldsymbol{R}_0+vt+\boldsymbol{R}_{\text{rotating}}\widehat{\boldsymbol{r}}_0)/(\|\boldsymbol{R}_0+vt+\boldsymbol{R}_{\text{rotating}}\widehat{\boldsymbol{r}}_0\|)$为$\overrightarrow{QP'}$的单位向量。

当目标位于雷达远场时，有$\|\boldsymbol{R}_0\| \gg \|vt+\boldsymbol{R}_{\text{rotating}}\hat{\boldsymbol{r}}_0\|$，因此$\boldsymbol{n} \approx \boldsymbol{R}_0/\|\boldsymbol{R}_0\|$，即为雷达视线方向的单位向量。分析式(6.8)可以发现，第一项为由目标平动引起的多普勒频率

$$f_{\text{Doppler}}=\frac{2f_{\text{c}}}{c}\boldsymbol{v}^{\text{T}}\boldsymbol{n}=\frac{2v^{\text{T}}\boldsymbol{n}}{\lambda} \tag{6.9}$$

式中，λ 为发射信号波长。第二项为由目标旋转引起的微多普勒频率

$$f_{\text{micro-Doppler}}=\frac{2f_{\text{c}}}{c}\left[\frac{\text{d}}{\text{d}t}(\boldsymbol{R}_{\text{rotating}}\hat{\boldsymbol{r}}_0)\right]^{\text{T}}\boldsymbol{n} \tag{6.10}$$

式(6.10)给出了旋转运动引起的微多普勒效应的一般表达式。进一步在参考坐标系中，旋转角速度单位向量为$\hat{\boldsymbol{\omega}}'=\hat{\boldsymbol{\omega}}/\Omega=(\omega_X',\omega_Y',\omega_Z')^{\text{T}}$，构造如下斜对称矩阵

$$\hat{\boldsymbol{\omega}}'=\begin{bmatrix} 0 & -\omega_Z' & \omega_Y' \\ \omega_Z' & 0 & -\omega_X' \\ -\omega_Y' & \omega_X' & 0 \end{bmatrix} \tag{6.11}$$

式中，$\hat{\boldsymbol{\omega}}=(\omega_X,\omega_Y,\omega_Z)^{\text{T}}$。

因此有$\boldsymbol{R}_{\text{rotating}}=\exp(\Omega\hat{\boldsymbol{\omega}}'t)$。容易验证 $\hat{\boldsymbol{\omega}}'^3=-\hat{\boldsymbol{\omega}}'$成立，此时由 Euler-Rodrigues 旋转公式可得[1-3]

$$\boldsymbol{R}_{\text{rotating}}=\boldsymbol{I}+\hat{\boldsymbol{\omega}}'\sin(\Omega t)+\hat{\boldsymbol{\omega}}'^2(1-\cos(\Omega t)) \tag{6.12}$$

式中，$\boldsymbol{I}$ 为单位阵。将式(6.12)代入式(6.10)，得到

$$\begin{aligned} f_{\text{micro-Doppler}} &= \frac{2f_{\text{c}}}{c}\left[\frac{\text{d}}{\text{d}t}(\boldsymbol{R}_{\text{rotating}}\hat{\boldsymbol{r}}_0)\right]^{\text{T}}\boldsymbol{n}=\frac{2f_{\text{c}}}{c}\left[\frac{\text{d}}{\text{d}t}(\exp(\Omega\hat{\boldsymbol{\omega}}'t)\hat{\boldsymbol{r}}_0)\right]^{\text{T}}\boldsymbol{n} \\ &= \frac{2f_{\text{c}}\Omega}{c}\{[\hat{\boldsymbol{\omega}}'^2\sin(\Omega t)-\hat{\boldsymbol{\omega}}'^3\cos(\Omega t)+\hat{\boldsymbol{\omega}}'(\boldsymbol{I}+\hat{\boldsymbol{\omega}}'^2)]\boldsymbol{R}_{\text{init}}\boldsymbol{r}_0\}^{\text{T}}\boldsymbol{n} \end{aligned} \tag{6.13}$$

将$\hat{\boldsymbol{\omega}}'^3=-\hat{\boldsymbol{\omega}}'$代入式(6.13)，进一步得到

$$f_{\text{micro-Doppler}}=\frac{2f_{\text{c}}\Omega}{c}\{[\hat{\boldsymbol{\omega}}'^2\sin(\Omega t)+\hat{\boldsymbol{\omega}}'\cos(\Omega t)]\boldsymbol{R}_{\text{init}}\boldsymbol{r}_0\}^{\text{T}}\boldsymbol{n} \tag{6.14}$$

此即旋转运动引起的微多普勒效应的解析表达式。

可以看出，微多普勒频率是时变的，其变化规律表现为正弦曲线形式，正弦曲线的振幅（即微多普勒频率的最大值）由发射信号载频 f_{c}、目标旋转角速度 $\boldsymbol{\omega}$、旋转向量 $\boldsymbol{r}_0$ 和雷达视线方向 $\boldsymbol{n}$ 共同确定，正弦曲线的角频率为旋转运动的角频率 Ω，因此通过分析回波微多普勒频率的变化规律，提取其变化周期，就能够获得目标的旋转周期信息。

通常，目标振动产生的微多普勒与自旋相似，其表现为随时间正弦变化的曲线[1-3]。对于进动锥体目标而言，顶点自旋产生的微多普勒同样表现为正弦变化规律，而对于底面尾翼散射点，其微多普勒受自旋和锥旋的复合调制，所以进动的变换矩阵可表示为

$$\boldsymbol{R}_p=\boldsymbol{R}_c\boldsymbol{R}_s \tag{6.15}$$

式中，$\boldsymbol{R}_s$ 和 $\boldsymbol{R}_c$ 分别表示自旋变换矩阵和锥旋变换矩阵，其表达式为

$$\boldsymbol{R}_s(t)=\boldsymbol{I}+\hat{\omega}_{\text{s}}'\sin(\Omega_{\text{s}}t)+\hat{\omega}_{\text{s}}'^2(1-\cos(\Omega_{\text{s}}t)) \tag{6.16}$$

$$\boldsymbol{R}_c(t)=\boldsymbol{I}+\hat{\omega}_{\text{c}}'\sin(\Omega_{\text{c}}t)+\hat{\omega}_{\text{c}}'^2(1-\cos(\Omega_{\text{c}}t)) \tag{6.17}$$

式中，$\Omega_{\text{s}}=\|\boldsymbol{\omega}_{\text{s}}\|$，$\Omega_{\text{c}}=\|\boldsymbol{\omega}_{\text{c}}\|$。$\boldsymbol{\omega}_{\text{s}}$ 为本地坐标系中的自旋角速度矢量，$\boldsymbol{\omega}_{\text{c}}$ 为锥旋角速度矢量，$\hat{\boldsymbol{\omega}}_{\text{s}}'$ 为自旋斜对称矩阵，$\hat{\boldsymbol{\omega}}_{\text{c}}'$ 锥旋斜对称矩阵，可由式(6.11)推得。

对式(6.15)化简后可见，其微多普勒频率由多个频率复合而成，主要包括 $\Omega_{\text{s}}+\Omega_{\text{c}}$、$\Omega_{\text{s}}$、

Ω_c 和 $|\Omega_s-\Omega_c|$ 这 4 种频率分量[2]。但进动时尾翼散射点 B 的微多普勒曲线同样是周期性的曲线，其周期称为进动周期，等于自旋周期和锥旋周期的最小公倍数[2]。

仿真验证。假设雷达发射信号载频 $f_c=10$ GHz，本地坐标系原点 O 在雷达坐标系中的坐标为(3,4,5)km，本地坐标系与参考坐标系的初始 Euler 角为$(0,\pi/4,\pi/5)$rad，目标平动速度为 0，旋转角速度 $\boldsymbol{\omega}=(\pi,2\pi,\pi)^{\mathrm{T}}$rad/s，旋转周期 $T=2\pi/\|\omega\|=0.816\,5$ s。目标上有 3 个散射点，在本地坐标系中的坐标分别为(0,0,0)、(3,1.5,1.5)和(-3,-1.5,-1.5)，单位为 m。雷达照射时间为 3 s。图 6.3(a)给出了 3 个散射点的微多普勒频率随时间变化的理论曲线，其中点(0,0,0)由于位于旋转中心，微多普勒频率为 0，因此对应于图中的直线，点(3,1.5,1.5)和点(-3,-1.5,-1.5)则对应于两条正弦曲线，曲线周期与目标的旋转周期十分吻合。

由于微多普勒信号为时变信号，因此传统的傅里叶分析方法不便于观测微多普勒频率随时间的变化关系，必须采用高分辨的时频分析方法来分析微多普勒信号。为了验证关于前述微多普勒信号表达式的正确性，图 6.3(b)给出了对回波做时频分析的结果（本例中采用了 Gabor 变换），可以看出微多普勒频率的变化曲线与理论值是十分吻合的。

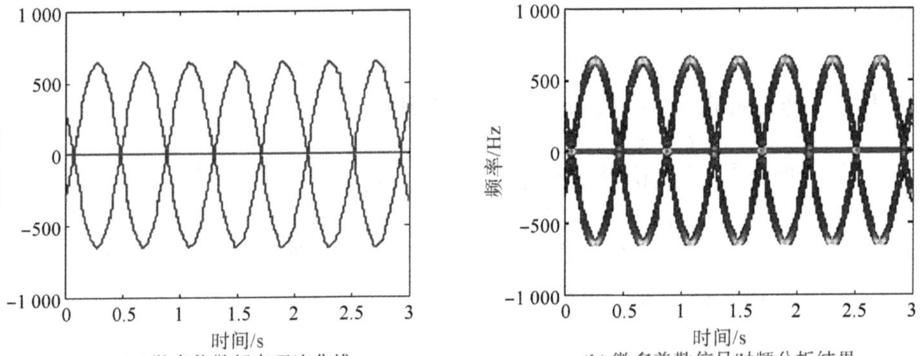

(a) 微多普勒频率理论曲线　　(b) 微多普勒信号时频分析结果

图 6.3　旋转目标微多普勒效应仿真结果

进一步分析振动以及进动目标的微多普勒效应，振幅设为 0.01 m、振动频率 3 Hz；进动时自旋频率设为 5 Hz，锥旋频率设为 2 Hz（其他参数设置详见参考文献[2]第 2 章）。仿真结果如图 6.4 和图 6.5 所示。从图 6.4 可见，振动目标的微多普勒仍然为正弦形式。图 6.5 中

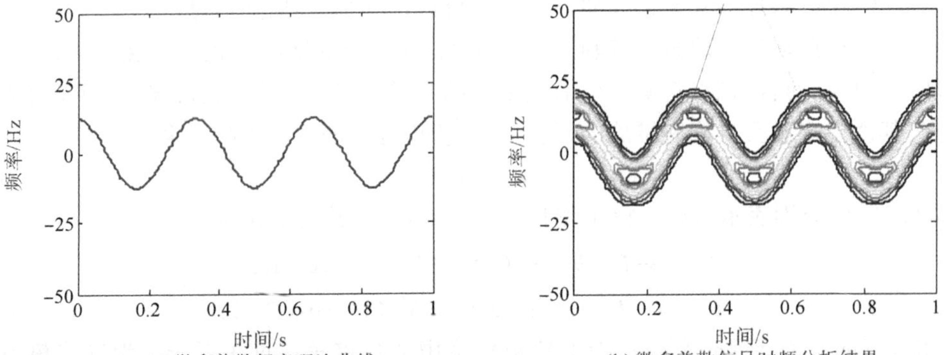

(a) 微多普勒频率理论曲线　　(b) 微多普勒信号时频分析结果

图 6.4　振动目标微多普勒效应仿真结果

A 点为锥体顶点,其微多普勒表现同样为正弦曲线形式,而尾翼散射点 B 的微多普勒偏离标准正弦,其进动周期约为 1 s。

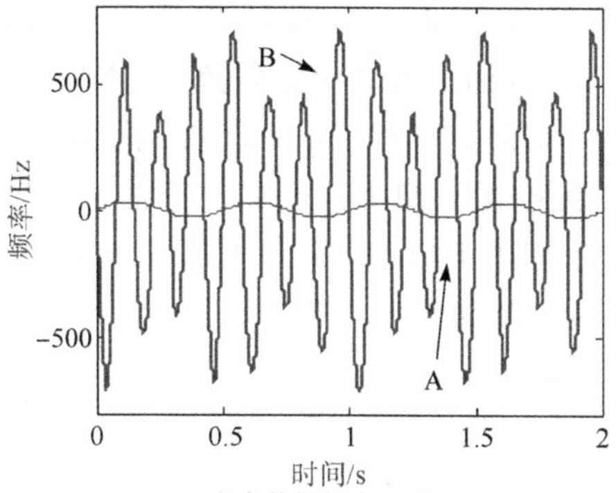

(a) 微多普勒频率理论曲线

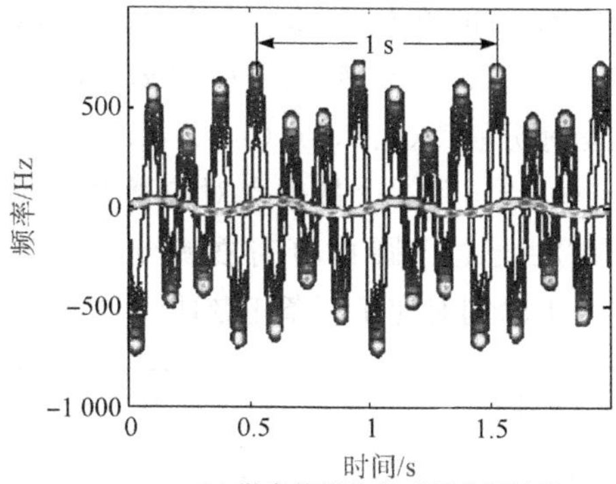

(b) 微多普勒信号时频分析结果

图 6.5　进动目标微多普勒效应仿真结果

需要说明的是,对于空间锥体进动目标,与尾翼散射点的微多普勒不同,底面滑动散射中心的微多普勒回波包含的频率为锥旋频率 Ω_c 和二倍锥旋频率 $2\Omega_c$,呈现出非单频特性[5],与稳定散射中心模型下目标进动时尾翼散射点的微多普勒效应存在差异。

6.1.2　宽带雷达中目标微多普勒效应

本节主要介绍宽带雷达中目标的微多普勒效应,主要挑选最为常用的线性调频脉冲信号宽带信号进行分析。相位编码脉冲信号、频率编码脉冲信号等形式宽带信号的微多普勒效应与其类似。假设雷达发射宽带线性调频信号,其表达式与式(2.1)相同。则目标散射点回波信号与参考信号共轭相乘后做关于快时间的 FFT,进一步去除 RVP 项和包络"斜置"项,可得到式(2.11),对式(2.11)取模即可得到目标的一维距离像,如式(2.12)所示,其峰值位于 $f_k = -2\mu R_\Delta(t_m)/c$ 处,通过乘以因子 $-c/(2\mu)$,f_r 可被转化为点目标到参考点的径向距离 $R_\Delta(t_m)$。

可以看出,$S_c(f_k, t_m)$ 的相位受到 $R_\Delta(t_m)$ 的调制,导致回波信号在慢时间-距离域产生微多普勒效应,这本质上反映了目标散射点径向距离随慢时间的变化,而窄带雷达中微动的时频像反映了目标多普勒或瞬时径向速度随时间的变化,而距离和速度是求导的关系,因此两者本质上是一致的。同时,从快时间频率-慢时间平面(即 $f_k - t_m$ 平面,由于 f_k 通过距离定标可以转化为径向距离,因此该平面也可称为"距离-慢时间平面")上看,距离像峰值呈现为随 $R_\Delta(t_m)$ 变化的曲线,该曲线也同样反映了微动点的运动特征。因此,在宽带雷达中,不仅可以通过相位项来分析目标微多普勒效应,得益于宽带雷达的距离高分辨力,还可以从距离-慢时间平面来分析微多普勒效应,即目标的一维距离像序列或慢时间-距离像[2]。

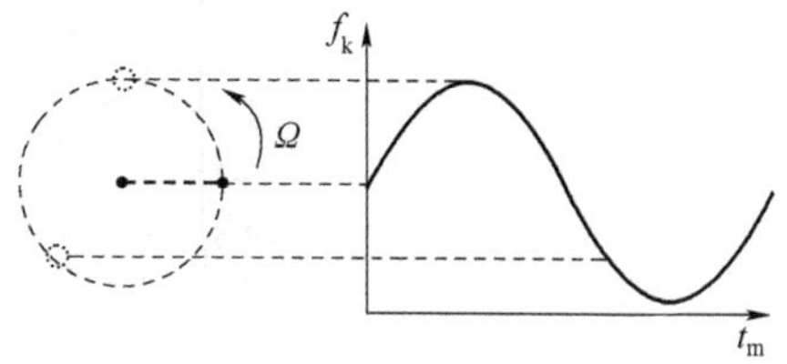

图 6.6　旋转目标 m－D 曲线形象化示意图

为便于理解,图 6.6 给出散射点旋转运动引起的到雷达的距离变化示意图,对应到距离一慢时间平面(或 $f_k - t_m$ 平面)即呈现出余弦规律的变化曲线。

仿真验证。假设雷达发射信号载频 $f_c=10$ GHz，带宽 $B=500$ MHz，脉冲重复频率 PRF=500 Hz。本地坐标系原点 O 在雷达坐标系中的坐标为(3, 4, 5)km，本地坐标系与参考坐标系的初始 Euler 角为$(0,\pi/4,\pi/5)$rad，目标平动速度为 0，旋转角速度 $\boldsymbol{\omega}=(\pi,2\pi,\pi)^{\mathrm{T}}$rad/s，旋转周期 $T=2\pi/\|\boldsymbol{\omega}\|=0.816\ 5$ s。目标上有 3 个散射点，在本地坐标系中的坐标分别为(0,0,0)、(3,1.5,1.5)和(-3,-1.5,-1.5)，单位为 m。雷达照射时间为3 s。图 6.7(a)给出了 3 个散射点对应微多普勒曲线在距离-慢时间平面上的理论曲线，其中点(0,0,0)由于位于圆心，不存在旋转运动，因此对应于图中的直线，点(3,1.5,1.5)和点(-3,-1.5,-1.5)则对应于两条正弦曲线，曲线周期与目标的旋转周期一致。

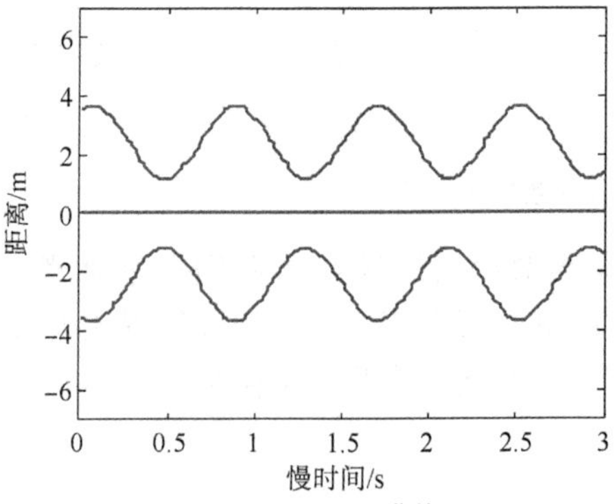

(a) 理论m-D曲线

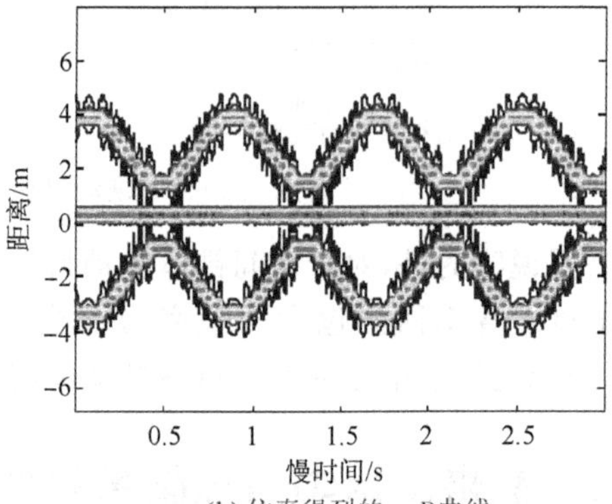

(b) 仿真得到的m-D曲线

图 6.7 旋转目标微多普勒效应仿真结果

可以看出，由于宽带雷达具有较高的距离分辨率，当各微动散射点分别具有不同的旋转中心时，它们对应距离-慢时间像中的 m-D 特征曲线具有不同的基线，而在窄带雷达中，各散射点对应的余弦曲线都具有相同的基线。图 6.8 给出了宽带雷达进动目标微多普勒特征仿真结果(参数设置详见参考文献[2]第 3 章)，可见宽带雷达下的微多普勒特征与图 6.5(b)窄带雷达的微多普勒变化趋势一致。不同的是，在宽带雷达条件下，顶点的微多普勒和尾翼散射点的微多普勒在距离上是可以分开的，此时目标的进动周期同样为 1 s。

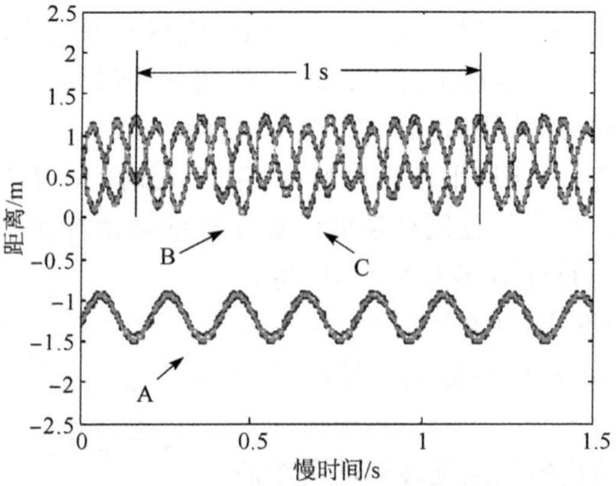

图 6.8 宽带雷达进动目标微多普勒特征仿真结果

6.2 微多普勒特征提取方法

6.2.1 时频分析方法

时频分析方法是非平稳信号分析的重要工具。主要包括线性时频分析方法和二次型时频表示法。线性时频表示，也称核分解法，它将信号分解成基本成分(即核)之和的形式。典型的线性时频表示有短时傅里叶变换(Short-Time Fourier Transform, STFT)、Gabor 展开和小波变换(Wavelet Transform, WT)等。但线性时频分析技术的时间和频率分辨率受到窗长的约束，不能同时得到较高的时间分辨率和频率分辨率。小波变换是一种时间—尺度分析手段，它采用具有恒 Q 特性的分析和综合窗函数，可取得时频分辨率的折中：低频带宽小，时宽大；高频带宽大，时宽小。但是当要求高频时有高的频率分辨率或低频时有高的时间分辨率的场合下，小波变换难以得到满意的效果。

二次型时频方法是一种更加直观和合理的方法，具有相对较高的时频分辨率，较为经典的是 WVD(Wigner-Ville Distribution)及其多种变型。但与线性时频表示不同，二次型时频分布不再服从线性叠加原理，任何二次型时频分布都满足所谓的"二次叠加原理"：即信号分量越多，交叉项就越严重。虽然交叉项是振荡的，对于信号的能量并无贡献，信号的能量完全包含在自项中，但却在时频谱中引入了模糊，这是 WVD 的一个重大缺陷。WVD 的交叉项一般是比较严重的，如何抑制交叉项成为设计和使用二次时频分布时需要考虑的问题。对信号的 WVD 在时域施加窗函数称为伪 Wigner-Ville 分布(Pseudo WVD, PWVD)，直接运用平滑函数对 WVD 分布进行平滑操作，可以得到所谓的平滑 Wigner-Ville 分布(Smoothed WVD, SWVD)；进一步，对 PWVD 分布完成频域平滑的基础上进行时域平滑，得到的分布称为平滑伪 Wigner-Ville 分布(Smoothed PWVD, SPWVD)；这些变型都可以在一定程度上减少交叉项，但降低了时频分辨率，时频分布扩散。更进一步，对 SPWVD 进行适当的"重排"(修正)，使信号在某时频区域的分布向能量较强的点集中，称为重排的 SPWVD(Reassigned SPWVD, RSPWVD)。RSPWVD 不但可以消除交叉项干扰，而且可以提高时频分辨率。但当多分量信号的时频分布相近时，对信号频谱平滑后会出现混叠，这种方法不能保证将各个信号分量的时频分布正确聚集。

这种统一的时频分布现在习惯上被称为 Cohen 类时频分布。这些改进的分布对 WVD 进行二维平滑，基本上可以降低信号的交叉项干扰，但交叉项的减小与信号项的维持是一对矛盾，交叉项的减小必然会对信号项产生拉平的负面作用，从而使时频聚集性降低。

从参考文献[2]可见，在分析窄带雷达中目标微多普勒信号时，当目标微动散射点只有 1 个时，二次型时频表示的聚焦性更好，但当目标上微动散射点较多时，STFT 和 Gabor 变换的分析效果要优于二次型时频分析方法；WVD 和 PWVD 由于受到交叉项影响，无法有效分析回波微多普勒效应；SPWVD 和 RSPWVD 在一定程度上可以抑制交叉项，但以牺牲分辨率为代价，效果也并不令人满意。

在宽带雷达中，若雷达带宽并不是很大时，微动点在方位向相干处理时间内没有发生越距离单元走动，则可以通过抽取该微动点所在距离单元信号进行分析来获得其微动特征，也可以在脉冲压缩和运动补偿后进行时域抽取获得。这和窄带雷达中的微多普勒信号分析方法是相同的。当带宽进一步增大，目标回波集中在几个（2～3 个）距离单元时，各能量较为集中的距离单元回波累加为一行后进行抽取并时频分析，同样可以获得目标的微多普勒特征。

6.2.2 图像处理方法

考虑到窄带雷达中目标微多普勒表现为时频图像中的微多普勒特征曲线，宽带雷达中目标的微多普勒表现为一维距离像序列，因此，可以从图像域（即时频像或慢时间-距离像）入手，通过图像处理的方法提取微多普勒特征曲线参数，反演目标的微动特征。

图像域中常用的微多普勒特征分析与提取方法包括数学形态学（mathematical morphology）方法、Hough 变换或 Radon 变换等方法。首先，可以采用形态学处理方法来对时频图像或距离-慢时间像进行处理，如腐蚀和膨胀、高斯掩膜、二值化处理、骨架提取等方法，使微多普勒曲线聚集程度更高，旁瓣更低，以提高分析精度和提取准确率。在此基础上，基于 Hough 变换或 Radon 变换来提取微多普勒曲线参数，但该方法只针对大旋翼目标、旋转点较少、微多普勒曲线为标准正弦（余弦）时适用，针对实际中目标旋转点较多、旋翼半径较小、微多普勒曲线偏离标准正弦（余弦）时，难以取得满意的效果。

在窄带雷达和宽带 LFM 信号体制雷达中，由于旋转或振动部件引起的微多普勒效应在慢时间-距离像（时频像）中表现为正弦（余弦）曲线，因此可以利用 Hough 变换来提取微多普勒信息。以旋转运动为例，可以利用如下四参数公式来描述慢时间-距离像（时频像）中的正弦（余弦）曲线

$$f=r\cdot\cos(\Omega t_m+\theta_0)+d \qquad (6.18)$$

式中，r 是余弦曲线振幅，Ω 是角频率，$\Omega=2\pi/T_r$，T_r 是周期，θ_0 是初始相位，d 为基线，它描述了余弦曲线在频率（距离）轴的位置。则通过在四参数空间的投影，可以提取出微多普勒曲线的参数，进而反演目标的微动参数。

此外，利用压缩感知理论也可以重构目标的微多普勒曲线。由前述推导可知，$|S_c(t_m,f_k)|$ 在距离向上表现为各个散射点对应的距离像峰值，由于这些峰值相对于整个距离向上的采样长度通常是很少的，因此在距离向上满足稀疏性条件，因此，可以以降少的观测数据量恢复出旁瓣较低的微多普勒曲线，有利于后续微多普勒特征的准确提取。基于压缩感知的微多普勒重构流程如图 6.9 所示。

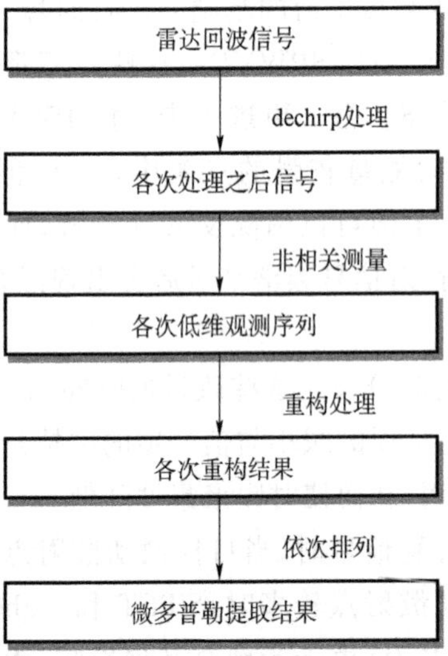

图 6.9　基于压缩感知的微多普勒重构流程

6.2.3 信号分解法

基于信号分解的弹道目标微动特征分析与提取方法是通过将微多普勒信号进行投影分解，实现目标不同微动频率分量的分离，进而估计出目标的微动参数。现有的信号分解方法主要有正弦调频傅里叶变换 SFMFT[7]、正交匹配追踪 OMP[2,8]、经验模态分解 EMD[2,9]和变分模态分解 VMD[10-12]及动态模态分解 DMD[13]等。其他方法在参考文献[2]中已经进行了相对详细的介绍，限于篇幅，本书重点介绍 DMD 动态模态分解方法。

1. 经验模式分解法

经验模式分解由美国 NASA 的 Huang 等人于 1998 年提出，该算法的特点是通过“筛分(sifting)”处理将信号分解为一系列“固有模态函数(Intrinsic Mode Function, IMF)”分量。Huang 将具有如下两条性质的信号 $a(t)$定义为 IMF：①该信号的极大值点和极小值点的个数与过零点的个数相等或至多相差 1；②它的极大值点包络与极小值点包络关于 t 轴对称。对于 IMF，用 Hilbert 变换求出其相位函数后，对相位求导即可得到其瞬时频率，而一般信号通常不满足 IMF 条件，因此可用 EMD 方法将信号的 IMF 分量筛分出来。首先根据 $a(t)$的极大值点和极小值点求出其上包络 $v_1(t)$和下包络 $v_2(t)$的平均值 m

$$m=\frac{1}{2}(v_1(t)+v_2(t)) \tag{6.19}$$

然后考查 $a(t)$与 m 的差 h，将 h 视为新的 $a(t)$重复以上操作，直到 h 满足 IMF 条件时，记 $\mathrm{IMF}_1=h$。令 $r(t)=a(t)-\mathrm{IMF}_1$，视 $r(t)$为新的 $a(t)$，重复以上过程，依次得到 IMF_2，IMF_3，…，直到 $r(t)$基本呈单调趋势或$|r(t)|$很小时停止分解。因此，原信号已被分解为多个 IMF 分量和一个剩余分量 $r(t)$，即

$$a(t)=\sum_{l=1}^{L}\mathrm{IMF}_l+r(t) \tag{6.20}$$

对信号 $a(t)$完成上述 EMD 分解后，得到的第一个 IMF 分量 IMF_1为 $a(t)$中频率最高的成分，随着 IMF 阶数的增加，对应的频率成分越低，余量 $r(t)$为频率最低的成分，即为信号的趋势项。可见 EMD 分解的这一性质使得分解得到的 IMF 分量都具有明确的物理意义，十分有利于分析信号中的各个频率分量。

对分离出来的 m-D 曲线进行 EMD 分解得到的 IMF 分量一般都具有明确的物理意义，以有翼空间锥体进动目标为例，从 EMD 分解结果可以得到进动目标的一些微动特征参数。进动目标的 m-D 曲线主要包括 $\Omega_c+\Omega_s$、Ω_c、Ω_s 和$|\Omega_c-\Omega_s|$4 种角频率成分，因此在理想条件下，EMD 分解得到的 IMF_1 分量即为角频率成分为 $\Omega_c+\Omega_s$ 的分量，IMF_2分量为 Ω_c 与 Ω_s 中较大的角频率成分，IMF_3分量为 Ω_c 与 Ω_s 中较小的角频率成分，IMF_4 分量为角频率成分为$|\Omega_c-\Omega_s|$的分量。

2. 变分模态分解法

近年来，变分模态分解法也被用来进行微多普勒特征分析与提取。变分模态分解法是 2014 年由 E. Amin 等人首次提出[11]。其基本思想是将一个复杂的非线性信号分解为一系列简化的、具有固定频率的模态函数(modal functions)，这些模态函数分别对应信号的不同

成分。每个模态函数都具有清晰的频率特性。与经典的傅里叶变换将信号视为无限周期的组合不同，VMD 考虑了信号的局部特性，因此更适用于处理瞬态和非周期信号。

VMD 的执行过程主要包括以下几个步骤：

(1) 初始化：设定待分解信号的模态数 K 以及迭代次数 N。

(2) 构建优化问题：构建一个优化目标函数，该函数旨在最小化各模态函数的瞬时频率散度和信号残差的平方和。

(3) 求解：采用交替方向乘子法（Alternating Direction Method of Multipliers, ADMM）或其他优化算法，迭代更新每个模态函数的幅值和中心频率，直到满足停止条件（如达到预设的迭代次数或优化误差阈值）。

(4) 结果提取：优化完成后，得到一组模态函数，它们加权叠加起来即为原始信号的近似表示。

VMD 相比其他信号分解方法，具有以下优势：①能够自适应地分解出信号中的各种模式，无须预先知道信号的具体结构。②对噪声具有一定的抑制能力，能有效分离信号与噪声。③VMD 算法的计算复杂度相对较低，适合实时信号处理。④分解出的模态函数具有明确的物理意义，便于后续分析。

仿真中发现，基于 EMD 和 VMD 的微多普勒信号分解与特征提取方法往往存在端点效应和模态混叠等问题，且实际中目标的平动会导致微多普勒曲线倾斜或弯曲[12]，给微动特征的准确提取带来困难。

3. 动态模态分解法

近年来，Schmid 提出了一种利用动态系统的特征值对流场进行预测和稳定性分析的方法[13]，即动态模态分解算法。该算法的本质是寻求流场动力学的降阶模型，通过对流场快照进行特征分解，提取出能够表征流场结构的低阶模态及其对应的特征值频率，频率具有唯一性，并且能够基于频率对流场进行排序，从而观察不同频率的流动结构对流场的影响程度和贡献度[14]。目前，DMD 算法被广泛应用于流体力学[15]、机器人[16]、电磁信号分析[17]和疾病控制[18]等多个领域。Rowley 等人讨论了 DMD 算法与 Koopman 算子之间的联系[19]，指出 DMD 可以近似表示 Koopman 模态和特征值，具有描述非线性流动中的观测量（如压强、速度等）随时间演化的能力，即 DMD 分解的过程是一个线性估计过程，通过线性假设实现非线性估计[14,20]。

以有翼空间锥体目标进动为例。如图 6.10 所示，考虑到空间锥体目标的微动回波通常包含有自旋、锥旋等不同的微动频率分量，而微多普勒信号在时频域或慢时间-距离域具有非平稳、非线性的特点，并且 DMD 分解得到的模态频率是唯一的，因此非常适合应用 DMD 算法对目标的微多普勒信号进行分解，在此基础上对目标进行平动补偿并提取微动频率分量。

考虑到目标在空间飞行时速度相对比较平稳，因此采用匀加速运动模型来近似弹道目标中段时的平动，设目标质心 O' 点与雷达的初始径向距离为 R_0，同时以径向速度 v 和径向加速度 a 飞行，则 O' 点到雷达的径向距离可以表示为

$$R_0+vt_m+at_m^2/2 \tag{6.21}$$

此时，高速飞行的空间目标运动过程可以由目标质心的平动和散射点绕目标质心的微动构成，因此散射点（如锥顶或者尾翼）到雷达的径向距离可表示为：

$$R(t_m)=R_{\mathrm{TM}}(t_m)+R_M(t_m) \tag{6.22}$$

式中，$R_{\mathrm{TM}}(t_m)=R_0+vt_m+at_m^2/2$ 称为平动项，$R_M(t_m)$称为微动项，微动项表示散射点与质心之间的径向距离。

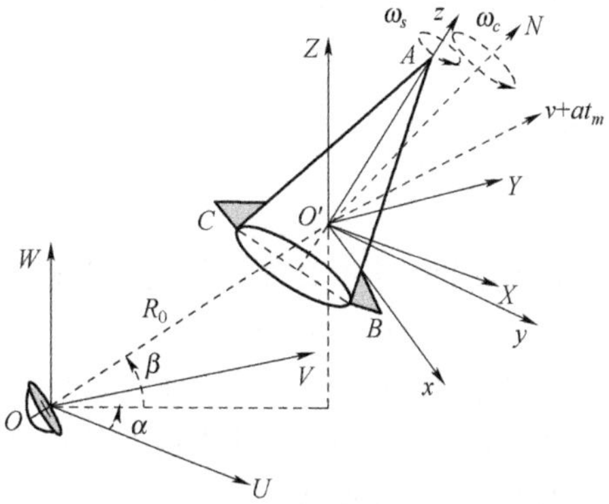

图 6.10 有翼空间锥体目标进动示意图

假设雷达发射宽带线性调频信号，其表达式与式(2.1)相同。将目标质心 O'点的回波信号作为参考信号，在实际情况下，由于质心位于目标内，因此难以准确得到质心的雷达回波信号，但可以通过雷达测距和测速分别得到 R_0 和 v 的测量值 R_0'、v'，此时参考信号可以表示为 $R'_{\mathrm{ref}}(t_m)=R_0'+v't_m$，则脉压后的距离像可以表示为式(4.7)的形式，此时 $\Delta R'(t_m)=R(t_m)-R'_{\mathrm{ref}}(t_m)=R_M(t_m)+R'_{\mathrm{TM}}(t_m)$，此时平动项变化为 $R'_{\mathrm{TM}}(t_m)=(R_0-R_0')+(v-v')t_m+at_m^2/2$。

可见，相位 $\Delta R'(t_m)$包含平动项和微动项，平动项会使得微多普勒曲线弯曲或倾斜，导致微动特征难以准确提取。通过在慢时间-距离域（即图像域）对目标的微多普勒曲线进行分离，可搜索分离出每个散射点对应的微多普勒曲线，即目标散射点在 N 个慢时间的数据，进一步将 N 个慢时间的数据按照时间先后顺序排列成数据向量$[x_1,x_2,\cdots,x_N]$，记第 i 个慢时间的数据为 x_i，任意两个数据之间的时间间隔为 Δt（Δt 即为脉冲重复间隔 PRI），则定义两个数据向量为

$$\boldsymbol{X}_1^{N-1}=[x_1,x_2,\cdots,x_{N-1}] \tag{6.23}$$

$$\boldsymbol{X}_2^{N}=[x_2,x_3,\cdots,x_N] \tag{6.24}$$

将 DMD 算法应用于空间锥体目标微多普勒曲线处理时，每条微多普勒曲线的数据所组成的向量是一个行向量，其行数小于列数，如果对数据向量直接进行 DMD 分解，只能得到单个实特征值，而不是共轭成对的复特征值，因此无法完全捕获到周期振荡的微多普勒曲线[18,21]。但可以将数据向量移位堆叠为增广数据矩阵，通过增加矩阵行数，周期振荡的微多普勒曲线中的频率分量就能被完全捕获[21]。具体而言，可对式(6.23)构建如下增广数据矩阵

$$X_{\text{aug}}=\begin{bmatrix} x_1 & x_2 & \cdots & x_{N-h} \\ x_2 & x_3 & \cdots & x_{N-h+1} \\ \vdots & \vdots & & \vdots \\ x_h & x_{h+1} & \cdots & x_{N-1} \end{bmatrix} \tag{6.25}$$

式中，h 为移位堆叠的次数。

同理，可对式(6.21)移位堆叠形成增广数据矩阵

$$X'_{\text{aug}}=\begin{bmatrix} x_2 & x_3 & \cdots & x_{N-h+1} \\ x_3 & x_4 & \cdots & x_{N-h+2} \\ \vdots & \vdots & & \vdots \\ x_{h+1} & x_{h+2} & \cdots & x_N \end{bmatrix} \tag{6.26}$$

假设在较短时间内，目标散射点的微多普勒曲线满足线性相关，即存在线性算子 $\boldsymbol{A}$，则有

$$\boldsymbol{X}'_{\text{aug}}=\boldsymbol{A}\boldsymbol{X}_{\text{aug}} \tag{6.27}$$

可以看出，这个过程就是一个线性估计过程，即通过线性假设实现非线性估计。进一步，对增广数据矩阵进行 DMD 分解，由于 DMD 算法得到的模态、频率和增长/衰减率等信息与矩阵 $\boldsymbol{A}$ 的特征分解密切相关，但是矩阵 $\boldsymbol{A}$ 通常是一个 $h\times h$ 的高维矩阵，难以进行求解。因此实际处理中需要对其进行降维处理，寻求一个秩为 $r(r\ll h)$ 的低维矩阵 $\tilde{\boldsymbol{A}}\in\boldsymbol{C}^{r\times r}$ 来近似表示高维矩阵 $\boldsymbol{A}$，DMD 算法的具体步骤如下：

步骤 1　对增广数据矩阵 $\boldsymbol{X}_{\text{aug}}$ 进行奇异值分解

$$\boldsymbol{X}_{\text{aug}}=\boldsymbol{U}\boldsymbol{\Sigma}\boldsymbol{V}^* \tag{6.28}$$

式中，$\boldsymbol{U}$ 和 $\boldsymbol{V}$ 为酉矩阵，$\boldsymbol{U}\in\boldsymbol{C}^{h\times r}$，$\boldsymbol{V}\in\boldsymbol{C}^{(N-h)\times r}$，且满足 $\boldsymbol{U}^*\boldsymbol{U}=\boldsymbol{I}$，$\boldsymbol{V}^*\boldsymbol{V}=\boldsymbol{I}$，* 表示复共轭转置，$\boldsymbol{\Sigma}$ 为对角阵，$\boldsymbol{\Sigma}\in\boldsymbol{C}^{r\times r}$，对角线上有 r 个奇异值$(\sigma_1,\sigma_2,\cdots,\sigma_r)$。

步骤 2　求解相似矩阵 $\tilde{\boldsymbol{A}}$：

将式(6.25)代入式(6.24)可得

$$\boldsymbol{A}=\boldsymbol{X}'_{\text{aug}}\boldsymbol{V}\boldsymbol{\Sigma}^{-1}\boldsymbol{U}^* \tag{6.29}$$

则相似矩阵 $\tilde{\boldsymbol{A}}$ 可表示为

$$\tilde{\boldsymbol{A}}=\boldsymbol{U}^*\boldsymbol{A}\boldsymbol{U}=\boldsymbol{U}^*\boldsymbol{X}'_{\text{aug}}\boldsymbol{V}\boldsymbol{\Sigma}^{-1} \tag{6.30}$$

步骤 3　对 $\tilde{\boldsymbol{A}}$ 进行特征分解

$$\tilde{\boldsymbol{A}}\boldsymbol{W}=\boldsymbol{W}\boldsymbol{\Lambda} \tag{6.31}$$

式中，$\boldsymbol{W}$ 的列是特征向量，$\boldsymbol{\Lambda}$ 是包含对应特征值 λ_i 的对角阵。如果特征值落在单位圆内，表示该模态稳定，反之则不稳定，可以计算该特征值的对数形式

$$\omega_i=\ln\lambda_i/\Delta t \tag{6.32}$$

此时，ω_i 的实部代表相应 DMD 模态的增长/衰减率，虚部决定了模态的频率

$$f_i=\left|\frac{\text{imag}(\omega_i)}{2\pi}\right| \tag{6.33}$$

式中，imag(·)表示取 ω_i 的虚部。

步骤 4　通过 $\boldsymbol{W}$ 和对角阵 $\boldsymbol{\Lambda}$ 重构矩阵 $\boldsymbol{A}$ 的特征分解，$\boldsymbol{\Lambda}$ 中的 λ_i 为 $\boldsymbol{A}$ 的特征值，$\boldsymbol{\Phi}$ 的列 $\boldsymbol{\Phi}_i$ 为 $\boldsymbol{A}$ 的特征向量(即 DMD 模态)[22]

$$\boldsymbol{\Phi}=\boldsymbol{X}'_{\text{aug}}\boldsymbol{V}\boldsymbol{\Sigma}^{-1}\boldsymbol{W} \tag{6.34}$$

可通过前 k 阶模态进行重构，则重构的数据矩阵可表示为

$$\boldsymbol{X}_{\mathrm{DMD}}(t) \approx \sum^{k} \boldsymbol{\Phi}_i \exp(\omega_i t) b_i = \boldsymbol{\Phi} \exp(\boldsymbol{\Omega} t) \boldsymbol{b} \tag{6.35}$$

式中，t 表示时间，$\boldsymbol{\Omega}=\mathrm{diag}(\omega)$ 为一个对角阵，对角阵中的元素为 ω_i，b_i 是每个模态的初始幅值，$\boldsymbol{b}$ 为由 b_i 组成的向量。

如果将初始时刻的数据，即 $\boldsymbol{X}_{\mathrm{aug}}$ 的第 1 列 $\boldsymbol{X}_{\mathrm{aug1}}$ 代入式(6.32)，可以得到 $\boldsymbol{X}_{\mathrm{aug1}}=\boldsymbol{\Phi b}$，则模态幅值 $\boldsymbol{b}$ 为

$$\boldsymbol{b}=\boldsymbol{\Phi}^{+} \boldsymbol{X}_{\mathrm{aug1}} \tag{6.36}$$

式中，$\boldsymbol{\Phi}^{+}$ 是矩阵 $\boldsymbol{\Phi}$ 的伪逆矩阵。按照模态幅值 $\boldsymbol{b}$ 从大到小对各个模态重新进行排序，从而得到排序后的 DMD 模态[23]，采用模态幅值排序的方法可以按照各个模态对微多普勒曲线的贡献度和影响程度进行排列[14]，通过前几个主要模态可获得微多普勒曲线的主要频率分量，且可进一步通过前几个主要模态实现微多普勒曲线重构。

为确定移位堆叠次数 h 的最优值，在避免移位堆叠次数过多浪费计算资源的同时，确保 DMD 完全分解并准确捕获到周期振荡的微多普勒曲线，同时提取出其包含的自旋和锥旋频率等微动特征。本书采用文献[23]定义的损失函数来选择最佳的堆叠次数，其表达式为

$$F_{\mathrm{loss}}=100 \times \frac{\|\boldsymbol{X}_{\mathrm{aug}}-\boldsymbol{X}_{\mathrm{DMD}}(t)\|_F}{\|\boldsymbol{X}_{\mathrm{aug}}\|_F} \tag{6.37}$$

式中，$\|\cdot\|_F$ 为 Frobenius 范数。

由式(6.34)可知，增广数据矩阵与 $\boldsymbol{X}_{\mathrm{aug}}$ 数据重构越接近，则损失函数的值越小，说明数据重构效果越好，散射点的微多普勒曲线分解效果越好。若随着堆叠次数的增加，损失函数趋于一个恒定值，说明已经能够完全捕获到周期振荡了，继续堆叠不会再提高 DMD 分解的准确性。

综上分析，基于 DMD 的空间锥体目标平动补偿与微动特征提取方法可以总结为如图 6.11 所示的流程图。

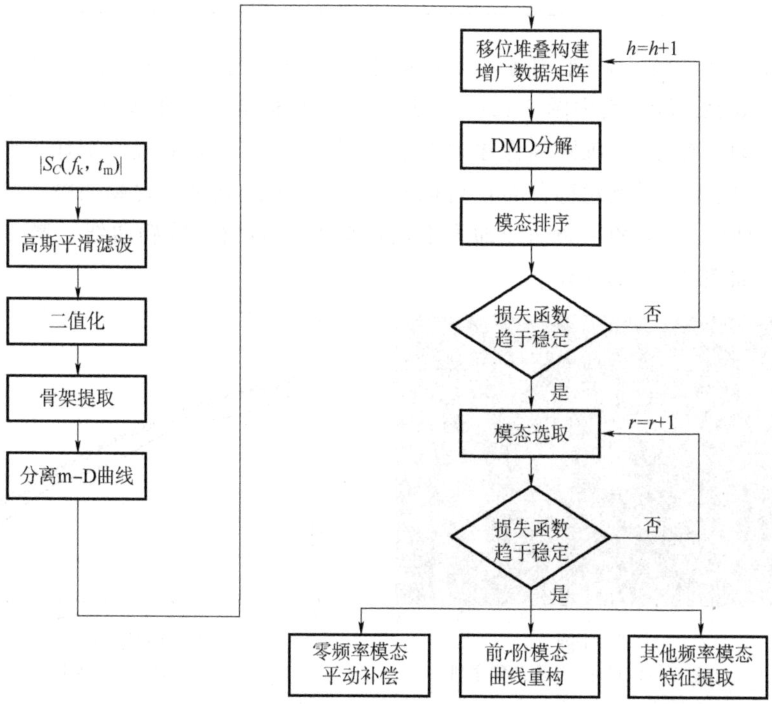

图 6.11 基于 DMD 的空间锥体目标平动补偿与微动特征提取流程图

仿真实验。雷达参数及进动锥体目标参数设置分别如表 6.1 和表 6.2 所示，考虑到实际中的带尾翼进动锥体目标，由于尾翼散射点的存在，滑动散射中心的回波相对微弱，因此这里主要对稳定散射中心的回波进行仿真验证。

表 6.1 雷达参数

参数	参考值
载频/GHz	10
带宽/GHz	1
脉宽/μs	0.5
脉冲重复频率 PRF/Hz	600
仿真回波时长/s	6

表 6.2 进动锥体目标参数

参数	参考值
初始距离 R_0/m	593 160
初始速度 v/(m/s)	6 050
初始加速度 a/(m/s^2)	0.5
初始距离估计值 R_0'/m	593 159
初始速度估计值 v'/(m/s)	6 049
锥体长度/m	2
锥体底面半径/m	0.5
自旋频率/Hz	3
锥旋频率/Hz	0.5

不考虑噪声和杂波的影响，基于稳定散射中心模型的进动锥体目标一维距离像序列预处理结果如图 6.12 所示，其中图 6.12(a)为进动锥体目标的一维距离像序列，由于具有速度和加速度的平动项存在，一维距离像序列向下倾斜，图中的三条曲线分别代表两个尾翼散射点和锥顶，两个尾翼散射点对称分布在目标底面两侧，因此其微多普勒曲线表现为两条对称且相互交叉的曲线；靠下的一条曲线即为锥顶锥旋产生的微多普勒曲线。微多普勒曲线的曲线分离结果如图 6.12(b)所示。

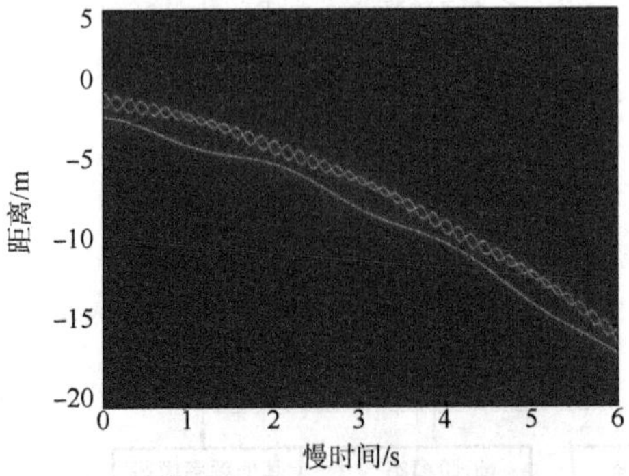

(a) 进动锥体目标一维距离像序列

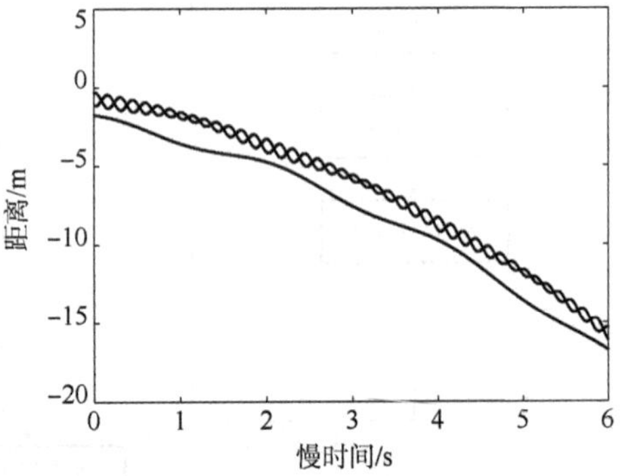

(b) 曲线分离结果

图 6.12 进动锥体目标一维距离像序列预处理结果

以尾翼散射点为例，为了确定对其微多普勒曲线进行 DMD 分解时的最优堆叠次数，结合损失函数与堆叠次数的关系，从图 6.13 中可以看出，针对分离后的目标微多普勒曲线，堆叠 550 次时损失函数约为 0.88%，堆叠次数不断增加时，损失函数逐渐减小，当堆叠次数增加到 700 次时，损失函数已经趋于一个恒定值，约为 0.06%，说明此时微多普勒曲线的周期振荡已经被完全捕获，继续增加堆叠次数不会再提高 DMD 分解的准确性。

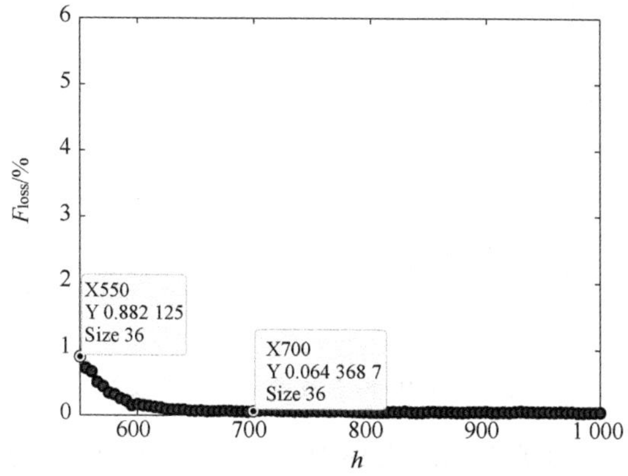

图 6.13 堆叠次数与损失函数关系

对分解后的各个模态进行排序后的特征值分布如图 6.14 所示，其中所有 DMD 模态的特征值如图 6.14(a)所示，特征值均成对分布，因为其特征值为共轭的复数对，所以每一对模态(即每两阶模态)可以看作是单个模态，图中模态幅值越大，特征值对应的圆圈颜色越深。由图 6.14(b)模态特征值分布局部放大图可以看出，模态排序后前 10 阶模态的幅值是最大的(其中最中间且颜色最深的圆圈实际上是两个圆圈，原因是第 1 阶和第 2 阶模态的特征值重合在了一起)，且特征值基本位于单位圆上，说明各个模态临近于稳定状态。

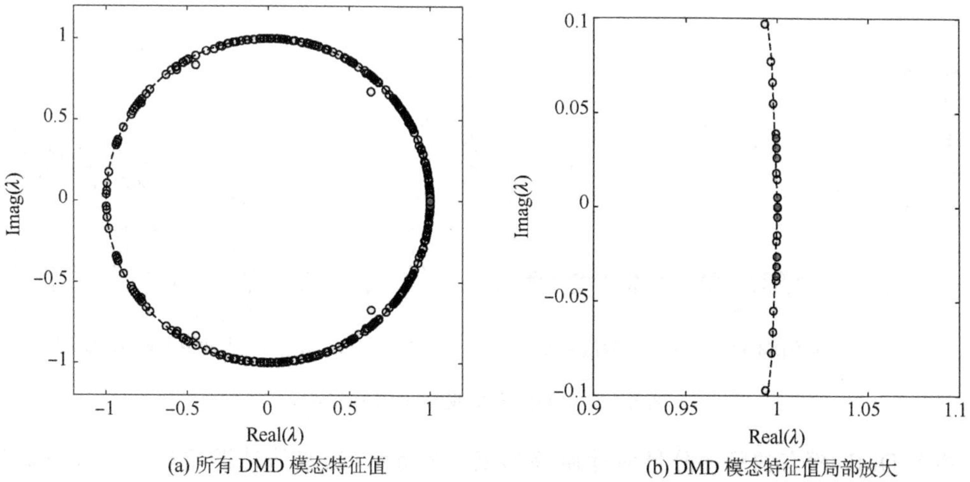

图 6.14 DMD 模态特征值分布

进一步，选取模态数量，确保得到需要进行平动补偿的零频率模态以及含有微动频率的其他主要模态。图 6.15 为 DMD 模态数量与损失函数的关系，可以看出，通过前 10 阶模态已经能够反映微多普勒曲线的主要频率构成，因此，通过前 10 阶模态能够较好地实现微多普勒曲线重构。

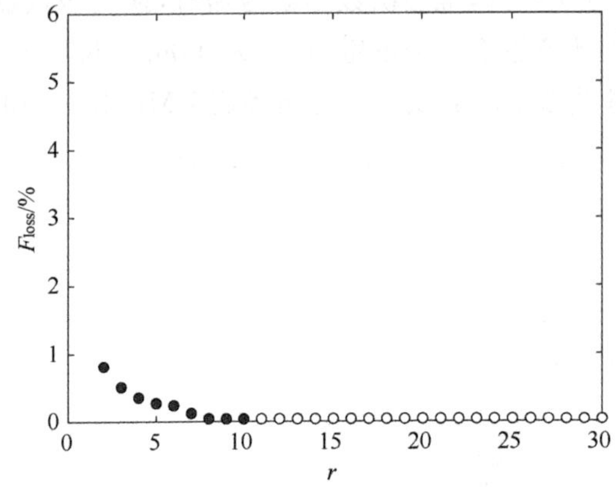

图 6.15　DMD 模态数量与损失函数关系

DMD 模态的频率与幅值关系如图 6.16 所示，虽然图中第 1～2 阶模态幅值最大，但是频率为 0 Hz，结合图 6.16(a)可以看到，第 1～2 阶模态即对应目标的平动项；第 3～4 阶模态的频率为 3.499 97 Hz，对应目标的 $\Omega_s+\Omega_c$ 频率分量；第 5～6 阶模态的频率为 3.000 09 Hz，对应目标的自旋频率分量，即 Ω_s 分量；第 7～8 阶模态的频率为 0.500 249 Hz，对应目标的锥旋频率分量，即 Ω_c 分量；第 9～10 阶模态的幅值最小，频率为 2.503 73 Hz，对应目标的 $|\Omega_s-\Omega_c|$ 分量。从图 6.16(b)中可以看出，第 3～10 阶模态基本呈周期性的简谐运动，对应了图 6.15 中相应模态的频率。

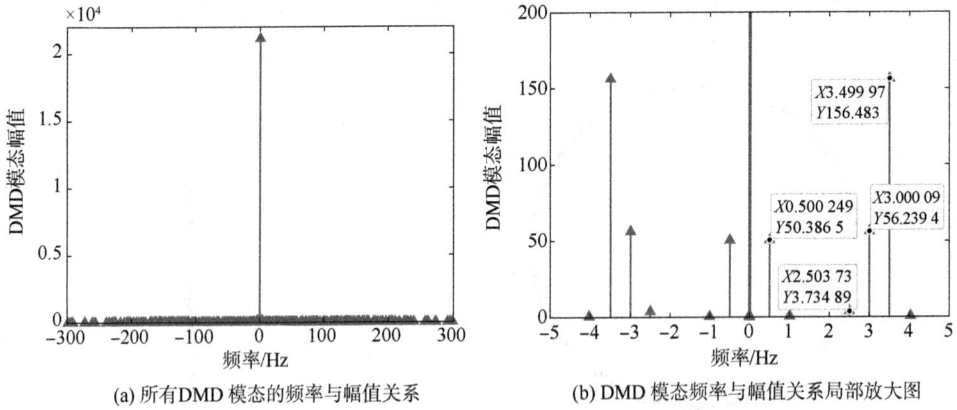

图 6.16　DMD 模态频率与幅值关系

各个 DMD 模态的频率分量估计误差如表 6.3 所示，频率估计误差较小，DMD 算法提取的微动频率非常准确。由于每个模态的频率是唯一的，对应目标微多普勒曲线中一个确定的频率分量，这是 DMD 分解的一个优点。可见，DMD 分解可以准确提取出尾翼散射点微多普勒曲线包含的自旋频率和锥旋频率等微动特征。

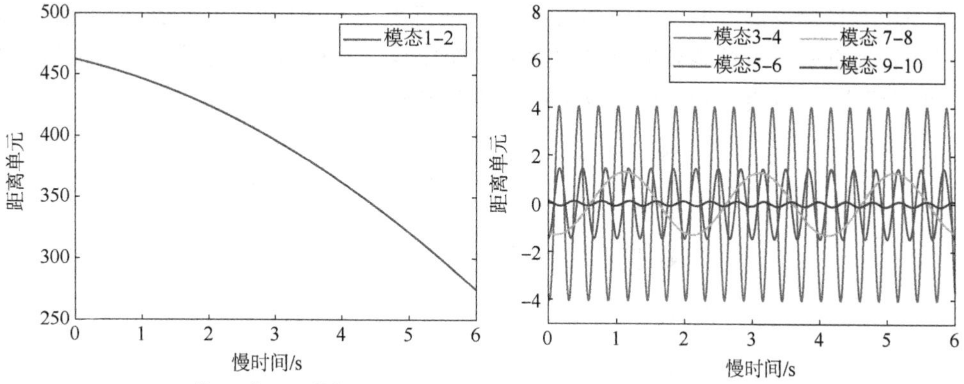

(a) 第1~2阶DMD模态　　(b) 第3~10阶DMD模态

图 6.17　前 10 阶 DMD 模态

表 6.3　频率分量估计误差

频率分量	理论值/Hz	估计值/Hz	误差/%
Ω_s	3	3.000 09	0.003 0
Ω_c	0.5	0.500 249	0.049 8
$\lvert\Omega_s-\Omega_c\rvert$	2.5	2.503 73	0.149 2
$\Omega_s+\Omega_c$	3.5	3.499 97	0.000 9

模态能量也是反映模态重要性的指标之一，表 6.4 为前 i($i=2,4,6,8,10$)阶模态能量和在模态总能量中的归一化占比。可以看出，前 2 阶模态能量和的归一化占比接近于 100%，前 2 阶模态同样对应的是弹头目标的平动项，第 3～10 阶的模态能量相对较小，反映了尾翼散射点的频率信息。表 6.5 为去除前 2 阶模态后，前 i($i=2,4,6,8$)阶模态(即原来的第 3～10 阶模态)能量和在剩余模态总能量中的归一化占比。可见，这 8 阶模态能量和的归一化占比接近于 100%，这 8 阶模态表示的是进动时弹头目标尾翼散射点的 $\Omega_s+\Omega_c$、Ω_s、Ω_c 和 $\lvert\Omega_s-\Omega_c\rvert$ 这 4 种频率分量。

表 6.4　前 i($i=2,4,6,8,10$)阶模态能量和的归一化占比

前 i 阶	占比
2	99.99%
4	100%
6	100%
8	100%
10	100%

表 6.5　前 i($i=2,4,6,8$)阶模态能量和的归一化占比

前 i 阶	占比
2	81.01%
4	91.51%
6	99.93%
8	99.99%

进一步对目标尾翼散射点的微多普勒曲线进行重构。如图 6.18 所示，利用前 10 阶模态可以较好地重构出目标尾翼散射点的微多普勒曲线，与分离得到的微多普勒曲线十分接近，可见利用前 10 阶模态就可以完成平动补偿并提取出微动频率分量。

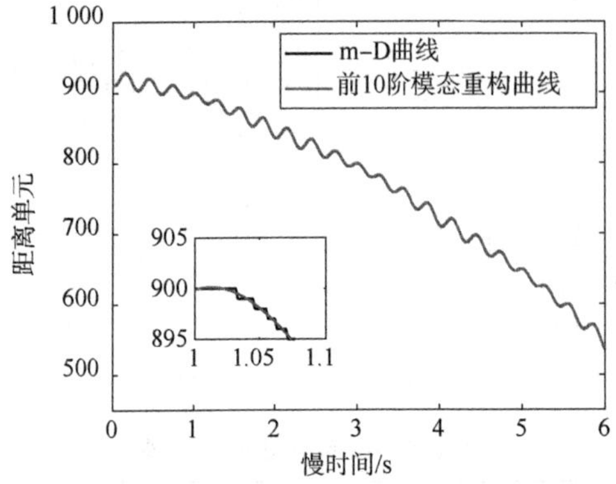

图 6.18　前 10 阶 DMD 模态重构结果

对尾翼散射点的微多普勒曲线进行 DMD 分解后，将得到的第 1 阶和第 2 阶模态叠加，利用叠加后的结果对一维距离像序列进行平动补偿，补偿结果如图 6.19 所示，可见平动带来的一维距离像序列向下倾斜得到抑制，取得了较好的补偿效果，补偿精度比较高。

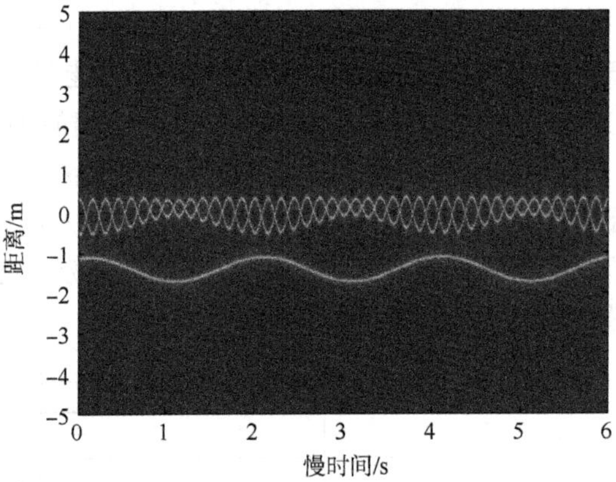

图 6.19　平动补偿结果

6.3　小　　结

本章对窄带、宽带雷达的微多普勒效应进行了简要介绍，并对典型的微多普勒特征分析与提取方法进行了概述，重点介绍了基于 DMD 分解的微多普勒特征提取方法。从前面的阐述可以看出，这些方法的适用范围都存在差异，在提取微多普勒特征时也各有优劣。

在窄带雷达中，时频分析是观察目标微多普勒效应最为直观的技术手段之一。若要实现微多普勒特征的自动分析与微动参数提取，时频分析方法还需要结合其他方法才能达到目的，如时频分析与 Hough 变换相结合来提取窄带雷达中目标微动参数。时频分析方法要求微多普勒信号的采样率满足奈奎斯特采样定理，这使其在宽带雷达应用中受到了限制；且当目标散射点较多时，线性时频表示的时频聚焦性能相对更优，二次型时频表示易产生交叉项。

基于图像处理的微动特征提取方法通过提取目标时频像或一维距离像序列中的曲线特征来获得目标微动特征，便于工程实现，并且具有十分良好的鲁棒性。应当指出的是，Hough 变换的运算量是随着参数空间的维度成指数增长的，为了降低计算量，可以进一步采取 Hough 变换的一些快速算法，也可以采用并行计算方法来加快计算速度。

EMD 分解能够将复杂的 m－D 曲线快速分解为多个 IMF 分量，从 IMF 分量中可以获得目标的进动参数。但 EMD 和 VMD 方法往往存在端点效应和模态混叠等问题。

本章重点介绍了 DMD 分解方法在微多普勒特征提取中应用。通过 DMD 算法对分离出的目标微多普勒曲线进行分解，利用分解得到的模态幅值对各模态进行排序后，结合损失函数等信息选取主要模态，利用主要模态中的零频率模态完成弹道目标的平动补偿，从其他主要模态中提取出自旋频率和锥旋频率等微动特征。可见，DMD 分解方法可以实现高精度的平动补偿和微动频率提取。

目前的微动特征分析与提取大都针对旋转、振动、进动等相对简单的微动形式展开研究，各种特征提取算法也大都是针对这些微动形式所提出的。实际中，结合目标微动在时域、频域、时频域、慢时间-距离域或其他变换域的不同特点，各种微动特征提取方法可以灵活应用，也可以组合解决问题。针对各种复杂的运动目标，如复合运动目标、人体目标、行进中的无人机目标以及其他生物目标等的微多普勒效应分析与特征提取研究工作尚待进一步深入研究。

本章参考文献

[1] CHEN V C. Analysis of Radar Micro-Doppler Signature with Time-Frequency Transform [C]. Manor, PA: IEEE, 2000: 463-466.

[2] 张群，罗迎. 雷达目标微多普勒效应[M]. 北京：国防工业出版社，2015.

[3] 刘永祥，黎湘，庄钊文. 空间目标进动特性及在雷达识别中的应用[J]. 自然科学进展，2004，14(11)：1329-1332.

[4] 金林. 弹道导弹目标识别技术[J]. 现代雷达，2008，30(2)：1-5.

[5] 张群，胡健，罗迎，等. 微动目标雷达特征提取、成像与识别研究进展[J]. 雷达学报，2018，7(5)：531-547.

[6] CHEN V C. The Micro-Doppler Effect in Radar [M]. Boston, London: Artech House, 2011: 35-78.

[7] Peng B, Wei X Z, Li B. Parameters estimation of precession cone target based on micro-Doppler spectrum [J]. IEEE Transactions on Instrumentation and Measurement, 2014, 63(9): 2188-2199.

[8] Pati Y C, Rezaiifar R, Krishnaprasad P S. Orthogonal matching pursuit: recursive function approximation with applications to wavelet decomposition[C]. Proceedings of 27th Asilomar Conference on Signals, Systems and Computers. Pacific Grove, CA: IEEE, 1993: 40-44.

[9] Huang N E, Shen Z, Long S R, et al. The empirical mode decomposition and the Hilbert spectrum for nonlinear and non-stationary time series analysis [J]. Proceedings of the Royal Society of London. Series A: Mathematical, Physical and Engineering Sciences, 1998, 454(1971): 903-995.

[10] Dragomiretskiy K, Zosso D. Variational mode decomposition [J]. IEEE Transactions on Signal Processing, 2013, 62(3): 531-544.

[11] Dragomiretskiy K, Zosso D. Variational mode decomposition [J]. IEEE Transactions on Signal Processing, 2014, 63(5): 1420-1433.

[12] Gu F F, Fu M H, Liang B S, et al. Translational motion compensation and micro-Doppler feature extraction of space spinning targets [J]. IEEE Geoscience and Remote Sensing Letters, 2018, 15(10): 1550-1554.

[13] Schmid P J. Dynamic mode decomposition of numerical and experimental data [J]. Journal of Fluid Mechanics, 2010(656): 5-28.

[14] 寇家庆,张伟伟,高传强.基于 POD 和 DMD 方法的跨声速抖振模态分析[J].航空学报,2016,37(9):2679-2689.

[15] Schmid P J. Dynamic mode decomposition and its variants [J]. Annual Review of Fluid Mechanics, 2022, 54: 225-254.

[16] Berger E, Sastuba M, Vogt D, et al. Estimation of perturbations in robotic behavior using dynamic mode decomposition [J]. Advanced Robotics, 2015, 29(5): 331-343.

[17] 郑建拥,魏光辉.基于多分辨率动态模态分解的电磁信号时频-能量分析[J].系统工程与电子技术,2022,44(5):1468-1474.

[18] Brunton B W, Johnson L A, Ojemann J G, et al. Extracting spatial-temporal coherent patterns in large-scale neural recordings using dynamic mode decomposition [J]. Journal of Neuroscience Methods, 2016, 258: 1-15.

[19] Rowley C W, Mezić I, Bagheri S, et al. Spectral analysis of nonlinear flows [J]. Journal of Fluid Mechanics, 2009, 641: 115-127.

[20] 寇家庆,张伟伟.动力学模态分解及其在流体力学中的应用[J].空气动力学报,2018,36(2):163-179.

[21] Kutz J N, Brunton S L, Brunton B W, et al. Dynamic mode decomposition: data-driven modeling of complex systems [M]. Philadelphia: Society for Industrial and Applied Mathematics, 2016: 104-108.

[22] Tu J H, Rowley C W, Luchtenberg D M, et al. On dynamic mode decomposition: theory and applications [J]. Journal of Computational Dynamics, 2014, 1(2): 391-421.

[23] Jovanović M R, Schmid P J, Nichols J W. Sparsity-promoting dynamic mode decomposition [J]. Physics of Fluids, 2014, 26(2): 024103.1-14.

第 7 章
总结与展望

近年来，雷达目标成像与微动特征提取技术已经得到快速发展，并在诸多领域得到应用，为目标识别提供了更加丰富的特征信息，随着人工智能的飞速发展，基于深度学习的雷达成像与微动目标识别受到国内外学者的广泛关注。空军工程大学“动目标智能感知与识别”团队长期从事空天目标成像与微动特征提取、地海面目标成像与情报获取方面的研究工作。本书在总结已有经典成像算法和微动特征提取方法的基础上，增加了团队的部分研究成果，特别是补充了部分基于深度学习的包络对齐和 SAR 学习成像研究工作，从雷达一维距离成像、SAR 成像基本原理、ISAR 成像基本原理、雷达稀疏成像、雷达目标微动特征提取等几个方面较为系统地进行了梳理总结。由于作者研究范围所限，限于篇幅，关于雷达目标成像与微动特征提取技术的诸多方面本书未能一一涉及。在后续的研究工作中，可以从以下几个方面继续展开深入研究。

(1) 复杂场景下的成像与微动特征提取。本书主要考虑雷达目标成像、微动特征提取中的基础理论及应用，并未结合真实目标环境考虑复杂电磁环境、强背景干扰等对成像方法的影响，特别是干扰对抗条件传统的成像和微动特征提取方法将面临较大的挑战。因此，有必要针对复杂场景开展雷达目标成像与微动特征提取方法研究，并解决其工程化、实用化问题。

(2) 基于深度学习的雷达目标成像与微动特征提取。随着人工智能的快速发展，针对不同成像与特征提取场景，设计不同的训练数据生成方法和网络结构，实时稳健地获得目标的二维、三维像或微动特征，进而完成目标的高效分类识别，在民用和军事领域都有重要的研究价值，值得进一步深入研究。

(3) 雷达目标成像与识别一体化研究。雷达成像与微动特征提取本质上都是为识别服务的，目前运动目标成像、特征提取与识别过程是独立进行的，将两者严格分割开来考虑无法获得最优的目标识别结果。因此，针对运动目标雷达成像与识别一体化处理问题开展研究，一体化处理问题，将运动目标雷达成像（或微动特征提取）与分类识别两者视为一个整体进行考虑，使运动目标雷达成像（或微动特征提取）为分类识别提供更为有效的判别信息，构建成像识别一体化（或微动特征提取识别一体化）大模型，从而一体化提升目标的成像质量和分类识别的准确率。

(4) 新体制雷达成像与微动特征提取

随着新体制雷达技术的飞速发展，如微波光子雷达、太赫兹雷达、涡旋电磁波雷达等，有望在雷达目标成像与微动特征提取方面取得新的突破。近年来兴起的微波光子雷达、太赫兹雷达具有高载频、大带宽的特点，对微动十分敏感且距离分辨力很高，有利于目标的高精度成像和精细微动特征获取，从而可对目标进行更精确的识别。但高载频、低重频会带来微多普勒模糊问题，平台的微小抖动、振动等会严重影响目标的成像与微动特征提取，必须考虑平台、算法的一体化设计与研究。进一步，考虑到实际中空天目标在三维空间的微动十分复杂，而传统雷达只能获取目标在雷达视线方向的微动分量(称为线多普勒)，对于垂直于雷达视线方向的微动分量(称为角多普勒)难以有效获取，而涡旋电磁波雷达有望同时获取目标微动的线多普勒和角多普勒分量，使目标微动特征的精确重构成为可能，这方面的研究尚处于起步阶段，还有大量理论和工程问题需要进一步研究。